# 民間諜報員（プライベート・スパイ）

世界を動かす〝スパイ・ビジネス〟の秘密

バリー・マイヤー［著］
庭田よう子［訳］

SPOOKED
THE SECRET RISE OF
PRIVATE SPIES
BARRY MEIER

晶文社

SPOOKED: The Secret Rise of Private Spies
by Barry Meier



装丁　勝浦悠介

いつものように、エレンとリリーへ

民間諜報員(プライベート・スパイ)――世界を動かす〝スパイ・ビジネス〟の秘密　目次

# 主な登場人物・機関

［オービス・ビジネス・インテリジェンス］
**クリストファー・スティール**：元MI6のスパイ。
**イゴール・ダンチェンコ**：スティールの情報屋。民間工作員。
**オルガ・ガルキナ**：ジャーナリスト。ダンチェンコの情報源。

［フュージョンGPS］
**グレン・シンプソン**：元『ウォール・ストリート・ジャーナル』の記者。フュージョンGPS創設者。
**ピーター・フリッチ**：元『ウォール・ストリート・ジャーナル』の記者。シンプソンのパートナー。
**メアリー・ジャコビー**：シンプソンの妻。元記者。
**スー・シュミット**：調査報道記者。シンプソンの『ウォール・ストリート・ジャーナル』時代の元同僚。彼と共に調査会社のSNSグローバルを立ち上げた。
**マーゴ・ウィリアムズ**：SNSグローバル社員、データベース・リサーチのベテラン。
**ラッセル・カローロ**：請負人。記録公開法に詳しい元記者。

［ブラックキューブ］
**シャルロット・マリー**：パリ出身の学生と称する人物。工作員。
**ステラ・ペン・ペチャナック**：工作員。イスラエル軍の退役軍人。
**セス・フリードマン**：請負人。フリーランスのジャーナリスト。
**ミシェル・ランベール**：CPWコンサルティング経営者と名乗る人物。実際は、アーロン・アルモグ＝アスリン。引退したイスラエル治安当局職員。

［クロール・アソシエイツ（クロール社）］・［K2インテリジェンス］
**ジュールス・クロール**：クロール・アソシエイツの創設者であり、K2インテリジェンスの創設者。
**ジェレミー・クロール**：ジュールス・クロールの息

子で、K2インテリジェンスの共同創設者。
**ロブ・ムーア**：フリーランスの民間スパイ。K2インテリジェンスやクロール社から仕事を請け負っていた。
**マッテオ・ビガッツィ**：K2インテリジェンス幹部。
**チャーリー・カー**：同社の工作員。

［その他の関係者、関係機関］

**アラン・カリソン**：『ウォール・ストリート・ジャーナル』の経験豊富な海外特派員。
**アルファ銀行**：ロシア最大の民間商業銀行。
**アレクサンダー・マーチェフ**：ワシントンのコンサルタント。カザフスタンの政府系投資ファンドの最高顧問。
**アレックス・イヤーズリー**：民間工作員。元グローバル・ウィットネス特別プロジェクト担当ディレクター。
**アンソニー・ペリカーノ**：ハリウッドで悪名高い私立探偵。
**イアン・ウィザーズ**：私立調査員。イギリスで「最も有名で、最も長く続けている私立調査員」。
**イゴール・オストロフスキー**：調査業界の末端に属する私立探偵。
**インターナショナル・ミネラル・リソーシズ（IMR）**：カザフ・トリオが所有する会社。
**NSOグループ**：スパイウェアプログラムを製造するイスラエルの企業。
**エリザベス・ホームズ**：セラノスの創業者
**エリック・リヒトブラウ**：『ニューヨーク・タイムズ』記者。
**オレグ・デリパスカ**：オリガルヒの一人。アルミニウム産業の大物。
**カーター・ペイジ**：投資銀行家。トランプの外交政策顧問の一人。
**カール・バーンスタイン**：ジャーナリスト。ウォーターゲート事件を報道。
**キャサリン・ベルトン**：記者。
**キンバリー・ストラッセル**：『ウォール・ストリート・ジャーナル』の保守派コラムニスト。
**クスト・グループ**：カザフのオリガルヒが支配する投資会社。
**クレア・リューキャッスル・ブラウン**：ブロガー。マレーシアの環境・汚職問題を取り上げる。
**グレンコア**：マーク・リッチが創設した、スイスの企業。

**グローバル・ウィットネス**：ロンドンを拠点とする汚職防止団体。
**KPMG**：大手会計事務所。
**ケン・ベンシンガー**：バズフィード記者
**サイモン・テイラー**：グローバル・ウィットネス創設者。
**ジェイソン・フェルチ**：『ロサンゼルス・タイムズ』記者。後にフュージョンGPSに採用される。
**ジェームズ・コミー**：FBI長官
**ジェーン・メイヤー**：『ニューヨーカー』記者。
**シチズンラボ**：トロント大学の付属機関。サイバーセキュリティ専門家のグループ
**ジョー・ロー**：マレーシア国籍の金融業者。
**ショーン・クリスピン**：『ウォール・ストリート・ジャーナル』記者。
**ジョナサン・ワイナー**：弁護士。
**ジョン・キャリールー**：『ウォール・ストリート・ジャーナル』記者
**ジョン・スコット＝レイルトン**：シチズンラボのリサーチャー。
**ジョン・モスコー**：ベーカー・ホストステラー法律事務所所属の弁護士。
**スコット・シェーン**：『ニューヨーク・タイムズ』の調査報道記者。
**セラノス**：血液検査会社。
**セルゲイ・マグニツキー**：税務専門弁護士。エルミタージュ・キャピタルの税金詐欺を解明しようとしていた。
**セルゲイ・ミリアン**：自称不動産ブローカー。
**ダーウィック・アソシエイツ**：ベネズエラの公益事業会社。
**ダニエル・J・ジョーンズ**：上院特別情報委員会の主任調査官。デモクラシー・インテグリティ・プロジェクト責任者。
**ダニエル・バリント＝クルティ**：グローバル・ウィットネス職員。ジャーナリスト。
**ダミアン・パレッタ**：『ウォール・ストリート・ジャーナル』記者
**ダン・ガートラー**：イスラエルの実業家。
**デイヴィッド・クレイマー**：マケイン研究所所長。
**デイヴィッド・コーン**：『マザー・ジョーンズ』ワシントン支局長。
**デイヴィッド・ジオバニス**：アメリカ出身の実業家。ロシアにおけるトランプのフィクサー。
**デイヴィッド・ボーイズ**：弁護士。セラノスの代理人。
**デニス・カツィフ**：プレベゾン・ホールディングス

のオーナー。

**デモクラシー・インテグリティ・プロジェクト**：シンプソンとフリッチが設立に協力した非営利財団。集めた寄付金をフュージョンGPSとスティールに流している。「ダークマネー」組織。

**テリー・レンズナー**：弁護士、IGI設立者。

**ドミトロ・フィルタシュ**：ウクライナのオリガルヒ。

**ドミトリー・ボジアノフ**：モスクワを拠点とする民間諜報員。

**ナタリア・ヴェセルニツカヤ**：プレベゾン・ホールディングスの弁護士。

**ニール・ジェラード**：弁護士。元ENRCの代理人。

**ニック・デイ**：デリジェンスの共同設立者。元MI5工作員。

**ヌルスルタン・ナザルバエフ**：カザフスタン大統領。

**ハーヴェイ・ワインスタイン**：ハリウッドのプロデューサー。性的暴行等で告発される。

**パール・アブドゥル・ラザク**：シチズンラボのリサーチャー。

**バルーク・ハルパート**：イスラエルの投資家で弁護士だと名乗る人物。

**ピョートル・カツィフ**：デニス・カツィフの父親。プーチン大統領の盟友でロシア鉄道副社長。

**ビル・ブラウダー**：投資家。エルミタージュ・キャピタルというファンドを運営。

**フィリップ・ヴァン・ニーカーク**：ワシントンDCの民間工作員。

**ブラウン・アンド・ウィリアムソン（B&W）**：タバコ会社

**フランク・ヴァンダースルート**：ミット・ロムニーの大口献金者。

**プレベゾン・ホールディングス**：ロシアの不動産会社。

**ベーカー・ホステトラー**：アメリカの大手法律事務所。

**ベニー・スタインメッツ**：イスラエルの実業家。

**ポール・シンガー**：投資管理会社エリオット・マネジメント創設者。億万長者の実業家。

**ポール・マナフォート**：ワシントンのロビイスト。ドナルド・トランプの選挙対策本部長。

**ホセ・デ・コルドバ**：『ウォール・ストリート・ジャーナル』記者

**マーク・シムロット**：ベーカー・ホステトラー法律事務所の弁護士。

**マーク・ホリングスワース**：ロンドンで暗躍する、記者・民間工作員。

**マイク・ゲイタ**：FBI捜査官。

**マイケル・イシコフ**：元『ワシントン・ポスト』紙

記者。Yahoo! 記者。
マイケル・コーエン：トランプの顧問弁護士。
マイケル・ホロウィッツ：米国司法省監察総監。
メアリー・カディヒー：クロール社から依頼を受けた記者。
ユーラシアン・ナチュラル・リソーシズ（ENRC）：オリガルヒによって設立された鉱山会社。
ユーリ・シュヴェッツ：元ロシア人諜報員。
ユーロケム社：ロシア最大の肥料メーカー。
ラハト・アリエフ：ナザルバエフ大統領の義理の息子。
ラメシュ・"サニー"・バルワニ：セラノスの社長。
リナト・アフメトシン：ロシア出身の雇われ工作員。
ルパート・アラソン：イギリスの元政治家、小説家。
R・アレン・スタンフォード：金融詐欺師、マネーロンダラー。
ローリー・カザン＝アレン：ムーアの調査対象者。反アスベスト活動家。
ロッソトルドニチェストヴォ：独立国家共同体問題、海外在住同胞、国際人道協力のための連邦機関。
ロバート・トレヴェリアン：サイバーセキュリティの専門家。
ロバート・モラー三世：二〇一六年大統領選挙へのロシアの干渉を捜査する特別検察官。
ロバート・リブッティ：マフィアと言われる人物。
1マレーシア・デベロップメント・ブルハド（1MDB）：マレーシアの政府系投資ファンド。

［民間調査企業］
インベスティゲイティブ・グループ・インターナショナル（IGI）
FTIコンサルティング
グローバルソース
コントロール・リスクス
デリジェンス社
ナビガント・コンサルティング
ナルデッロ&カンパニー
ハクルート
パラディーノ&サザーランド（PSOPS）
ミンツ・グループ

## プロローグ

# スティールを追え

【二〇一九年、イギリス、ファーナム】

後ろの車はパトカーだ。路肩に車を寄せるように言われたらどうしたらいいか、そろそろイアンに尋ねたほうがよさそうだ。「口裏を合わせたほうがいいな」。イアンが口を開いた。

「じゃあ、きみは何ということにする？」

「俺は運転手さ」とイアン。

それは本当だ。彼はハンドルを握っていた。しかし、彼は仮にもプロの私立探偵なのだから、わたしのカモフラージュについても考えてくれるものだと思った。「わたしはどうする？」

「そうだな、正直に話してもいいんじゃないか」

幸いにも、警察に止められることはなかった。だが、もし止められていたらわたしは次のように話したことだろう。わたしたちはファーナムに住む**クリストファー・スティール**という人物を追っています、アメリカではCIAに当たるイギリスのMI6[＊1]で、かつてスパイをしていた人物です。彼の家に張り込みをしたいのですが、どこにあるのか探しあぐねています。というのも、不動産データベースで見つけた通りの名称が、グーグル・マップで表示される名称と一致しないからです。そういうわけで、狭い田舎道を一時間もぐるぐると車を走らせているところです、と。

　わたしがスティールに会いたいと思ったのは、**ドナルド・トランプ**とロシアに関する悪名高い「文書」で、彼が果たした役割のためだった。『ウォール・ストリート・ジャーナル』紙の元記者である**グレン・シンプソン**が運営する調査会社の**フュージョンGPS**は、二〇一六年の大統領選挙戦で民主党に有利に働くように、トランプとロシアの関係について情報を探ろうとしてスティールを雇った。かつてMI6の工作員として四年間モスクワで諜報活動をしていたスティールは、五か月にわたり、複数の報告書を作成してグレン・シンプソンへ送った。二〇一六年に行われた大統領選挙の前後数か月の間に、メディアと政界でその報告書についての噂が広まった。だが、その報告書が公表されたのは、トランプが意外な勝利を収めた二か月後、二〇一七年一月にオンラインニュースメディアのバズフィードが記事にしたときだった。そして、蜂の巣をつついたような大騒ぎになった。

　トランプ文書、またはスティール文書とひとまとめに呼ばれるこうした報告書は、何万もの記事やテレビ番組、ツイート、ポッドキャスト、ブログなどで言及されることになった。スティールの報告の中には、トランプ選挙陣営がロシア政府と共謀しているとする内容もあった。さらに、ある猥褻な内容が含まれる報告書からは、共和党の大統領候補であるトランプに関する「**コンプロマート**」（kompromat）、つまり知られては困るような情報を、ロシア政府がつかんでいることが窺われた。スティールの情報によると、それは、バラク・オバマ大統領も宿泊したことがあるモスクワのザ・リッツ・カールトンで、トランプが呼んだ売春婦たちがベッドで放尿しているところを映したビデオテープだった。

トランプの敵対者はスティール文書を、トランプがヒラリー・クリントンから二〇一六年の大統領選挙を盗むことにロシアが手を貸していた証拠だと見なした。トランプ新大統領とその側近たちは、それを「フェイク」ニュースだとして攻撃を始めた。シンプソンとスティールは有名人になった。

二〇一九年秋、シンプソンと、フュージョンGPSのパートナーで、やはり『ウォール・ストリート・ジャーナル』の元記者だった**ピーター・フリッチ**は、文書の「内幕」を語った、*Crime in Progress*（『進行中の犯罪』、未邦訳）という書籍を世に出した。ロンドンを拠点とする調査会社、**オービス・ビジネス・インテリジェンス**の共同代表者であるクリストファー・スティールも、脚光を浴びていた。俳優のジョージ・クルーニーが所有するハリウッドのプロダクション会社は、この話に関する権利を買い取った。二〇一九年に、スティールはロンドンの洒落たレストランでセレブが集まるイベントに参加した。それは『ヴァニティ・フェア』誌の新編集者を祝うパーティーで[*2]、出席者には、有名なイギリス人俳優のコリン・ファースや、ビル・クリントンと性的関係をもったホワイトハウスの元インターンで、同誌に寄稿していたモニカ・ルインスキーなどがいた。

『ヴァニティ・フェア』誌はそれ以前に、スティールをトランプ時代のジェームズ・ボンドのように紹介した記事を載せていた[*3]。スティールは、「ロシアで遺体が埋められている場所をすべて知る、そしてよく冗談で言われるように、実際にそのうちの何体かを埋めた元スパイ」だとされた。彼はその脚光を楽しんでいた。パーティーがお開きになる頃、招待客から名刺をもらえないかと頼まれたスティールは、サインを求められているものだと思い、テーブルの座席札を手に取り、そこに有名人のようなサインを書いた。

わたしがグレン・シンプソンとクリストファー・スティールに関心を抱いたのには、別の理由があった。その文書と、文書が政治と文化に引き起こした巨大な副産物は、**民間諜報員**（プライベート・スパイ）**が政治やビジネス、個人の生活に突如もたらしたとてつもない衝撃**を、雄弁に物語っていたからだ。

スティール文書の公開とちょうど時を同じくして、ハリウッドのプロデューサーであるハーヴェイ・ワインスタインが、調査会社四社を使って、性的暴行で彼を告発した女性たちの良くない噂をかき集めていたことが明らかになった。そのうちの一社である、イスラエルに拠点を置く**ブラックキューブ**から派遣された女性職員は、女性の権利を求める活動家を装っていた。ワインスタインの告発者の一人と親しくなってその女性に不利になる情報を入手し、その情報をワインスタインの弁護士が利用するためだった。雇われ工作員は、至るところで見境のない行動に及んでいるようだった。

たとえば、除草剤が人体に与える危険性をめぐり化学会社が提訴されたとき、その訴訟を取材していた記者たちに、ジャーナリストを名乗る一人の女性が接近したが、彼女は、その化学会社をサポートする危機管理会社に勤める人物であると判明したことがあった[*4]。同じ時期に、東欧の実業家との法廷闘争で長年膠着状態に陥っていたある弁護士[*5]は、自宅の庭の木に小型の動体検知ビデオカメラが仕掛けられ、敷地内に進入する車のナンバープレートが録画されていたことを知った。その他にも、大手銀行のクレディ・スイスに依頼された民間工作員は、スイスのチューリッヒの街頭で同行の元幹部を追跡した。元幹部はスパイたちに尾行されていることに気づき、携帯電話でそのスパイの写真を撮った。写真を撮られたスパイは、携帯電話を渡すように要求したが、断られると無理やり奪おうとした。そのスパイは結局逮捕された[*6]。

かつて、私立調査員は物陰に潜む存在に甘んじていた。今や、政治家が対抗相手のスキャンダルをかき集めるために、彼らを雇っていた。企業が、当局やジャーナリストによる企業活動の調査を妨害するために、彼らを雇っていた。そして、独裁者は彼らをフリーランスの諜報員として利用していた。安価で容易に入手可能なテクノロジーが出現したおかげで、雇われ工作員は、携帯電話を監視したり、電子メールのアカウントに不正侵入したり、ソーシャルメディアを操作したりしやすくなった。**民間諜報員はスモールビジネスではなくなった。**数十億ドル規模の隠れた産業に発展していた。その過程で、民間諜報員はかつてないほど大胆になり、事件に対する彼らの影響力も広範囲に及ぶようになった。

私立調査員たちが合法的な任務を請け負っているということに、疑いの余地はほとんどない。彼らは行方不明者を見つけ出し、法廷で証言する目撃者を探し出し、有望な幹部やビジネス・パートナー候補の身上調査を企業のために行う。とはいえ、この業界にいる者にとっては公然の秘密がある。それは、**真実を明らかにすることではなく、真実を取り繕うか覆い隠すことによって、大金が儲かる、**ということだ。

雇われスパイは、権力者や富裕層に仕えるイネイブラー、たとえば弁護士、広報担当幹部、〝危機管理〟コンサルタントなどの幅広いネットワークの一部である。しかし、民間工作員の立場が異色であるのは、そのネットワークの中では目につかない存在であり、他の人たちがやり方を知らないか、自ら手を下すところを見られたくない類の仕事を請け負っているという点である。

民間工作員は決まって、自分たちはハッキングに関わっていないと主張する。しかし、直接ハッキングに手を染めるのではなく、インドや東欧などの下請け業者にハッキングの仕事を外注している者もいるのだ。私立調査員はまた、怪しまれないように自分の身分を詐称して人に近づき、情報を得ようとすることなどはない、とも言う。確かに、そのようなことはしない調査員もいる。もっとも、民間諜報員たちが、不法な、非道徳的な、あるいはいかがわしい活動に関わろうとしなければ、民間諜報員の世界はほとんど消滅することになるだろう。

わたしが『ニューヨーク・タイムズ』紙で記者をしていた頃、元FBI捜査官の私立調査員で、CIAから依頼された仕事に当たっていたさ中の二〇〇七年にイランで失踪した、ロバート・レヴィンソンに関する書籍を執筆した。[*7] そのときに、雇われ工作員の世界を垣間見た。わたしが同紙を退職する頃には、スティール文書をめぐる出来事と、ハーヴェイ・ワインスタインによる企業調査員の利用が、世間に明らかになりつつあり、今度は調査業界を調べることが時宜に適うように思えた。民間諜報員を探ったところで、彼らの行動が変わらないことは承知していた。だが、他人を食い物にする業界が、野放しにされたままどのように回っているのかを知りたいと思ったのだ。

民間工作員の中には、取材に応じてくれる人たちもいた。しかし、決して応じない人たちもいた。本書の執筆に際して、フュージョンGPSのグレン・シンプソンに協力を打診したが、断られた。[＊8]彼のパートナーであるピーター・フリッチも同じだった。[＊9]残念ではあったが、彼らは少なくともその立場を明確に示した。半年の間、わたしはクリストファー・スティールに直接、またはロンドンの彼の調査会社を通して、何度も取材を申し込んだ。彼からは諾否の返事もなかった。

そんなとき、ファーナムでわたしの〝運転手〟を務めたイアン・ウィザーズのことを知った。あるイギリス人ジャーナリストが、ルパート・マードックが所有するタブロイド紙『ニューズ・オブ・ザ・ワールド』の電話盗聴スキャンダルをテーマにした著書の中で、イアンのことを、イギリスで**「最も有名で、最も長く続けている私立調査員」**だと紹介していたのだ。[＊10]イアンについては、こうも言えるだろう。働き盛りだった頃には、どんな仕事でも引き受け、仕事をやり遂げるために必要なら何でもやる、とんでもないヤツだった、と。

彼と最初に会ったのは、二〇一八年にニューヨークで開かれた私立調査員のカンファレンスだった。当時七十九歳だったイアンは、ふっくらとした血色の良い顔に、でっぷりとした太鼓腹だった。その数か月前に、彼はロンドン警視庁に拘束され、十年前に迷宮入りした事件について尋問された。その事件の被害者は、一九八五年にロンドンで暗殺されたジェラール・オアロという人物だ。当時オアロは、アフリカ沖の小さな島国である、セーシェル共和国政府の打倒を目指していた。イアンは、彼を見張るためにセーシェルの指導者から依頼された、CIA形式の民間工作員だった。

一九八六年、テレビのニュースバラエティ番組『60ミニッツ』が、「スパイの島」というタイトルで、セーシェルを取り上げた。[*11] セーシェルはアメリカとソヴィエトの間の地政学的勢力争いの震源地であり、マネーロンダリング天国でもあると紹介された。イアンは現地に所有していたレストランで、番組のインタビューを受けた。その当時の彼は、若く健康そうに見えたが、薄い色付きの眼鏡をかけていたせいで、いくらか悪どい人物に見えた。「彼を殺したがっていたのは？」

「誰がオアロ氏を殺したのですか？」。番組のインタビュアーがイアンに尋ねた。「彼を殺した。

「本当にわからないんだ。政府の安定を図りたいと考えた当局の可能性はある」と彼は答えた。

イギリス警察は、未解決殺人の情報源としてイアンに関心を抱いたのだが、やがてその関心は薄れた。その頃には、わたしたちは知り合いになっていた。クリストファー・スティールの追跡に手を貸してもらえないかと彼に頼んだところ、彼はやると答えた。わたしは数日間ロンドンに滞在してから、イアンとガトウィック空港で落ち合った。そこからレンタカーで、ロンドンの西部にある、富裕層が暮らすのどかな郊外の街ファーナムへと向かった。ファーナムには、古風な趣の中心街があり、高価な住宅が建ち並び、羊が草を食む青々とした草原があった。これから待ち受けるものに対して、わたしは心の準備をしようとした。

ジェーン・メイヤーが『ニューヨーカー』誌の記事でクリストファー・スティールのことを、ブリーフケースの中の秘密は別として、通勤電車に乗っていても他の乗客から浮いたりしない、ごくありふれたビジネスマンに見える、と書いていた。[*12] その記事によると、スティールは携帯電話を「ファラデー」バッグという特殊なポーチに入れているそうだ。金属素材のそのバッグは携帯電話の発する信号を遮断するので、誰かがその信号を利用して電話の持ち主を追跡しようとしても、阻止できるという。自分にも必要ではないかと思ったので、わたしはニューヨークを発つ前にファラデーバッグを購入した。クリストファー・スティールは、もしかしたらそれをＭＩ６から餞別としてもらったのかもしれない。わたしはアマゾンで買った。

ファーナムで車を走らせているとき、イアンがよく使う張り込みの手順を教えてくれた。まずは、ターゲットが在宅かどうか確認することから始める。ターゲットの家に電話して、誰かが電話に出たら、タクシーの配車サービスを装うのだという。「今そちらに向かっているところですが、家の外でお待ちになりますか?」と尋ね、相手からタクシーを呼んでいないと言われたら、電話番号を間違ったと言って謝る。

彼の監視戦略は、張り込みに要する時間と、クライアントが支払う金額によって決まるという。彼の事務所が提供する最高オプションでは、暗視双眼鏡とビデオカメラ、排尿用の金属缶が装備された監視バンを用いる。車体の両側に留め金があり、架空の業者名が書かれた看板の取り外しができるようになっていた。看板には、たとえば配管工、電気技師、テレビ修理サービスの会社名が書かれている。社名は異なるが、電話番号はどれも同じで、イアンの事務所につながる番号だった。そうすれば、仮にその家や近隣の住民が不審に思い電話をかけてきても、バンがその日どの会社を装っているか承知している事務員が、直ちに電話に出る。「はい、こちらはジョー・ブロッグスの配管サービスです。ご用件をうかがいます」と、イアンは事務員の口真似をしてみせた。

他には、小型テントや、道路で使われるプラスティック製のカラーコーン、折りたたみ式バリケードなどの小道具を使い、道路工事中の作業員を装う場合もあるという。もっと簡単な方法もある。私立探偵がターゲットの家の近くに駐車し、水の入ったバケツと洗剤を取り出し、洗車しているふりをするのだ。あるいは、車のボンネットを開けっぱなしにして、修理しているふりをする。後者のやり方だと、通りかかった人から手伝おうかと言われることがあるので、面倒なこともあるらしい。最もやりにくいタイプの監視は、短い袋小路の突き当りにある家や、私立探偵の姿が嫌でも人目に付く、閉鎖された場所だそうだ。「そういう監視は嫌だね」とイアンは言った。

その後間もなくして、わたしたちはようやく、スティールの自宅の建つ通りの名前が書かれた小さな標識を見つけた。とりわけ難しい監視になりそうだと、すぐにわかった。以前写真で見たスティールの自宅が、路地に建っていた。

スティール文書がバズフィードで公開されると、イギリスのタブロイド紙の記者たちがファーナムに押しかけた。その頃には、スティールは妻子とともに自宅を離れて姿を隠していた。「数日留守にする間、猫の世話をしてほしいと頼まれたのよ」と近所のある住民は記者に語った。新聞記事には、この二階建ての大きな屋敷は二百万ドルもし、屋根の上に何台もの防犯カメラが設置されている、と書かれていた（読者にわかりやすいように、記事に添えられた写真に写る防犯カメラは、丸で囲まれていた）。

イアンが車を停め、わたしは車を降りた。いきなり家を訪問して相手を驚かせる手法をとるジャーナリストもいる。わたしはそのようなやり方をしたことがないので、門の向こうの敷地に車が一台もないことがわかり、ほっとした。スティールの家を後にして車を走らせながら、イアンがこんなことを教えてくれた。スティール邸のような立地の家を張り込む場合には、工作員は保護色の寝袋に入り、茂みの中で身を潜めるのも一つの手だという。自身の経験から、そのやり方がうまくいくとわかっているらしかった。

わたしたちは地元の宿にチェックインし、その晩遅くなってから再びスティールの家へ向かった。やはり彼の家の敷地内に車はなかった。イギリスの学校はちょうど夏休みに入ったところなので、おそらくスティールは家族とどこかへ出かけているのだろう。わたしたちは、ロンドンのオービス・ビジネス・インテリジェンスのオフィスを翌朝訪問することに決めて、ファーナムを発つ前にスティール家の郵便受けにメモを入れることにした。

以前ロンドンに滞在していたときに、『ヴァニティ・フェア』のパーティー会場だった〈コーラ・パール〉というレストランへ行き、宣伝用のポストカードをもらってきた。そのカードには、レストランの名前の由来となった、豊かな褐色の巻毛をして胸元の開いたドレスを着た、十九世紀の有名な高級娼婦の肖像画が描かれていた。

「スティール様、『ヴァニティ・フェア』のパーティーではお会いできなくて残念でした。私立調査員業界について書いている拙著の件で、お会いできれば幸いです」と、わたしはそのカードにメッセージを書き込んだ。

翌朝、わたしたちは再びスティール邸へと車を走らせた。その日は、黒いレンジローバーなど四台の車が敷地内に停まっていた。わたしは車から降りて、郵便ボックスにそのポストカードを入れた。それから、ビデオカメラ付きらしい玄関のベルを押した。呼び出し音が五、六回鳴ったが、応答はなかった。どうやらこの家の人たちは、わたしを無視するつもりらしい。

車に戻ろうと歩いていると、イアンが大声で言った。「門が開いてるぞ！」。振り返ったときには閉まりかけていたが、閉まり切る前に何とか門を走り抜けた。家に近づくにつれて不安が大きくなった。一階のキッチンと思われるところに、すりガラスの大きな窓があり、その窓の向こうに人影が見えた。表玄関へ行くと、ドアが開き、クリストファー・スティールが立っていた。彼の写真を見たことがあったので、それがスティール本人だとわかった。写真には、スティールは真っ白なワイシャツにネクタイを締めた、濃紺のスーツ姿で写っていた。目の前にいるスティールは、青いTシャツに格子柄のボクサーショーツという格好だった。写真では、白髪交じりの頭はきちんとセットされていた。目の前のスティールはひどく寝癖のついた頭だった。おそらく寝起きなのだろう。

わたしは訪問の理由を伝え、話を聞かせてもらえないかと頼んだ。

「今日はだめなんだよ。誕生日なんだ」と彼は答えた。

わたしは面食らった。「おめでとうございます」と言うだけの冷静さは保っていたつもりだが、内心は疑っていた。「では、都合が良いのはいつですか?」

「メールを送ってもらえないか?」

こうして、わたしの接触はすぐに終わった。車に戻ったわたしはさっそくデータベースを調べた。その日は確かにスティールの誕生日で、彼は五十五歳になったばかりだった。その日のうちに彼にショートメッセージを送った。「誕生日おめでとうございます。素晴らしい一日になりますように。繰り返しになりますが、拙著の件で是非お話しできればと思います」

このときは、彼から返事が来た。「申し訳ないが、今日はクライアントとの打ち合わせでスケジュールがすっかり埋まっていて、明日からは旅行に出かける。質問事項を送ってくれたら、来週目を通すよ。クリス」

短文の回答をもらって終わりにするつもりはなかった。「承知しました。迅速なご返信ありがとうございます」と書き、さらに続けた。「数時間ほどお時間をいただければ幸いです」。その機会はやって来なかった。この接触から一年後、わたしはスティールに質問事項を送った。彼の仕事仲間から返事が来た。「お答えするつもりはありません」[*13]

民間の調査ビジネス稼業には種々雑多な人たちがいる。

彼らがこの仕事に惹かれたのは、金だったり、旅や冒険だったり、はたまた他人の生活を密かに探ることから得られる、力を持つという高揚感だったりする。クリストファー・スティールのような雇われスパイの中には、政府の元スパイだった者、FBIやその他法執行機関を退職した捜査官などがいる。彼らは、公的機関に勤務している間に身に付けたスキルを民間のクライアントに売ることで、自らのキャリアを延長しようとしているのだ。従来の法律事務所で働きたいと思わない元検察官や元弁護士も、この稼業に引きつけられる。過去十年の間に報道関係の仕事がなくなってきたため、グレン・シンプソンやピーター・フリッチのようなジャーナリストたちも、民間工作員の道に足を踏み入れている。調査会社は、はみ出し者、変わり者、落伍者、探偵かぶれの受け皿にもなっているのだ。

調査業界の市場規模が実際にはどれほどなのか、はっきり把握することはできない。業界は広がる一方であり、多くの会社は株式を公開していないからだ。しかし、ERGパートナーズというコンサルティング会社が、調査業界の動向を調べて見積もったところによると、二〇一八年の業界全体の収益は二十五億ドルに達しており、十年前と比べて倍増していた。

　調査業界の大手企業はといえば、たとえばよく挙げられるのは、**ナビガント・コンサルティング**、**FTIコンサルティング**、**コントロール・リスクス**、**クロール・アソシエイツ（現・クロール社）**、**K2インテリジェンス（現・K2インテグリティ）**、**ミンツ・グループ**、**ナルデッロ&カンパニー**などだろう。こうした企業の多くは、弁護士が企業や個人を刑事裁判や規制措置で弁護したり、身元調査やデューデリジェンスを行ったりする際に、その調査を支援する業務などを提供している。多くの企業は、たとえばコンピューター・セキュリティ、法廷会計（フォレンジック）、ロシアやアフリカ、その他諸地域についての知識など、特殊な専門性を打ち出して、競合他社との差別化を図ろうとしている。

　本書の執筆に当たりどの企業にフォーカスしたらいいのかを決める際に、フュージョンGPSと**オービス・ビジネス・インテリジェンス**に選択は自ずと絞られた。この二社に関連するグレン・シンプソン、ピーター・フリッチ、クリストファー・スティールが、最近の政治的な出来事できわめて大きな役割を果たしていたからだ。ハーヴェイ・ワインスタインの事件への関与を考慮すると、ブラックキューブも取り上げる必要があった。一方で、従来型の企業情報会社も選択に含めたかったので、その社歴からしてK2インテリジェンスがふさわしいだろうと思った。同社は、一九七二年に自らの名前を冠した**クロール・アソシエイツ**を設立し、今日（こんにち）の調査業界を創造したと評価される**ジュールス・クロール**が、クロール社を去った後に設立した会社である。

幸いにも、フュージョンGPS、オービス・ビジネス・インテリジェンス、ブラックキューブ、K2インテリジェンスを選択したことは、別の点でも望ましかった。この四社はいずれも二〇一〇年頃に事業を開始していたので、過去十年の間に調査業界内で生じた変化を調べるうえでも役立ったのだ。

民間工作員について書くならば、もう一つの職業についても検討する必要があるだろう。それは、わたし自身の職業、すなわちジャーナリズムだ。記者はあらゆる種類の情報源から手掛かりを得る。その中には、消費者や政府の内部告発者のように、危険または誤りと見なすものについて、世間に対して警鐘を鳴らしたいと考える者もいる。

**ジャーナリストは長年、雇われ工作員から情報を入手してきた。**

しかし、ジャーナリストと民間諜報員との関係は、普通の関係とは異なる。両者にとって有益なのは、共生的で表に出ない関係である。記者は、たとえば盗まれた電子メールや部外秘の財務報告書など、合法的にも倫理的にも他では入手不可能な資料やデータを、民間諜報員から入手できる。彼らは記者を利用することで、クライアントに利する、または敵に損害を与える情報を、自らの痕跡を残さずに公表できる。スクープをモノにしたジャーナリストは通常、その機密情報をどのように入手したかについては明かさない。誰もが満足するも、世間の人々、つまり読者や視聴者は、その背後で何が起こったのかを知る由もなく、蚊帳の外に置かれている。

ニュース業界の在り方が変化しつつある中で、クリストファー・スティールの文書が熱狂的に受け入れられるという事態が繰り広げられても、何ら驚くには値しない。報道発信源がネットに続々と登場し、報道はますます一方に偏り政治色が濃くなっており、ツイッターという有害な交流が盛んに行われるようになった。こうした変化が、民間諜報員の影響が制御も検討もされないままに腐敗し繁殖するにはうってつけの、ペトリ皿の役割を果たすことになったのだ。

第1章

# レンタル・ジャーナリズム

**【二〇〇九年、ワシントンDC】**

おそらく最悪だった。それ以外に言いようがない。グレン・シンプソンは自分をアメリカでトップクラスの調査報道記者であり、彼がかつて「聖職者階級」と表現した、向こう見ずなエリートの一員であると考えていた。しかし、その地位を世間に認められつつあった矢先に、彼はそのキャリアを退くことにした。

二〇一七年にトランプ文書が世に出たとき、シンプソンは新たな野望を達成することになる――彼はニュースを報道する側から、ニュースを作る側になったのだ。その十年ほど前のこと、十四年にわたり情熱を注いでいた『ウォール・ストリート・ジャーナル』紙の記者としてのキャリアに、彼が終止符を打つ日が近づいていた。

二〇〇九年、彼はカリフォルニア大学バークレー校での権威ある会議に招かれ、ジャーナリズム業界の大物たちと一緒に講演を行った。同業の出席者には、『ニューヨーク・タイムズ』紙の編集長ビル・ケラー、PBSの有名なドキュメンタリー番組『フロントライン』の制作責任者デイヴィッド・ファニング、ABCニュースの調査特派員ブライアン・ロスがいた。この年次会議の主催者であるローウェル・バーグマンも、調査報道界のスターだった。バーグマンはCBSのニュース番組『60ミニッツ』の絶頂期にプロデューサーを務め、いくつものスクープをものにしていた。中でも、タバコ産業によるニコチンの操作について、タバコ会社の幹部のインタビューを取り付けたことはよく知られている。この実話をもとに製作され、一九九九年に公開された映画『インサイダー』では、アル・パチーノがバーグマンを演じ、ラッセル・クロウが内部告発者を演じた。

この二〇〇九年の会議のテーマである「腐敗に関する報道」は、まさにシンプソンの得意分野だった。彼は、政治・ビジネス・政府の腐敗を暴くことに長けた、押しの強い記者として知られていた。ジャーナリズムは、その才能を活かせる、脇目もふらずに熱中できる、行きすぎがちな性分を抑えることができる、彼にぴったりの仕事であった。それに、彼の風貌や、権力に対する態度は、ニュース編集室の外であればマイナスに働いていたかもしれなかった。

元同僚は、彼を「モジャモジャ」と呼んだ。[*1] それは適切な描写だったが、まだ抑えた表現だった。「がさつ」と言われても仕方なかったかもしれない。シンプソンは『ウォール・ストリート・ジャーナル』紙のワシントン支局に、大抵はジーンズに古ぼけたボタンダウンシャツ、そして仕立ての良くないカジュアルな上着を百八十三センチの身体に羽織り、出社していた。眼鏡をかけ、ボサボサの黒髪にあごひげを生やしていた。いたずらっぽい笑みを浮かべた顔は青白くて、不健康に見えた。おそらくは酒の飲みすぎか運動不足、あるいはその両方が原因だろう。あごが不自然に下がっており、振り向くときに首の動きがぎこちなく、少しロボットのような動きをする。これは、大学時代に交通事故で首の骨を折る怪我を負い、そのときに受けた脊椎固定術の後遺症である。

机の上には書類や残骸物が雑然と積まれ、[*2] 人前で腹を掻いたりゲップをしたりすることにある種の快感を覚えていたようだ。そうした癖はともかく、記者仲間の多くはシンプソンに好感を持っていた。彼は温厚で気前がよく、面白くて、いたずら好きだった。けれども、彼を監督した、あるいは監督しようとした編集者たちは、異なる感想を抱いた。彼のことを、気難しく、けんか腰で、陰謀が存在しないところにすかさず陰謀を見る人物だと感じていた。中には、シンプソンが編集依頼の記事を送ったと知ると、口実を見つけてニュース編集室を離れる編集者もいた。自分が席を外している間に、その記事が同僚に割り当てられることを期待しての行動だ。『ウォール・ストリート・ジャーナル』紙のある編集者は、シンプソンが書いた結論の飛躍に懸念を抱き、他のジャーナリストにその内容のダブルチェックを依頼した。編集者からの反対意見に対して、彼の反応はほぼいつも同じだった。バカも休み休み言え、報道の仕方を知っているのなら、オフィスに閉じこもっているはずがない、といった具合だ。シンプソンには才能に加えて、自信もあった。

だが、シンプソンが二〇〇九年にバークレー校で行ったスピーチは、かつての彼なら予想だにしないものだった。当時の彼は絶好調で、他の記者たちが羨むようなスクープをものにしていた。それでも、彼はジャーナリズムを離れて新しいキャリアへ進むと、このスピーチで告げるつもりだった。彼は雇われ工作員になるつもりだったのだ。


シンプソンにこの決断をもたらした出来事は、その数年前から始まっていた。一九九〇年代半ばになると、オンライン・ニュース組織が登場し、読者や広告主はそちらに流れるようになった。新聞業界は衰退の一途をたどり始め、やがて新聞は全国的に何百人もの記者を解雇し、経費を削減することになった。シンプソンの得意とする費用のかかる調査企画も、経費削減の対象となった。

『ウォール・ストリート・ジャーナル』紙は、ビジネス界に根強い読者がおり、こうした混乱からあまり影響を受けなかった。しかし、二〇〇七年にルパート・マードックが経営するメディア巨大複合企業のニューズ・コーポレーションが、『ウォール・ストリート・ジャーナル』紙の親会社を五十億ドルで買収すると、[*3] また別の激震に見舞われることになった。この買収は同紙に警鐘を鳴らした。FOXニュースなど、マードックの所有するメディア機関は、彼の保守的政治観を反映した偏った報道をしていたからだ。マードックは、同紙の取材活動に干渉しないと約束したが、多くの記者たちは、とくにシンプソンのようにワシントンDCを拠点とする記者たちは、それを額面通りに受け取ることができなかった。

二〇〇八年の大統領選挙でオバマ大統領が誕生して以降、オバマ大統領の政策について記者が書いた記事に、ニューヨークの編集者が否定的な見出しを付けるようになり、『ウォール・ストリート・ジャーナル』紙の記者たちはダブルパンチをくらったように感じた。[*4] また、職員たちは以前にも増して多くの記事を作成しなくてはならないというプレッシャーにもさらされた。それに、『ウォール・ストリート・ジャーナル』紙の一面の特徴である、深く掘り下げた記事や調査に基づく暴露記事を好まないことを、マードックは公式なコメントで明らかにしていた。

グレン・シンプソンはマードックを軽蔑していた。それでも、ジャーナリズムから離れることを考えると、胸が締めつけられる思いがした。彼のアイデンティティは、この仕事と密接に結びついていた。自らを、不正を暴き権力者の責任を追及することを使命とするタイプの記者であると、長年にわたり考えていた。妻のメアリー・ジャコビーも、彼の親しい友人の多くも記者で、政治の陰謀や企業の腐敗を追及しようとする執念を共有していた。

シンプソンとジャコビーは、彼らの息子二人とともに、ワシントンDCに近いフレンドシップ・ハイツという地区にある、大きなぼろ家に住んでいた。彼らの家は活気のある社交場として多くの人を引きつけ、夫妻がよく開いていたパーティーには、ジャーナリストや議会関係者、政府消息通などが参加し、大量のアルコールとマリファナで盛り上がった。穏やかな夏の晩には、友人たちが彼の家に集まり、ワインを飲み、酔っぱらい、ギターを弾き、音楽を聴いたりした。

シンプソンは熱心な読書家で、とくに伝記や歴史関連の書籍を好んで読んだ。また彼は、アレハンドロ・エスコヴェドやドライヴ・バイ・トラッカーズなど、パワフルな、ロックンロールのカウボーイという自己イメージにぴったりな音楽やミュージシャンにも入れ込んでいた。民間工作員になり裕福になってからは、メリーランド州沿岸に所有するセカンドハウスへ向かうときに、高額で派手なピックアップトラックをよく走らせていた。ワシントンDCでは、電動スクーターで移動していた。

記者によってそのスキルは異なる。見ず知らずの人の心を開かせる術を心得ている記者もいる。他の記者より先にネタに気づく記者もいる。シンプソンは文書に鼻が利いた。政府や法律関係の不透明な記録を見つけることが大好きで、それをもとに金の動きや人と企業間の隠れたつながりを追った。彼の最初の就職先は、ワシントンDCを拠点とし、政治や法案についての記事を掲載する『ロール・コール』という新聞社だった。彼はそこで、政治運動の資金調達に関する報道を担当した。連邦政府公職選挙に臨む候補者には、資金援助者や選挙運動費用を開示した書類を連邦選挙委員会に提出する義務があり、シンプソンは記事を書くためにその記録をくまなく調べた。

妻となるメアリーと出会ったのも、シンプソンが『ロール・コール』紙にいたときだった。二人はジャーナリストとしての関心を共有しており、二人とも一風変わった性格をしていた。二人の外見や経歴には、共通点がなかった。シンプソンは長身だが**メアリー・ジャコビー**は小柄で、黒髪で洗練されていた。彼女はアーカンソー州リトルロックの裕福な家の出で、父親は、スティーブンス社という金融サービス会社の経営者で、同州で政治的発言力を持っていた。シンプソンとジャコビーは一九九四年に結婚し、ジャコビーの父親から援助を受けた新婚夫婦は、その後ほどなくしてワシントンに自宅を購入した。

9・11の同時多発テロ以降、シンプソンはテロリストの資金調達に的を絞って取材を進め、アルカイダなどのテロ集団が国際銀行システムの抜け道や偽の慈善事業を利用して活動資金を動かしていることを検証する記事を書いた。その後、彼の署名入り記事はしばらく紙面から消えた。三十代後半を迎えた頃に、シンプソンは脊椎ガンと診断されたのだ。これは痛みを伴い、命に関わることの多い病気である。ガン治療は成功したが、医師から鎮痛薬として強力なオピオイドを処方されていたので、断薬治療を受けなくてはならなかった。

二〇〇五年、シンプソンは『ウォール・ストリート・ジャーナル』紙から海外特派員としてブリュッセルへの赴任を命じられた。これによって、彼が将来雇われ工作員となる土台が築かれた。妻のメアリーも同紙の記者として採用され、夫妻は子どもたちを連れて、ブリュッセルでも海外駐在員が多く住む地域へと引っ越した。

ヨーロッパには当時、オリガルヒと呼ばれる、ソ連崩壊後に財を成したロシアや東欧の富裕な実業家たちがあふれていた。オリガルヒは欧米型の資本家を演じたがっていた。アメリカなどの法執行機関は、彼らの多くが政治家との人脈や賄賂、暴力、犯罪との結びつきによって権力と富を手に入れたのではないかとの疑念を抱いていた。アメリカの国務省も、事業活動目的での入国を禁止するブラックリストに、一部のオリガルヒを載せていた。

**オリガルヒの出現は民間諜報員に、とりわけ企業調査業界の中心地ロンドンで活動する会社に、大儲けをもたらした。**ロンドンに移住したオリガルヒは、高値の不動産を買い占め、子どもをエリート私立校に通わせた。彼らは所有する会社をロンドン証券取引所に上場させ、イギリスやその他ヨーロッパの裁判所でひっきりなしに訴訟を起こし合った。そうした状況下で、彼らは民間工作員を雇い、敵のスキャンダルをかき集め、批判する者を威嚇した。著名なオリガルヒの一人でロシアのアルミニウム産業の大物である**オレグ・デリパスカ**は、アメリカやイギリスの調査会社数社を利用した。

シンプソンはブリュッセルを拠点にして、オリガルヒやロシアの犯罪者たちが生息する金融や政治の世界という、彼がその後しつこく追及したネタの情報源となる、民間工作員とのつながりを形成した。プーチン大統領が統治するロシアでは、ビジネスの腐敗がはびこっていた。シンプソンが『ウォール・ストリート・ジャーナル』紙に書いたオリガルヒに関する記事には、賄賂、マネーロンダリング、時には殺人などの疑惑が盛り込まれていた。その中の一つには、ロシアの石油会社の幹部が、ウォッカを飲みながらダンプリングの昼食をたっぷりとった後に倒れて死亡、犯罪の犠牲となったと見られる、と冒頭に書かれた記事もあった。

シンプソンはブリュッセル滞在中に、後年の雇われ工作員のキャリアで重要な役割を果たす人たちとも知り合った。その筆頭として挙げられるのは、投資家の**ビル・ブラウダー**である。彼は二〇一〇年代に、人権侵害に関与したロシア人に金融制裁を科す法案をアメリカで採択させたロビー活動で先頭に立ち、その名を知られるようになった。

シンプソンと初めて会ったのは二〇〇六年のことで、十年もの間仕事をしていたロシアから追放された直後だったと、ブラウダーは振り返った。ブラウダーは、モスクワを拠点とする**エルミタージュ・キャピタル**というファンドを運営し、富を築いた。そのファンドは、ロシア企業を対象として四十億ドル相当の運用資産を保有していた。ロシアでファンドを運営する間、ブラウダーはプーチン大統領の指導力を賞賛していたが、ロシアのエネルギー産業における腐敗を批判したことでプーチン大統領の恨みを買い、入国を禁じられた。
二〇〇六年、シンプソンは、『ウォール・ストリート・ジャーナル』紙にブラウダーの追放を取り上げた記事を書いた。[*5] その当時はシンプソンと意気投合していたと、後年になってブラウダーは語った。シンプソンは過去のガンとの闘いについて話し、その試練が思いがけない贈り物を、何ものをも恐れない新たな感覚を自分にもたらしたことを、ブラウダーに打ち明けた。シンプソンは、ロシアにおけるビジネスの腐敗についての記事を書くためにブラウダーから情報を得ようと、エルミタージュ・キャピタルの移転先であるロンドンの事務所を訪問した。シンプソンが民間工作員に転身したことで、後年血みどろの争いを繰り広げる敵同士になるとは、その頃の二人には思いもよらなかった。

二年間のブリュッセル滞在を終えて、家族とともにワシントンDCに戻ったグレン・シンプソンは、オリガルヒやロシアの組織犯罪への関心も一緒に持ち帰った。二〇〇七年、彼が依然として並々ならぬ関心を持つ二人の人物について、妻のメアリー・ジャコビーと共同で、『ウォール・ストリート・ジャーナル』紙に記事を書いた。一人は、ロシアのアルミニウム産業のオリガルヒで、企業調査会社の有力な利用者である、オレグ・デリパスカだ。[*6] もう一人は、ワシントンの有名なロビイストである**ポール・マナフォート**だった。[*7] マナフォートは二〇〇〇年代半ばに、プーチンの支援を受けた政治家をウクライナ大統領に当選させるために活動し、その十年後にドナルド・トランプの選挙対策本部長として表舞台に再登場した。

友人たちは、シンプソンに被害妄想の傾向があることを知っていたが、ワシントンに戻ったシンプソンは新たな妄想を抱き始めた。オリガルヒに雇われたロシアのスパイや工作員が自分の家を盗聴しているのではないかと、不安を抱くようになったのだ。その一方で、彼は次第に、民間諜報員という秘密工作の世界とその陰謀に酔いしれるようになった。「彼はそのビジネスのインチキで非道徳的なところが気に入っていて、『わたしの情報源がこんなことを話していた』とよく言っていた」と、『ウォール・ストリート・ジャーナル』紙のある記者は振り返った。

『ウォール・ストリート・ジャーナル』紙を辞める時期が近づくにつれ、シンプソンは、雇われ工作員に頼って情報を得たことを取り上げた記事を何本か書き、その後の去就を暗示させた。二〇〇八年には、ほとんどのアメリカ人が聞いたこともないような場所で繰り広げられた争いについての記事を発表した。それは、旧ソヴィエト連邦に属していた、中央アジアのカザフスタンである。

当時、門外漢にとってカザフスタンといえば、イギリスのコメディアン、サシャ・バロン・コーエン主演の映画『ボラット 栄光ナル国家カザフスタンのためのアメリカ文化学習』(*Borat*)で知られる国だった。この映画は、コーエンの演じる架空のカザフ人ジャーナリストが、テレビ番組『ベイウォッチ』に出演するスターのパメラ・アンダーソンを追ってアメリカを訪れるという、モキュメンタリー（訳注：ドキュメンタリーの手法・演出を用いた、フィクションの映画やテレビ番組）だ。だが、石油資源が豊富なカザフスタンは、大規模で長期にわたる贈収賄スキャンダルの舞台でもあった。二〇〇三年、米司法省は、エネルギー企業がカザフスタンでの採掘権を獲得するためにカザフスタン大統領らに八千万ドルの賄賂を渡したとして、アメリカ人コンサルタントを起訴している。[*8]

シンプソンがカザフスタンについて書き始めた二〇〇八年当時、[*9]カザフスタンを支配する**ヌルスルタン・ナザルバエフ**大統領は、元娘婿と政治的な死闘を繰り広げていた。二人とも恐ろしい男だった。ナザルバエフは冷酷な独裁者であり、彼の敵や批判者は次々と姿を消した。かつて義理の息子だった**ラハト・アリエフ**[*10]は、秘密警察長官時代に拷問を行ったとされる、独裁者気取りの人物であった。二人の関係が破綻したのは、ナザルバエフが終身大統領になる計画を発表し、政治的野心を抱いていたアリエフがそれを批判したことが原因だった。アリエフは直ちに公職を剥奪され、妻と離婚し、カザフスタンの裁判所からは、誘拐や殺人などのさまざまな罪を犯したかどで、欠席裁判で有罪判決を言い渡された。

『ウォール・ストリート・ジャーナル』紙の読者は、この内輪もめにあまり興味を抱いていないようだったが、ほどなくしてその関連記事が次々と掲載されるようになった。カザフスタン政府もラハト・アリエフも、高額な料金をとるアメリカの弁護士や政治工作員、企業調査員を雇った。アリエフ陣営は、アメリカへの政治亡命を狙っていた。彼らはアリエフを、ナザルバエフによる腐敗した政治支配から祖国を解放しようとする欧米型の政治家として演出する作戦を開始した。そして運命の巡り合わせか、シンプソンはアリエフのチームの一員と知り合いだった。

アリエフはアメリカの大手法律事務所**ベーカー・ホステトラー**に、自らに利するようなロビー活動を依頼した。シンプソンはその事務所の何人かの弁護士とつながりがあった。その中の一人のジョン・モスコーとの関係は、モスコーがマンハッタン地区検事局のトップ検察官だった一九九〇年代にまでさかのぼる。その当時『ロール・コール』の記者だったシンプソンは、麻薬ディーラーなどの資金洗浄を行った悪名高い金融機関である国際商業信用銀行の起訴など、モスコーの担当した事件を取材していたのだ。

グレン・シンプソンはやがて、記者ならば願ってもない資料、たとえば個人の電子メール、極秘の銀行取引明細書、クレジットカードの利用明細書、携帯電話の通話記録などを入手するようになった。こうした書類には、カザフスタンの政府系投資ファンドの最高顧問であり、ラハト・アリエフの主要ターゲットである、ワシントンのコンサルタントの**アレクサンダー・マーチェフ**の個人取引と金融取引についての詳細が記されていた。

二〇〇八年半ばに、シンプソンと、やはり『ウォール・ストリート・ジャーナル』紙の調査報道記者である**スー・シュミット**は、マーチェフとカザフスタンの贈収賄スキャンダルについての記事を書くようになり、マーチェフをカザフスタン大統領の政治・金融フィクサーとして描いた。シュミットは、その数か月前に『ワシントン・ポスト』紙から転職してきたばかりだった。彼女は同紙の記者時代に、ロビイストのジャック・エイブラモフの不正行為を暴き、二〇〇六年に同僚二人とともにピュリッツァー賞を受賞した。彼女が『ウォール・ストリート・ジャーナル』に在籍した期間は非常に短かった。入社から約一年後、彼女はシンプソンとともに企業調査会社の設立に向けて退社した。

第一面の記事を書くために、シンプソンとシュミットは潜伏中のラハト・アリエフにインタビューを行った。アリエフは、かつての義理の父がカザフスタンから数十億ドルを盗み、アレクサンダー・マーチェフがその資金隠しに協力したと主張した。アリエフは二人に、銀行取引明細書やマーチェフの会社からの電信送金の取引内容とされるものを渡した。

シンプソンとシュミットは記事で、マーチェフは犯罪捜査の対象者だと報じた。「捜査当局と接触した弁護士やビジネスマンによれば、連邦捜査局（ＦＢＩ）とマンハッタン地区検事局がマーチェフ氏の銀行取引を調べているという。この調査はまだ初期段階にあるとされる。司法省と地区検事局はコメントを出していない」

マーチェフは不正行為への関与を否定し、アリエフが手渡しているのは偽造か改竄した書類だと、マーチェフとその弁護士は主張した。マーチェフはまた、シンプソンたちに自分の言い分を伝えようとしたが、彼らの面会はあまりうまくいかなかった。ジャーナリストにとって、自分の記事や報道に疑念がもたれるのは決して嬉しくないものだが、シンプソンとマーチェフが面会したときには、対立の様相を呈した。シンプソンを優秀な記者たらしめる追及心や自信は、相手から異議を申し立てられるとあらぬ方向に向けられる。彼は批判を受けると、相手に倍返しするのだ。その自信が傲慢さに発展しかねなかった。

マーチェフとのある面会で、シンプソンはノートパソコンを開き、入手したマーチェフに関する機密情報をすべて本人に見せたと、面会に付き添った広報担当幹部が面会記録に記していた。その情報には、マーチェフの個人的なメールや仕事関係のメールのコピー、クレジットカードの利用明細書、会社の銀行記録などが含まれていた。

広報担当幹部の報告書によると、シンプソンはマーチェフに、非公開の情報を自分の手でつかめる、自分で入手できない場合でも、入手してくれる人物を知っている、と言ったらしい。シンプソンはさらに、マーチェフの通話は盗聴されているので、自分とシュミットには主張の裏づけがあると言った。それを聞いたマーチェフは激怒し、プライバシーの侵害だとシンプソンを非難したそうだ。マーチェフは、ラハト・アリエフは偽の文書をばらまいているとも訴えた。シンプソンはまったく動じることなく、自分はあなたについて、あなたが知っているよりもよく知っているとマーチェフに言い放ったと、広報担当幹部の報告書に記載されている。

グレン・シンプソンは、ジャーナリストとして、誰かのメールアカウントに侵入したり、銀行のコンピューターにアクセスしたりすることはできなかった。工作員や企業の内通者を雇い、文書を盗んでもらうこともできなかった。しかし、他の記者も同じだが、盗んだ情報やハッキングした情報を提供したいという人から自由に受け取ることができたし、その資料の入手先を――おそらく編集者以外には――開示する義務もなかった。

だが、シンプソンがアレクサンダー・マーチェフに興味を抱くよりも前に、民間諜報員によるマーチェフに対する大がかりなスパイ行為とハッキングが、二〇〇七年には始まっていた。ラハト・アリエフがそれを支援していたらしく、一年後にシンプソンがマーチェフに見せたものとまったく同じ種類の財務・ビジネス情報が、その活動によって入手されていた。「希臘(ヘレニック)」作戦と名づけられたこの活動は、民間諜報産業の発展における重要な時期に展開された[*11]。この時期に、雇われた工作員がハッキングや電子メール監視などのハイテク戦術を用いて、秘密裏に情報を収集し始めたのだ。調査を行った民間スパイ会社は、報告書ではその会社名を明かしていないが、作戦に関わった工作員は、当初から、集めた情報をジャーナリストや法執行機関の手に渡したがっていた。二〇〇七年のメモによると、このスパイ活動の目的は、マーチェフにとって不利な情報、たとえば、彼にマネーロンダリング容疑がかかるような情報を、「報道機関や捜査当局の目に留まるようにする」ことだった。

同作戦に関わった民間諜報員は、報告書によればさまざまな手口を駆使していた。マーチェフのビジネス・パートナーを取材するために、ジャーナリストを装った女性工作員が派遣されることもあれば、マーチェフとそのパートナーが使っていたコンピューターに「トロイの木馬」と呼ばれるマルウェアを感染させるように仕向けたこともあった。二〇〇七年の報告書には、「インターネットに接続した彼のコンピューターにインストールすれば、完全な監視が可能になる傍受パッケージが、アメリカの仲介者を通じて届けられた」とあった。

この電子監視計画は成功を収めたかに見えた。次に示す報告書には、[*12] マーチェフとそのパートナーが送受信した六百通の電子メールを傍受し、さらに四百通以上を調査中であると記されている。マーチェフのパソコンを使って自分たちが彼を遠隔で監視できることについて、工作員は次のように書いている。

- 我々は、彼が送信する添付ファイル付きの電子メールをすべて見ることができる
- 彼が訪れたすべてのウェブサイトを見られる
- 彼が使うユーザー名とパスワードを見られる
- 彼が文書やスプレッドシートに入力した内容を見ることができる
- こうしたファイルの保護に彼が使ったパスワードやフレーズを見ることができる

・文書の暗号化やその復号化に使用されたパスワードやパスフレーズを見ることができる
・彼がチャットルームを利用している場合、その発言をすべて見ることができる
・彼が送受信した電子メールの添付ファイルを入手できる

二〇〇八年初め頃、マーチェフに関する「マネーロンダリングの事例を米国連邦当局に提示する」準備ができていると、希臘（ヘレニック）作戦の調査員は報告書で述べている。その四か月後、シンプソンとスー・シュミットはマーチェフについて記事を書き、ＦＢＩとマンハッタン地区検事局が彼の調査を開始したと伝えた。

ジャーナリストにとって、潜在的な犯罪捜査をいつ報道するか、あるいは報道するかどうかを決めるのは、一筋縄ではいかない問題だ。起訴に持ち込まれるまでは、捜査が進行中であることを検察官が公表することは禁じられているので、記者は通常、進行中の捜査について弁護士や事件関係者から知ることになる。問題は、そのような情報源には思惑があるということだ。法執行機関の捜査は、企業や富裕層に雇われた弁護士が、犯罪が発生していると考えて持ち込み、始まることが多い。

それはつまり、アメリカの二重構造の司法制度は、同じような犯罪を犯しても、単に貧乏人は刑務所に入り金持ちは軽い罰を受けるというだけではない、ということだ。弁護士や民

間工作員の力を借りた権力者が、当局が起訴する事件に大きな影響を及ぼす制度でもあるのだ。当局が迅速に対応しない場合、弁護士やその依頼人は別の戦術を取ることができる。検察に行動を起こすように圧力をかけるために、友好的な記者を見つけて、始まったばかりの捜査のことを彼らに吹き込むのだ。ジャーナリストは、この手法を「**フロントランニング**」、つまり記事の事実関係の先取りと呼んでいる。

シンプソンはアレクサンダー・マーチェフの件でこの手法を取った。彼の記事では、FBI捜査官やマンハッタン地区検事局と話したとされる「弁護士やビジネスマン」を特定していなかった。しかし、二〇〇九年の国務省の外交公電では、[*13]「ベーカー・ホステトラー社の協力を得て、[*14]カザフスタンの指導者に関する資料が、ラハト・アリエフによって米国の複数の法執行機関へ、具体的には、ニューヨークの地方検事ロバート・モーゲンソウとFBIへと送られた」という苦情がカザフスタン政府関係者から寄せられたと、ある米外交官が報告している。

別の理由から、「予備段階」の調査については報じないジャーナリストもいる。この言葉はさまざまな解釈ができるうえに、初期段階の捜査が進展しないこともある。アレクサンダー・マーチェフの件も、どうやらこれに当てはまるようだ。シンプソンの記事が『ウォール・ストリート・ジャーナル』紙に掲載されてから十年以上たって、マーチェフの弁護士は、二〇〇八年当時もそれ以降のいかなる時点でも、マーチェフが自身の金融取引についてFB

Iやマンハッタン地区検事局から接触されたことは一度もなかった、と述べている。

二〇〇九年を迎える頃には、グレン・シンプソンはカザフスタンへの関心を失っていた。彼の関心は、より差し迫った問題、つまり自分の将来へと移っていた。ルパート・マードックの『ウォール・ストリート・ジャーナル』紙買収によって始まった人材流出は止まらなかった。『ニューヨーク・タイムズ』や『ワシントン・ポスト』などでは人員削減が進んでいたので、そうした主要紙での活躍の場は限られており、ジャーナリズムの世界を去ることにした記者もいた。二〇〇八年後半に、シンプソンの妻メアリー・ジャコビーは『ウォール・ストリート・ジャーナル』を辞めて、司法省や重要事件について取り上げる、メイン・ジャスティスというニュースサイトの新規ビジネスを始めた。

シンプソンとスー・シュミットは、自分たちの調査能力や人脈を活かした新事業を立ち上げたいと考えていた。二人は企業調査産業に空白地帯があり、従来とは異なるタイプの企業がその空白を埋められると考えた。つまり、ジャーナリズムの価値観や倫理観を取り入れながら、個人のクライアント向けの仕事をするタイプの会社である。

二人は、SNSグローバルという会社を立ち上げ、公益団体や非営利団体、あるいは正当な法的問題を抱える企業などの、「善人」からの依頼に、仕事を限定することにした。新会社を売り込むために、自分たちにはジャーナリストとしての評判や記者とのつながりがあるので、大手メディアで事件を取り上げてもらえると、見込み客に説明した。

シンプソンとシュミットは、それまでに数多くの私立探偵や雇われ工作員と知り合った。その中には好感の持てる人物もいた。嘘をついたり、悪人や犯罪者のために働いたり、ジャーナリストを中傷する仕事を請け負う者もいた。二人とも、自分のことを私立調査員だとは思いたくなかった。そこで、シンプソンは新しい仕事のコンセプトを「**レンタル・ジャーナリズム**」とすることにした。

『ウォール・ストリート・ジャーナル』を辞職する前に、上司たちは二人に翻意を促したが、二人の決意は変わらなかった。二〇〇九年四月、シンプソンがワシントンのオフィスに最後に出社した日のことだ。ダックスフントとビーグルのミックス犬の飼い犬アービングを連れてきて、編集者の机の脇で糞をさせようとしたという。単なる悪ふざけだったのかどうかは、定かではない。


その直後、シンプソンはバークレーで開かれた調査報道会議に出席した。パネルディスカッションが始まると、彼はディレクターズチェアに座って、首から下げた名札を見つめた。名札には、職業は新聞記者と書かれていた。

「実は、ジャーナリズムの世界を去るのです」と、シンプソンはディスカッショングループに伝えた。「昨日が、『ウォール・ストリート・ジャーナル』での最後の出社日でしたので、虚偽の宣伝をしたと言って責めないでくださいね。この名札を更新する機会がなかったのです。手短にお伝えしたいのですが、わたしたちはこれから、正確にはジャーナリズムではなく、ハイブリッドのような新しいことを試すつもりです」

彼はさらに続けた。「この種の調査研究を行い、報道機関と協力してこうしたストーリーを世に出せればと思っています。調査を継続する、公共の利益のために調査を継続する、もう一つの新たなモデルとして先駆者になれないかと考え、わたしはビジネス・パートナーのスー・シュミットとともに民間企業を設立しました」

こうして、グレン・シンプソンの最初のキャリアが終わり、二番目のキャリアがスタートした。彼は調査業界の友人たちからいくつかの忠告を受けていた。自分をジャーナリストだと思うのをやめること。事件に感情移入しないようにすること。仕事に着手する前に、必ずクライアントから手付金をもらうこと。そして何よりも、何着かちゃんとしたスーツを買うこと。

# 第2章

# ラップダンス・アイランド

【二〇一二年、ロンドン】

二〇一二年、K2インテリジェンスのロンドン支社にやってきたフリーランスの民間スパイ、**ロブ・ムーア**は、新しい任務の話を熱心に聞いていた。[*1] ムーアは、グレン・シンプソンと同様に、企業調査員として第二のキャリアをスタートさせたばかりだった。もっとも、彼はジャーナリズムではなく、エンターテインメント・ビジネスからの転身だった。

ムーアはかつて、テレビの「ドッキリ」番組のプロデューサーとして成功していた。これは、だまされているとは疑いもしない出演者をだましたりイタズラを仕掛けたりして、その反応を楽しむ番組のことだ。二〇〇〇年代初頭、ムーアはイギリスの有名な制作会社イーリング・スタジオの幹部を務めており、架空のリアリティ番組のパイロット版のオーディションだと信じ込ませてオーディションを受けさせるという、ドッキリシリーズを手掛けていた。

その一つに、「ウィリアム王子の恋人になりたい人は?」という番組があった。これはロサンゼルスで撮影され、若い女性たちは王族とデートできると思い込んで、さまざまな試練をくぐり抜けて競い合い、その権利を勝ち取ろうとした。その後電話がかかってきて、王子のふりをしたムーアが電話口で話す。「オーディションのあなたは本当に素晴らしかった」

さらに、「こちらに来るときにタバコ(fag)二百本を持ってきてもらえますか?」と、イギリス英語の俗語を用いて話したりする。

このシリーズの中で一番受けたのは、大ヒット番組『サバイバー』を模した、「ラップダンス・アイランド」[*2]という番組だった。「四十人のラップダンサー(訳注:客の膝の上に乗るようにしてエロチックな踊り[ラップダンス]をするヌードダンサー)、十人の出場者、太陽、砂、そして何軒かの小屋」という謳い文句だった。オーディションを知らせる広告を出したところ、何百人もの男たちが集まった。

だが残念なことに、そんな楽しい生活は長続きしなかった。二〇〇六年、四十代前半のムーアは、結婚生活もキャリアも破綻し、実家で両親と暮らすことになった。彼はもっとシンプルな生活をしようと考えた。仏教に帰依し、庭師になろうと園芸を勉強した。しかし、園芸も長くは続かなかった。海岸を歩いていたときに、テレビ制作会社時代の友人と偶然再会した。その友人は、クロール社という大手の企業情報会社で働いているという。そうした会社ならムーアの才能を評価してくれるはずだと、友人から言われた。

ほとんどの企業のように、企業調査会社にも階層がある。経営者がおり、大きな会社には取締役会または顧問がいる場合が多い。後者は大抵、情報機関や法執行機関の退職者で、現役時代の手腕や人脈を見込まれて選ばれる。事件を監督し依頼人と接する上級調査員は、企業風にマネージング・ディレクターと呼ばれることが多く、正規の調査員はその下で働く（調査業界では、「工作員」［operative］という言葉は、否定的な意味合いがあるとして好まれない）。その下には、アナリストとして知られるリサーチャーがおり、公開書類やデータベースなどの記録から情報を掘り起こす。階層の一番下には、フリーランスのスパイ、いわゆる請負人（コントラクター）（下請け人（サブコントラクター）とも呼ばれる）がいる。

企業によっては、特定の任務のために一時的に請負人を雇うこともある。請負人は管理できないという理由で、機密性の高い調査業務に請負人を使わない企業もある。しかし、ロンドンの民間スパイ市場は熱気を帯びており、企業調査業界大手のＫ２インテリジェンスはロブ・ムーアを雇い、その陣容を強化した。しかも、ムーアには特別なスキルがあった。

ムーアには、人を欺く天賦の才があり、テレビ制作会社のキャリアでそれに磨きがかかっていた。本物のスパイや民間工作員は、見知らぬ相手をだまして機密情報を聞き出すために、警官や銀行員、雇用主、遠い親戚など、違う人物に長期間なりすます。

このテクニックは「**プリテキスティング**」として知られている。長年イギリスで私立探偵をしているイアン・ウィザーズは自らを、このテクニックにかけては職人技だと自負していた。イアンは自分の探偵事務所に、銀行やローン会社、電話会社などの元社員を雇うことで、電話をかけてきた人の本人確認をするために顧客サービス係がどんな質問をするのか、ひいては電話をかけてきた人をどうしたらうまくだませるのかを知っていた。イアンはまた、相手に錯覚を起こさせるためには、「より真に迫ること」が肝心だという信念を持っていた。イアンの事務所で架空の人物に扮して電話をかける人たちは、テープレコーダーが設置された特別な部屋で、その日演じる役割にふさわしい背景音を流して仕事をしていた。たとえば、融資担当者のふりをするときには、銀行から架電しているような背景音を流すのだ。

イアンがまだ駆け出しだった頃、そのステルス技術が広く話題になった。一九七一年にロンドンの『ガーディアン』紙から突然電話がかかってきて、編集長から、ジェントルメンズ・クラブで昼食をどうかとの誘いを受けた。編集長は昼食の席で、イギリスのエドワード・ヒース首相と賭けをしたと説明した。首相は議会で、「政府が収集したイギリス国民の機密情報には、許可された者しかアクセスできない」と述べていた。

編集長はイアンに、自分の名前も含めて、同紙の社員四人の名前を紙に書いて渡し、ではお好きに、と告げた。それから間もなく、『ガーディアン』紙の第一面に、「産業スパイ、国家記録を引き出す」という見出しの記事が載った。[＊3] ヒース首相は不快感を示した。警察は、ロンドン中の探偵事務所に踏み込んだ。イアンとその兄弟が経営する探偵事務所に捜査に入った警察が金庫を開けると、事務所が調査した人たちの個人的な金融・医療情報がびっしり書かれた、大量の報告書が見つかった。イアン兄弟は、公衆に害を与えようとしたかどで起訴された。検察官は公判でイアンに、機密情報を入手するためにプリテキスティングのテクニックを使ったかどうかを質問した。「どう思う？」と彼は質問で返した。イアン兄弟は一年の判決を言い渡されたが、後日その有罪判決は取り消された。

ロブ・ムーアは、電話で見知らぬ人と話すとき、簡単に他人のふりをすることができる。また、初対面の相手に対しても同じことができる。ムーアは長身で、広い額に細長い顔をしており、その顔に、興味、懸念、同情などの表情を自由自在に浮かべることができた。その間にも、上着やショルダーバッグに仕込んだテープレコーダーに、会話はすべて録音されていた。

ムーアがフリーランスとしてクロール社から最初に受けた仕事は、オリガルヒが住んでいるロンドンの屋敷の所有者を突き止めることだった。ムーアは、高級な花屋の配達員を装うことにした。ホームセンターで庭師用のスモックを買い、大きな花束を手に取った。店の鏡で自分の姿を確認したとき、その姿がとても愉快だと思ったので自撮りをした。そして、屋敷に着くと、うまいことを言って屋敷の中に入った。

プリテキスティングは、今でも民間スパイビジネスでよく使われている。たとえば、ハーヴェイ・ワインスタインから依頼されたブラックキューブというイスラエルの企業の工作員は、世間に知られると困るような不利な状況にターゲットを誘い込むために、さまざまな人物を演じる。彼らは多種多様な任務で、企業幹部や求人担当者、投資銀行家、心配性の母親、あるいは種々の運動の支持者に扮した。しかし、実のところ民間スパイは、ジャーナリストに扮することを好むのだ。

それもそのはず、記者は詮索好きでいろいろ質問をするものだと、世間では思われている。その策略を活かすために、調査会社にはいくつかの選択肢がある。フリーの記者を雇い、記事の情報収集をするふりをして、実際はスパイ活動をさせるという手がある。他には、仲介者を省いて、私立調査員自身が記者を装うこともある。

記者の**メアリー・カディヒー**は、クロール社の幹部から秘密捜査を持ちかけられたことを記事にまとめた。[*4] 彼女によれば、エクアドルのアマゾン地域へ行き、環境問題の記事を書く記者のふりをして、実際には同社の顧客のために情報を集めてほしいと言われたという。カディヒーは当時フリーランスの記者として苦労していた。六週間の仕事の報酬として二万ドルという大金を提示された彼女は、その依頼を受けそうになった。だが、思いとどまって、『アトランティック』誌に記事を書くことにし、クロール社が彼女を雇おうとしたことを暴露した。その当時、ジュールス・クロールはもうクロール社を去っていた。「当初、自分はこの仕事には実力不足だと思っていた」とカディヒーは述べている。「後からわかったことだが、わたしはまさに彼らが求めていたもの、つまり手駒だったのだ」。決まりの悪い出来事をいくつか経て、クロール社は工作員がこのような形で働くことは想定していないと公言し、そうした行為を管理するために倫理的ガイドラインを新たに制定すると述べた。

ロブ・ムーアがフリーランスの民間工作員としてのキャリアをスタートさせた当初、単発で短期の任務しか与えられなかったので、生計を立てるのに苦労する日々が続いていた。しかし、二〇一二年に、メイフェアのはずれの赤い砂岩造りのビルに入るＫ２インテリジェンスのオフィスに呼ばれたとき、すべてが一変した。メイフェアは、企業調査会社が拠点を置き、お洒落な高級店が軒を連ねるボンド・ストリートとサヴィル・ロウがある、ロンドンの高級商業・住宅地区である。

ムーアは受付係に案内されて、すりガラスの窓が付いた小さな会議室が並ぶ廊下を歩いた。窓からは、会議室の中にいる人たちの頭頂と靴しか見えなかった。誰もいない部屋に通されると、間もなくＫ２インテリジェンスのロンドン支社長がやって来た。**マッテオ・ビガッツイ**というその幹部は、新規クライアントから、アスベストの使用中止運動をしている公衆衛生活動家グループの調査をしてほしい、との依頼を受けたと告げた。アスベストは、命に関わるタイプの肺ガンを引き起こすとされる建材だ。そのグループに入り込むために、ムーアは健康への被害を暴くドキュメンタリーの制作者を装うことになった。

二〇〇九年に設立されたK2インテリジェンスは、実質的には新会社とは言えなかった。社名のK2とは、現代の企業調査産業を創り出したジュールス・クロールと、父の後を追ってこのビジネスの世界に入った、彼の息子の**ジェレミー・クロール**を表していた。

今からおよそ五十年前、クロールが最初の会社であるクロール・アソシエイツを設立した当時、私立調査員のイメージは、配偶者の浮気を探る裏稼業といったところだった。端的にいえば、クロールは、民間スパイのビジネスを企業化することで、そのイメージを一新したのだ。総合的な目標は、クロール・アソシエイツに法律事務所と同じような立派な体裁を与えることだった。そうなれば、法律事務所と同じくらいの料金をクライアントから徴収できるという算段だった。K2インテリジェンスの元社員によれば、顧客に提示する案件費用をどう見積もったらよいか、ジュールス・クロールに尋ねたところ、簡単な数式を提示されたという。「自分が望む額を決めて、それを三倍すればいい」

ジュールス・クロールは、調査ビジネスのブランドを再構築するために、元スパイ、退職した捜査官や警官といった、大半の事務所で雇われているお決まりの面々だけではなく、弁護士や、法廷会計士（フォレンジック）、元ジャーナリスト、大学新卒者など、頭脳明晰で好奇心が強く、人前に出しても見栄えのする人材を採用した。このやり方は、彼自身の予期せぬキャリアの軌跡を反映していた。彼は当初、マンハッタン地区検事局で検察官として働き、政治家になることを夢見ていた。しかし、その夢は初挑戦となる公職選挙で大敗して潰え、彼は二度と出馬しなかった。そして、彼の経歴紹介によると、病気で療養中の父親に代わり家業の商業印刷事業を一時的に引き継いだときに思いついた、あるアイデアに賭けることにしたという。

当時、印刷会社は印刷の仕事を取り仕切る仲介業者にリベートを払っており、その賄賂が、多額の印刷費がかかる出版社や広告代理店などの会社のコストを引き上げていた。この慣習をなくせば、企業の費用削減につながり利益を出せることに、クロールは気づいた。クロールは聴衆の大学生に向かって、大手コミック出版社のマーベル・コミックと取引をしたことが大きなチャンスとなったと、自らの原点を語った。『ニューヨーカー』誌に掲載された彼の略歴によれば、「スパイダーマン、ハルク……わたしのビジネスはまさにこうしたスーパーヒーローに負うところが大きい[＊5]」という。

一九八〇年代、クロール・アソシエイツは、企業買収ブームに乗るには絶好のポジションにいた。ウォール街の大手銀行ドレクセル・バーナム・ランバートは、投資先となるかもしれない企業に隠れた問題がないかデューデリジェンスを行うために、クロール・アソシエイツを雇った。その資料を収集するため、クロールの調査員は、訴訟や不動産譲渡証書、会社届け出書類など、種々の公的文書を調べた。調査対象者の自宅から出されたゴミを集めたり、彼らを尾行したりすることもあったが、これらはすべて合法な行為である。

敵対的買収に直面するフォーチュン500の企業も、買収を阻止するべく、相手にとって厄介な情報を探り出してもらおうと、クロール・アソシエイツに依頼した。一九八〇年代に乗っ取り屋として知られたT・ブーン・ピケンズが苦々しげに語ったところによると、彼についてまとめた厚さ六十センチもの文書がクロール・アソシエイツにあり、同社はそれを、彼が買収しようとする企業に五十万ドルで売ると持ちかけたという。[*6]

企業はやがて、クロール・アソシエイツをはじめとする大手の企業情報会社に対し、一万五千ドルから五万ドルの報酬で、ビジネス・パートナー候補、買収の標的となる企業、投資先などの「デューデリジェンス」や身元調査を依頼するようになった。当初は、こうした調査は疑わしいところのある企業や人物に対してのみ行われていたが、そのうち、取引やビジネス・パートナーシップが決裂した場合の法的責任の防衛策として、クロール・アソシエイツなどの企業に調査を依頼することが、企業の標準的なビジネス慣行となった。法律事務所は、訴訟準備や相手方調査のために、クロール・アソシエイツやその競合他社に依頼することがますます増えた。工作員の一日当たりの料金は一人千ドルで、それに経費が加わった。『ニューヨーク・タイムズ』紙はジュールス・クロールを「ウォール街の私立探偵」と呼んだ。[*7]背が高く、スポーツマンらしい体格で、ズボンにサスペンダーというスタイルを好んだ彼は、この肩書を気に入っていた。一九八〇年代後半になると、彼の事務所は二百人を超える従業員を抱え、ニューヨーク、ロンドン、ワシントン、ロサンゼルス、香港にオフィスを構えるまでに成長していた。企業調査員は非常に儲かる職業となり、クロールのような大企業トップの年俸は三十万ドルにも達した。

民間工作員という仕事にも箔が付いた。クロール・アソシエイツのサンフランシスコ支社が新入社員二名を募集したときなど、三百人以上の大学生から応募があった。「わたしたちの多くは企業のはみ出し者なのです」と、ある弁護士は大手法律事務所を辞めてクロール・アソシエイツに入社した理由を記者に語った。[*8]「ここにいる人たちは気兼ねなく質問するし、トラブルを起こすことは悪いことではないと思っています。みんな、とても楽しんでいますよ」

かつて、クロール・アソシエイツの顧客名簿には、後に米国大統領となるドナルド・J・トランプの名前もあった。一九八〇年代半ば、不動産開発業者のトランプは、買収を検討していたアトランティック・シティのカジノが組織犯罪者と関わりがあるかどうか突き止めてほしいと、クロール・アソシエイツに依頼したのだ。同社の調査員がこのカジノには何の問題もないと太鼓判を押したことを知ると、トランプは激怒した、とジュール・クロールは記者に語った。トランプはその報告書を変えさせたがったという。カジノにギャングが絡んでいれば、あるいは少なくともそのような報告書があれば、カジノの価値が下がり、交渉で優位に立てると、トランプは考えたからだ。「報告書を書き直せということだった」が、それを拒否して、クライアントであるトランプと縁を切った、とクロールは語った。[＊9] その当時、クロールの発言を聞いた未来の大統領は、お決まりの反応を示した。「バカげている。そんな話、聞いたことがない！」

ジュールス・クロールは、他の雇われ工作員がたどる道を、もう一つ切り開いた。彼は報道機関の使い方を心得ていた。一般に、私立調査員が集めた資料をジャーナリストに提供する仲介役を務めていたのは、広報会社だった。しかし、一九八〇年代の企業買収ブームのさ中に、ジュールス・クロールは、彼が定期的に情報を提供する記者グループを作ったのだ。

一九九一年、ジュールス・クロールのマーケティングは大当たりした。『60ミニッツ』で、イラクの指導者サダム・フセインが国家の石油収入から数十億ドルを自分の懐に入れ、世界各地の銀行や会社に隠していることを突き止めるために、クロールの会社が雇われたというエピソードが放映された。「彼は非常に賢い協力者たちを使って、大規模で広範な、悪質なネットワークを構築した」とクロールは語った。

クロール・アソシエイツと『60ミニッツ』は、サダム・フセインが盗んだ資産をどこに隠したかについて重要な情報を明らかにした。ところが、この番組の放送直後に発売された『ニューヨーク・マガジン』誌に、他の人たちがすでに明るみに出したイラクの独裁者の保有資産情報を、クロールは自分が突き止めたと主張している、と指摘する記事が掲載された。[＊10]

一九九〇年代半ばには、ジュールス・クロールが創り上げた業界は変貌しつつあった。利益を得られることに気づいた大手会計事務所は調査部門を開設し、クロール・アソシエイツで経験を積んだ民間工作員たちは独立して会社を設立するようになったのだ。企業情報会社は、「戦略的インテリジェンス」、「リスク・コンサルティング」、「紛争解決」など、どこも同じようなキャッチフレーズを掲げて宣伝していた。

さらに深刻だったのは、競争の激化により、デューデリジェンス調査やその他一般的サービスがコモディティ化し、調査会社が請求できる価格が低下したことだった。コンピュータ化が進むにつれて、一部の調査会社では、企業の採用候補者の経歴を一人当たり十ドルから五十ドルの料金で一括して調査するといった、割引料金を提示するところもあった。

従来の調査の仕事にはまだ大きな需要があったが、民間諜報員には、高利益を維持するための選択肢があった。オリガルヒや道徳的に問題のある依頼人の仕事を受けて、彼らが好む、従来よりも強引な手法を取ることもできた。活動家、非営利団体、政治家、報道機関なども、新たな標的となった。

この業界の新たな方向を示す兆候が二〇〇一年に現れた。その一つは、ロンドンを拠点とし、元ＭＩ６工作員が在籍する調査会社**ハクルート**が注目を浴びたことだ。Ｋ２インテリジェンスがドキュメンタリー制作者を装ってロブ・ムーアを派遣する十年以上前に、ハクルートは同じような戦略を取っていた。環境保護団体グリーンピースに、反対運動に加わる映画監督を装った工作員を送り込んだのだ。[*11]

グリーンピースは当時、シェルとBPという二大エネルギー企業によるナイジェリアでの石油掘削プロジェクトに抗議していた。この二社はグリーンピースの計画を調べるためにハクルートを雇った。ハクルートがこのとき任務を命じた工作員は、ムーアとは少し異なる経歴を持っていた。その人物はドイツ生まれのスパイで、同国の諜報機関とつながりがあり、以前はテロ集団に潜入したことがあった。[*12] ハクルートは、グリーンピースだけではなく、自然化粧品会社のザ・ボディショップをスパイするときにも、この工作員を用いたとされている。ザ・ボディショップは二〇〇〇年代初頭に、シェルのナイジェリアでの掘削への反対運動を展開していた。

この出来事が明るみに出たとき、イギリスの国会議員は、雇われスパイと政府スパイ機関との関係を調査するように要求した。しかし、この調査は単純な理由から実現しなかった。**民間のスパイと政府のスパイは常に情報を共有しており、誰もそれを語ろうとはしなかった**のだ。

その後しばらくして、別の大手調査会社の**デリジェンス社**が、大胆な犯罪を犯した末に摘発された。[*13] デリジェンスは、米・英情報機関の元職員が率いる会社で、二〇〇〇年代半ばにモスクワを拠点とする大手金融機関のアルファ銀行から依頼を受けた。その当時、同行はロシアの通信会社の経営権をめぐり、バミューダにある投資ファンドと争っていた。

大手会計事務所のＫＰＭＧは、アルファ銀行のライバル会社の監査を行っていた。アルファ銀行は、公開前にライバル会社の報告書のコピーを入手するために、デリジェンス社を雇った。『ビジネスウィーク』誌（訳注：現・『ブルームバーグ・ビジネスウィーク』誌）の記事によれば、[*14]デリジェンスはそのために、スパイ小説もかくやという作戦を開始した。

デリジェンスの共同設立者であるイギリス人の**ニック・デイ**には、スパイとして働いた経験があった。イギリス国内の治安維持に責任を持つ情報機関ＭＩ５で、かつて働いていたのだ。デイは、バミューダにいるＫＰＭＧの社員に近づき、自分は女王陛下の政府から派遣された秘密諜報員で、国家安全保障に関わる情報が含まれる監査報告書を入手する任務に就いている、と告げた。

そのＫＰＭＧの社員は、無作為に選ばれたわけではなかった。デリジェンスは、情報を漏らす可能性の高いタイプの心理学的プロファイルを作成した。男性の場合なら、それは「パーティー好き、金を必要とする、リスクを好む、スポーツ好き、女性好きの傾向があり、上司を見下し、出費をごまかすが愛国心がある」人物とされた。

ひとたび標的を定めたら、デイはそのＫＰＭＧの社員を実際のスパイ小説に参加しているような気分にさせて、罠に引きずり込んだ。社員は、バミューダの公園に行き、印のついた石の下に書類を置くように指示された。これは、スパイが使う「デッド・ドロップ」という方法だ。デイはメモに、「きちんと反証できる方法でやっているので、事実上、発見される可能性はない」と書いた。

デリジェンスは監査報告書を入手し、デイはだましたKPMGの社員に高価な腕時計を渡した。腕時計の裏蓋には、英国政府からの感謝の言葉のような文言が彫られていた。しかし、デイはデリジェンスの元同僚を怒らせてしまったらしく、この作戦に関するメモが流出したため、デリジェンスは、KPMGが監査していた投資ファンドから訴えられることになった。[*15]

同じ頃、アメリカでは、大手コンピューター・メーカーのヒューレット・パッカード社(HP)で、民間諜報員が関与する大スキャンダルが発生していた。『ニューヨーク・タイムズ』紙、『ウォール・ストリート・ジャーナル』紙、エレクトロニクス産業のニュースサイト『CNET』などが、HP社の役員室での議論を報じ始めたのである。どの役員がジャーナリストに情報を漏らしているのかを突き止めようと、経営陣は私立調査員を雇った。

続いて起こったことから、民間のスパイ産業が汚れ仕事をどのようにこなしているかがわかった。ハッキングや不正な手段で入手した資料の受益者を保護するために、こうした仕事は、請負人や下請け人のネットワークを通じて外注されるのである。

HPの役員や記者の通話記録を手に入れる仕事は、工作員の一種で二〇〇〇年代半ばに横行した、「情報ブローカー」に任された。電話会社、銀行、クレジットカード会社は、長年詐欺被害に遭っていたので、顧客情報を保護するセキュリティ対策を強化していた。しかし、情報ブローカーは――違う名前で詐称して――新しい商用データベースを利用し、そのような対策をかいくぐった。

そのデータベースには、生年月日や住所、時には社会保障番号など、個人に関する膨大な情報が含まれていた。その詳細事項を利用して、情報ブローカーは強化されたセキュリティ対策をすり抜け、調査会社や弁護士など、標的の情報を求める人々にサービスを提供し、商売を繁盛させることができたのだ。

ＨＰでの出来事は、ある役員がスパイ行為を知って激怒したことから、世間に知られるようになり、追って、情報ブローカーの活動を調査する議会公聴会が開かれた。その後、金融機関から偽って顧客情報を入手することを違法とする連邦法が可決された。だが、やがて技術の進歩に伴い対人間のやり取りが不要になり、**サイバースパイの時代**が幕を開けることになった。

ＨＰのスキャンダルと前後して、ジュールス・クロールが築き上げた評判にも傷が付き始めた。訴訟が始まってからは、私立調査員は証人に対して詐称してはいけないとされている。しかし、『ウォール・ストリート・ジャーナル』紙によると、クロールの工作員たちは一九九〇年代に、政府職員、ブックリサーチャー、コンサルタントなどと名乗り、何度も詐称していたということだ。

そのような事件が明るみに出た後、ある法律事務所はクロール・アソシエイツとの契約を解除した。[*16] クロール・アソシエイツ側は、こうした事例は知らずに犯した誤りであるとし、このような行為には反対であると述べた。その後も問題は続いた。二〇〇四年、ブラジルの警察がクロール社の現地オフィスに踏み込み、盗聴、贈収賄、ハッキングなどの容疑で社員数人を逮捕した（逮捕者の大半は不起訴となった）。[*17] ジュールス・クロールは、社員は不正行為に手を染めておらず、クロール社が調査していた会社が、退職したブラジル警察官を買収して、オフィスを捜索させたのだと主張した。

めったなことがない限り、ジュールス・クロールの会社やその競合他社を真剣に調査するジャーナリストはほとんどいなかった。理由は簡単だ。記者たちは、ひとたび企業情報会社と争ったら、その後ネタは手に入らないと知っていたからだ。この仲間意識が見てみぬふりをさせたのだ。

クロール社（クロール・アソシエイツは合併などを経て、二〇〇一年に社名をクロール社に変更）の幹部は何年もの間、「ゲスの殿堂」と呼ぶものを、記者たちに自慢気に語ったものだ。これは、同社が調査した人物の中で最低の悪党を並べた、架空のギャラリーのようなものだ。後からわかったことだが、ジュールス・クロールの会社が、二〇〇〇年代のクライアントの中で最もゲスなやり手の一人に挙げた人物に、金融詐欺師でマネーロンダラーの**R・アレン・スタンフォード**がいた。彼は大規模なポンジ・スキームを行い、それは二〇〇九年に破綻して投資家に何億ドルもの損害を与えた。

スタンフォードを調査の手から守るためにクロール社が果たした役割が、このスキャンダル発覚後に明らかになった。ある元FBI捜査官は『ヴァニティ・フェア』誌に、[*18]スタンフォードの銀行が資金洗浄をしていないかどうかを法執行機関が探ろうとしていたときに、クロール社の工作員がスタンフォードの評判を守ろうとして、フロントマンの役割を果たしていた、と語った。「クロール(・アソシエイツ)は、スタンフォードの名誉を守るためにプロパガンダを行っていた」とその元FBI捜査官は言った。「彼らはわたしに、語気荒くまくし立てた。『おい、お前は間違っている、彼はマネーロンダリングなんかしていない、素晴らしい男だ、彼に手を出すな』と」

クロール社の工作員はスタンフォードの命令で、彼を暴こうとする者も攻撃した。一例を挙げれば、自分に不利な内容の雑誌記事の情報源だと見なしていた、米国上院委員会のスタッフの**ジョナサン・ワイナー**弁護士を追うようにと、スタンフォードはクロール社のスパイに指示したことがあった。スタンフォードはワイナーについて、「ゴキブリ野郎だ」とし、「できるだけ多くの側面から追及しろ」と指示した。[*19]ワイナーの元妻が別の女性と恋仲になり彼と離婚したという噂を、クロール社の幹部が追っているという記事が出たが、ワイナーは馬鹿げているとして、これを一蹴した。

R・アレン・スタンフォードとの取引は、民間スパイ業界におけるもう一つの問題点を浮き彫りにした。それは、デューデリジェンスに関連することだ。本来、クライアントは企業や個人を調査するために企業調査員を雇っていた。しかし、二〇〇〇年代を迎える頃には、オリガルヒや富裕な事業主が、これを利用して先回りするようになった。彼らはクロール社などに金を払って自分たちの調査を行ってもらい、それを自分たちが健全であることの証拠として示すようになったのだ。

その性質上、**セルフ・デューデリジェンス**には数々の問題がある。クライアントは、調査会社による調査を事業の特定部分に限定する可能性がある。それは、利益相反にとって地雷原となる恐れもある。クロール社は、R・アレン・スタンフォードの依頼を受けていたときに、調査業界に数少ないながら存在する、越えてはならない一線を越えてしまったようだ。それは、任務が利益相反をもたらす場合は、会社はクライアントに通知する義務がある、という不文律だった。

スタンフォードの銀行に資金を投じようとした建設界の業界団体[＊20]が、クロール社に同銀行のデューデリジェンスを依頼した。クロール社の幹部は、スタンフォードが顧客であることを業界団体に告げずに、スタンフォードの銀行の財務の健全性を保証する高評価の報告書を送ったとされている。二か月後、スタンフォードのポンジ・スキームは破綻し、業界団体の二百五十万ドルの投資は吹き飛んだ。その後、業界団体はクロール社を訴えたが、クロール社は責任を否定し、公判前に和解が成立した。ジュールス・クロールは後に、スタンフォードの事件を「明らかな汚点」[*21]だと語った。

二〇〇〇年代後半には、ジュールス・クロールは以前にも増して大富豪になっていた。彼はかつて自分の調査会社を、コンサルティングや投資銀行業務などのサービスを提供する多角的な企業にすることを望んでいた。一九九七年から二〇〇八年にかけて、彼はビジネス的策謀に手を染めるようになった。クロールを装甲車メーカーと合併して上場させ[*22]、その後、装甲車事業を売却し、さまざまな業務の会社を次々と買収した。二〇〇四年に、彼はクロール社を十九億ドルという破格の値で大手保険会社に売却した[*23]。四年後の二〇〇八年、保険会社は過分な買収金額だったと気づき、クロール社を売りに出した。ジュールス・クロールは自分の名を冠した会社を退職し、買い戻そうと動き出した。しかし、彼は競り負けた。その後、買収・被買収を経たものの、同社は現在でもクロール社という社名の大手調査会社として存続しているが、彼やその家族が雇われることはなかった。

ジュールス・クロールとその息子ジェレミーが設立したＫ２インテリジェンスは、クロール社の伝統を受け継いだ一流の企業情報会社として、自社を売り込んだ。そのモットーは、同社が掲げる職業倫理観を反映したものだった。「害を及ぼさず、正しいことを行い、約束したことを実行する。それがK2の特色です」

K2インテリジェンスの設立当時、四十歳前後だったジェレミー・クロールは、聡明で善良な人物だった。しかし、調査に関わる素質は父親から受け継いでいなかった。それ以外に何をすればいいかわからないので家業に入ったという、途方に暮れているような印象を、一緒に働く人たちに与えていた。兄弟のニック・クロールはコメディアンとして名を馳せ、成功を収めていた。ジェレミーはアートでキャリアを築きたいと思っていた。K2インテリジェンスのニューヨーク・オフィスのあちこちに、大学で絵画を学んだジェレミーの作品が飾られていた。「彼はK2インテリジェンスを、クリエイティブな人たちの集まる、幅広く多様なアーティストのコロニーのようにしたい、と言っていました」と元社員は振り返った。ジェレミー・クロールは自分のオフィスの壁に、自分が描いた絵を飾っていた。その絵は、顔が未完成に見える人物像が描かれた、大きな抽象画だった。

K2インテリジェンスの初期に主に利益を挙げていた部門は、クロール家が拠点を置くニューヨークではなく、ロンドンにあった。名目上は、アスベストの件でムーアと会ったマッテオ・ビガッツィが、ロンドン支社の責任者だった。しかし、ロンドンのビジネスを推進する立役者は、**チャーリー・カー**という工作員だった。

チャーリー・カーは、端正な顔立ちで少しワルっぽい雰囲気があり、イギリスの私立学校出身らしく、高級な服をさりげなく着こなしていた。カーはジュールス・クロールに何十年も仕え、プレイボーイとして評判だった。また、海外経験が豊富なことでも知られていた。クロース社のブラジル支社が警察の捜査を受けた当時、彼はブラジルで勤務していた[*24]。その後、当時マッテオ・ビガッツィが率いていたミラノ支社へ異動した。そこでビガッツィの妻の妹と出会い、結婚した。

ビガッツィがクロール社を辞めてK２インテリジェンスのロンドン支社長になると、カーはビガッツィの下で働くことにした。数年後、カーはロンドンの法廷で不意に立ち上がり、コートの下からカメラを取り出し、証言している最中の証人を動揺させようとして、その証人の写真を撮ったことで、大きな話題となった。イギリスの法律では、カーは刑務所に入れられてもおかしくなかったのだが、どういうわけかそれを免れた。

二〇一〇年代初頭、K２インテリジェンスのロンドン支社の利益は、オリガルヒか、アフリカやその他開発途上地域で事業展開する多国籍企業のクライアントによってもたらされていた。カーは、大盤振る舞いするオリガルヒやその弁護士と密接に仕事をすることを好んだ。ロシアのアルミニウム産業の大物オレグ・デリパスカはとくにカーがお気に入りで、彼を好んで使っていたと言われている。カーは、K２インテリジェンスのロンドン支社を自分の領地と見なしていた。同社の元関係者らによると、彼はニューヨークの社員と調査の話をすることはなかったという。ジェレミー・クロールに対しても、敬意や忍耐はみじんもなかったと、彼らは口を揃えて言った。カーはニューヨークを訪れると、ジェレミー・クロールのオフィスに入り、彼の机の上に足を乗せた。自分が稼ぐロンドン支社の収益がなければK２インテリジェンスは存続できないと、若いクロールにわからせたかったようで、陰ではよくジェレミー・クロールを見下した発言をしていたらしい。

二〇一二年にマッテオ・ビガッツィと会う前に、ロブ・ムーアはK２インテリジェンスのために小さな仕事を一つこなしていた。そして、今回はビガッツィから、四年間の大きな仕事を依頼されることになった。

新規クライアントがK２インテリジェンスに依頼した内容は、世界中でアスベストの使用禁止を訴える活動家連合が、アメリカの弁護士から秘密裏に資金提供を受けているかどうかを突き止めることだ、とビガッツィはムーアに説明した。アメリカやイギリスをはじめとする西側諸国は、二〇一二年までに全種類のアスベストの使用を禁止した。しかし、東南アジアと他の開発途上地域では、クリソタイルと呼ばれる種類のアスベストは依然として使用されており、むしろ増えている場合もあった。

ムーアはビガッツィから、公衆環境衛生擁護者はクリソタイルアスベストの危険性を誇張している、そのアスベストは適切に扱えば安全だ、と言われたという。クライアントは、活動家と原告弁護団との結びつきにとくに疑念を抱いている、とビガッツィは付け加えた。この連合を率いている女性には、アスベスト企業訴訟を専門とするアメリカ人弁護士の兄弟がいたからだ。通常、調査会社はクライアントの名前を工作員に明かさないので、ビガッツィがムーアに話したとき、新規クライアントのことを、アスベスト産業に持ち株のある「米国投資家」と呼んだだけだった。

ムーアとビガッツィはすぐに、元テレビプロデューサーのムーアにぴったりの調査方法を思いついた。K２インテリジェンスはムーアに、いわば別の種類のドッキリ番組を作らせることにしたのだ。ムーアは、アスベストの危険性を訴えるドキュメンタリーの制作者を装って活動家たちに近づき、その立場を利用して彼らの信頼を獲得し、グループに入り込む。そして、活動家のロビー活動計画について、定期的にK２インテリジェンスに報告するのである。

この作戦を実行に移すため、ムーアはコメディアンやスパイが昔から用いている、**ミスディレクション**という手法に着目した。アスベストをテーマにした映画を作ると言って活動家に電話しても、誰もムーアの名前を聞いたことがないだろうから、警戒される恐れがある。また、調査対象であり、弁護士の兄弟がいる、**ローリー・カザン＝アレン**を驚かせるのではないかとも懸念した。そこで、彼女に直接電話をかけるのではなく、彼女の仲間に接触を図り、彼らから紹介してもらうことにした。

ムーアは、調査に関わる映像制作者として長年活動し、あらゆる種類の危険な産業や製品――タバコ、有毒化学物質、有害廃棄物など――を取り上げる新しいテレビ番組シリーズを制作中で、思いついて最後にアスベストを追加することにした、と活動家たちに自己紹介した。「アスベストよりも大きな課題を追いかけていると言ってこの世界に入れば、わたしが入り込んでも、わざとらしく見えないという利点がある」と、ムーアはビガッツィにメモで伝えた。カザン＝アレンについては、「知的・感情的なつながりを築くために、できるだけ純粋で心のこもった方法で」彼女と接したい、とビガッツィに語った。

この戦略はうまくいった。この連合と関係のある健康の専門家が、ムーアにアスベストに注目するように勧めただけではなく、カザン＝アレンに紹介してくれたのだ。六十代半ばの彼女は、真実を追求する映像制作者だというムーアに感動し、やがて彼をアスベスト禁止運動のリーダーとなる人物と目するようになった。「彼はとても礼儀正しくて、人を惹きつける魅力があって、話にきわめて信憑性があった」と、後に彼女は語った。

ムーアはまず、ブリュッセルで開かれる反アスベスト活動家の会合に招待されるように仕向けた。カザン＝アレンは、ムーアが映画の人脈作りのために行きたいのだろうと思った。ところがムーアは、彼女の兄弟やアメリカの他の弁護士がこの会合に資金援助をしているかどうかを調べに行ったのだ。やがてビガッツィから、タイ当局がアスベスト禁止を検討しているので労働衛生会議を監視してほしいと、Ｋ２のクライアントから要請されたと言われ、ムーアはその会議に出席するためにタイに向かった。

電子的な記録を残さないように、ロブ・ムーアとマッテオ・ビガッツィは「**フォルダリング**」と呼ばれる方法を用いて、電子メールで連絡を取り合った。この方法を使うには、Ｇメールのアカウントを一つ作成し、二人以上でそのパスワードを共有する。そして、メールを書いたら、相手にメールを送信せずに、下書きフォルダに保存する。下書きのメールを読んで、削除し、別のメールを書いて下書きとして保存することで、そのアカウントにアクセスできる人なら誰でも、相手に返信することができる。長年にわたり、ムーアとビガッツィはそうして何十通もの下書きメールをやり取りした。その多くはムーアがスパイ活動の進捗状況を説明する内容だった。ムーアが作ったＧメールアカウントのアドレスは、benthiczonesolutions.com だった。湖や海などの水域の最深部に、底生帯（benthic zone）と呼ばれる生態学的領域があり、その単語を用いたのだ。そこは、酸素が欠乏し、深海生物が生息する、漆黒の空間だ。

ロブ・ムーアは、タイに行く前から自分の任務に疑問を抱いていたという。アメリカの弁護士が活動家連合に資金提供していると示すようなものは何も見つからなかったので、ムーアは活動家たちから聞いた情報に基づき、クリソタイルアスベストは致命的であり、禁止されるべきだと結論づけた。「わたしは、不正な統計を不当に用いる、ずる賢い首謀者の仕業とは見なしていない」と、マッテオ・ビガッツィに伝えた。「まっとうな主張をする活動家たちの仕事と見なしている」

大抵の人は、この時点でK2インテリジェンスと決別していることだろう。しかし、ムーアはそうしなかった。それは、金儲けのためかもしれないし、スパイ行為から得られる権力の感覚を失いたくなかったのかもしれない。ムーアに言わせると、K2インテリジェンスを辞めなかったのには別の理由があったという――それは、彼が仏教を信仰しているからだ。K2インテリジェンスに残るか辞めるか、ムーアは仏教徒の仲間に会って相談したそうだ。彼らからは、辞めれば、会社は後任を探すだけだが、残れば、そのアスベストの取引を暴露することで、何かしら価値あることができるかもしれない、と言われた。「害を及ぼさない限りは、仏教徒の立場として考えれば、絶対にそれができるだろう」とムーアは言った。

理由は何であれ、ムーアはそれ以降も相変わらずK2から小切手を受け取り、活動家たちを欺き続けた。やがて、彼は世界保健機関（WHO）の職員もだますようになった。WHOがアスベスト禁止の推進について新たな行動計画を立てているどうか、クライアントが知りたがっていると、ムーアはマッテオ・ビガッツィから言われた。ムーアはWHOの職員に会い、インドでのアスベスト使用を取り上げた短編ドキュメンタリーの制作支援を取り付けたのだ。

彼はテレビ制作会社時代の友人である映画監督とムンバイへ行き、『クリソタイルアスベストの犠牲者』[*25]という九分間のドキュメンタリー映画を作った。それは到底アスベスト産業の宣伝とは言えない内容だった。アスベストに曝されて病気になったり、亡くなったりした人々の姿が映し出されていた。「東南アジアでアスベストが依然として使われていることを悲しく思います。明らかに代替品があるのに」とある専門家が映画で訴えていた。

ムーアがその映画を活動家たちに見せると、彼らはそれを非常に気に入った。ビガッツィの反応は違った。映画の途中で、彼はムーアに映画を止めるように言った。「もう十分だと言われた」とムーアは振り返った。

ビガッツィがK2インテリジェンスのクライアントに対して、ムーアのことをどのように話したのかは、誰にもわからない。しかし、ある日、ムーアがK2インテリジェンスのオフィスを出ようとしたとき、同社の工作員が彼を脇のほうへ引っ張っていった。その工作員はムーアに、この会社は怪しい連中のために働いていると告げた。さらに、別のことも告げた——アスベストの件のクライアントは「アメリカの投資家」ではない、と言うのだ。

第3章

# オポジション・リサーチ

【二〇一〇年、ワシントンDC】

グレン・シンプソンとクリストファー・スティールが二〇一〇年に初めて出会ったとき、二人の未来がやがてどのように交錯するのか、本人たちには予想もつかなかったことだろう。しかし、その当時でさえ、調査に関する事業へと二人を導いた軌跡には共通点があった。

二人とも、四十五歳のときに、予想よりもずっと早く、しかも志半ばで、自らが選んだ職を去っていた。シンプソンは記者として、スティールが身を置いていた諜報やスリルに富んだ世界を愛し、スティールの専門分野であるロシアに夢中になっていた。スティールはかつてジャーナリストを目指そうと考え、その可能性を追求するうちに、思いがけず諜報員の道に足を踏み入れた。彼はケンブリッジ大学時代に学生新聞の発行に取り組み、卒業後に海外ジャーナリスト職の求人広告に応募した。『ニューヨーカー』誌の記事によれば、彼が面接に行くと、新人を探しているＭＩ６の職員に出迎えられたという。

スティールはロシア語に堪能で、訓練を受けた後、一九九〇年にモスクワへ派遣され、英国大使館の中堅外交官に身をやつした。スパイとしてはよくある隠れ蓑だ。彼はこの職務を継続したいと思っていたのだが、一九九六年、ＭＩ６はあるスキャンダルに見舞われた。スティールがパリに駐在していたときに、スティールを含むＭＩ６の工作員百人以上の名前が載ったリストが、インターネットで公開されたのだ。彼はロンドンのＭＩ６の本部に戻された。そこは、窓に三重のガラスがはめ込まれた城塞のような建物で、まるで防弾仕様のレゴブロックで造られたように見えた。

やがて、彼はＭＩ６のロシア担当部に配属され、ロシアや東欧の政治家やオリガルヒの活動、および彼らと組織犯罪集団との関わりを主に追うことになった。二〇〇七年、シンプソンが『ウォール・ストリート・ジャーナル』紙にロシアのマフィアについて記事を書いていた頃、スティールはロシアの諜報問題に関してＭＩ６と米国当局との間の連絡役を務めており、その年の国際法執行当局の会議で講演した。スティールはこの諜報機関での出世を望んでいたが、どうやらそのトップと衝突したようだ。

グレン・シンプソンとクリストファー・スティールは、共通の知人である**アレックス・イヤーズリー**の紹介で知り合った。[*1] イヤーズリーも民間工作員になったばかりだった。以前は、ロンドンを拠点とする汚職防止団体であるグローバル・ウィットネスで、特別プロジェクト担当ディレクターとして働いていた。この団体は、億万長者の投資家ジョージ・ソロスらから財政的支援を受けており、アフリカなどの開発途上地域において、石油や鉱物などの天然資源開発を手掛けようとする企業が政治家に渡した賄賂を暴こうと、長年にわたり取り組んでいた。

シンプソンは『ウォール・ストリート・ジャーナル』紙の記者としてヨーロッパ滞在中に、グローバル・ウィットネスを知るようになった。この団体は報道機関と頻繁に協力しており、二〇〇〇年代半ば、西ヨーロッパにエネルギーを供給する主要な天然ガスパイプラインの運営に関与する、ウクライナの無名の企業[*2]について調査を始めた。グローバル・ウィットネスは、ロシア・マフィアの大物であるセミオン・モギレヴィッチがこの企業を密かに牛耳っているのではないかとにらみ、米国司法省の検察官に手掛かりを送っていた。二〇〇六年、モギレヴィッチとパイプライン会社についてシンプソンが書いた記事が、『ウォール・ストリート・ジャーナル』紙の第一面に掲載された。[*3]「米国は、ロシア・マフィアがエネルギー産業に影響力を広げ、天然ガスの利益を用いて経済的・政治的影響力を強めることを懸念している」と、記事は報じた。

グレン・シンプソンとスー・シュミットには、他の民間工作員にはない、非常に大きな強みがあった。彼らが記者時代に得た評判はもちろんのこと、どんな記事が記者の胸を高鳴らせるのか、記事をまとめるにはどのような情報が必要なのか、経験から知っていたのだ。とはいえ、他の新規事業と同様に、SNSグローバルという新会社を軌道に乗せようとする中で、彼らも困難に直面した。彼らは経費節約のために自宅で仕事をし、正社員は**マーゴ・ウィリアムズ**一人しか雇っていなかった。彼女は、『ニューヨーク・タイムズ』紙や『ワシントン・ポスト』紙で働いた経験のある、データベース・リサーチのベテランだった。

シンプソンは、ジャーナリズムの手腕を衰えさせたくないと思っていた。そこで、シンプソンとシュミットはABCニュースの本社に出向き、調査特派員のブライアン・ロスとプロデューサーのロンダ・シュワルツに会った。シンプソンは、SNSグローバルがクライアントのために対処した案件の情報に、ABCニュースが料金を払うというフリーランス契約を提案した。ロスとシュワルツは民間工作員から多くの情報を得ていたが、その対価を払ったことはなかった。シンプソンの提案は利害の対立を引き起こす恐れがあったので、シュワルツたちは、ABCニュースで倫理基準を監督する役員に同席してもらうことにした。シンプソンの提案は実現しなかった。シュワルツはシンプソンを何年も前から知っていた。クライアントから金を積まれれば何でもやる人間だとジャーナリストから見られることが、シンプソンには我慢ならないようだった、とシュワルツは言う。「彼は、まだ記者として見られたがっていた」

調査会社は、主に法律事務所から仕事を依頼されることが多いので、シンプソンとシュミットは、仕事を獲得しようとして自分たちの会社を弁護士に売り込んだ。『ウォール・ストリート・ジャーナル』を辞めた直後に、二人は、大手法律事務所ベーカー・ホステトラーのワシントン・オフィスの弁護士から仕事を依頼された。その弁護士の名はマーク・シムロットといい、シンプソンとシュミットが記事で取り上げた元カザフスタンの高官ラハト・アリエフを弁護したことがあった。シムロットは当時、プエルトリコの新聞社の代理人を務めており、同社の訴訟に関して、SNSグローバルに協力を求めたのだ。プエルトリコ知事に批判的な社説を載せた報復として、知事は新聞社が所有する別会社との公契約を打ち切った、と新聞社は主張していた。知事側はこれを否定していた。

弁護士がクライアントのために民間工作員を雇うほうが、クライアントが調査員を直接雇うよりも利点がある。特筆すべきは、弁護士を通した調査報告書は、いわゆる弁護士の「**ワークプロダクトの特権**」により、訴訟中の証拠開示を拒めるという恩恵があることだ。雇われスパイにとっては、法律事務所を仲介することで表面的な恩恵にも浴せる。

クリストファー・スティールは、MI6在職時、ロシア政府とつながりのあるオリガルヒを偵察していた。民間工作員になってからは、かつて探っていたような、ロシア政府とつながりのあるオリガルヒである、オレグ・デリパスカのために働くこともあった。元MI6諜報員であるスティールは後に、デリパスカとは一度会ったことがあるだけで、自分のクライアントは、デリパスカが雇ったロンドンの弁護士だと主張した。表向きはその通りである。だが、実際問題として、デリパスカの利益に資することをして報酬を得ていたことをスティールが知らなかったと考えるのは、ナンセンスだった。

訴訟の傍ら、スー・シュミットは記者時代なら自分が記事にしたかもしれない類の調査に関わるようになった。それは、中国系アメリカ人の上級学位取得者を中国政府が誘い込み、彼らがアメリカで得た知識を利用していることに関する調査だった。データベースの専門家のマーゴ・ウィリアムズは、巨大情報企業の戦術を監視する番犬を自称する、「インサイド・グーグル」というブログに多くの時間を費やしていた。

シンプソンのほうは、かつて慣れ親しんだ国際的陰謀がはびこる世界へと、さっそく引き戻された。カザフスタンの確執と似たような事件を担当することになったのだが、今回の事件の舞台は、一般にカザフスタンよりも知名度が低いところだった。それは、アラブ首長国連邦を構成する七つの首長国の最北端に位置する、ラス・アル・ハイマ（RAK）である。RAKは、豊富な石油資源、イランとの密接な関係、そして高品質のトイレやバスルーム用品のRAKセラミックスという会社とそのブランドで知られている。

その頃、RAKの王族二人の間に対立が生じていた。高齢のRAK首長の後継者として、年長の息子がかつて皇太子に指名されていた。しかし、父親は兄をその座から降ろし、異母弟のほうを後継者に据えた。兄はRAKから飛び出し、アメリカの弁護士やロビイスト、コンサルタントを雇い、かつて工作員がラハト・アリエフのために行ったような活動を展開した。兄は自らを「親欧米」勢力として称賛されるように仕向け、アメリカの首都ワシントンを走るバスの側面に、彼の顔写真とともに、「ありがとう、アメリカ。我が国の国民は間もなく、安全で安心で豊かな生活を再び送れるようになる」[*4]と書かれた広告を載せた。

シンプソンは、この廃太子の代理人であるロビー企業から依頼され、議員や記者に配布するための報告書を、四万ドルの報酬で書いた。[*5]シンプソンはその報告書で、RAKの支配者層は武器販売業者やテロリストとつながりがあり、RAKを積み替え地としてイラン政府に使わせることでイランの制裁逃れに手を貸しているとして、支配者層がもたらす危険について警鐘を鳴らした。RAK首長国はこれを否定している。

シンプソンは、RAKの統治者を目指す人物の主張を擁護しながら、今後は顧客のために二度としないであろう行動を取った。ロビイストとして登録したのだ。二〇〇九年、ある記者からその理由を問われると、ロビー活動の規定を専門とする弁護士に相談して、「十二分な注意をするために」[*6]そうしたのだ、と答えた。「調査会社の仕事が政府役人との打ち合わせに使用される場合、会社は登録する義務がある」と彼は言った。

ある晴れた日、グレン・シンプソンとスー・シュミットは、ワシントンDCのホテルの屋上レストランで、見込み客である投資家のビル・ブラウダーとランチを取っていた。シンプソンがブラウダーと初めて会ったのはブリュッセルだったが、その後ブラウダーの人生は一変し、アメリカで自らのためにロビー活動をしていた。

ベストセラーとなったブラウダーの回想録 *Red Notice*（『国際指名手配――私はプーチンに追われている』集英社、二〇一五年）[*7] に書かれているように、彼がロシアから入国を拒否された直後に、ロシアの腐敗した役人がエルミタージュ・キャピタルのモスクワ事務所に踏み込んだ。彼らは書類を盗み出し、それを改竄して、ブラウダーの会社がロシアに納税した二億三千万ドルが同社に割り戻されるという詐欺をでっち上げた。こうして、エルミタージュ・キャピタルが税金を払っていないように見せかけ、モスクワの裁判所は後に、ブラウダー不在のまま彼を脱税で有罪とした。

しかし、数年前に悲劇が起こった。エルミタージュ・キャピタルをクライアントとし、この税金詐欺を解明しようとしていた税務専門弁護士の**セルゲイ・マグニツキー**が、ロシア当局に逮捕された。彼はモスクワの刑務所に一年近く収監され、痛ましくも二〇〇九年に死亡した。膵臓が炎症を起こしていたのに、マグニツキーは収監先で適切な治療を受けることができなかったのだ。彼は生前ロシアの看守に殴られたにちがいないと、ブラウダーは確信していた。

報復を誓ったブラウダーは二〇一〇年にワシントンを訪れ、マグニツキーの死亡事件に関係するロシア人に対して金融制裁などの罰則を科す法律を成立させるよう、議会に働きかけていた。彼はまた、エルミタージュ・キャピタルへの横領で誰が金銭的利益を得たのかを知りたいと思っていた。

ランチをしながら、ブラウダー、シンプソン、シュミットの三人は、盗まれた金の行方を追う件をSNSグローバルへ依頼するかどうかについて話し合った。シンプソンの能力を鑑みると、適役に思われた。何しろ、ペーパーカンパニーやオフショア銀行、怪しげな投資手段に関する犯罪を詳細に調査分析するという任務である。最終的に、ブラウダーはエルミタージュ・キャピタルのスタッフに調査させることにした。その晴れた日の楽しいランチは、おそらくシンプソンとブラウダーが親しく言葉を交わした最後の機会となったと思われる。

ほどなくして、グレン・シンプソンとスー・シュミットは、新規顧客の獲得よりもはるかに大きな問題に直面した。設立から一年余りで、SNSグローバルは崩壊の危機に瀕していた。この元記者二人の性格の違いは、一緒に仕事をするほどに明らかになった。シュミットはシンプソンよりも堅物で、政治観も保守寄りだった。シンプソンは、どんな主義主張を持つ者であれ政治家を嫌っており、彼女よりも野心的だった。

富裕層のみを顧客にする調査会社という二人のビジネスモデルは、最初から成功の見込みが低かった。民間工作員を常に必要とし、高額の報酬を支払うのは物議を醸す人たちである。

後に、シンプソンは同性愛者の権利団体や銃反対組織などのために、時には無償で仕事をすることもあった。しかし、彼は金のあるところをわかっており、シュミットとは違い、雇われ工作員になって裕福になろうとした。

二〇一〇年半ば頃には、二人の間に残っていたわずかな友情は跡形もなく消え失せ、SNSグローバルは解散した。その後、マーゴ・ウィリアムズは再び報道関係の仕事に就き、スー・シュミットはやがてコンサルティング業に転じ、最終的にフリーランスのジャーナリストとして仕事をすることになる。二人にとってシンプソンとの仕事は不愉快な経験だったようで、それから何年たっても、シンプソンについて語ろうとしなかった。

グレン・シンプソンはすぐに、やはり『ウォール・ストリート・ジャーナル』の元記者で、似たような倫理観を抱くピーター・フリッチと共同で、フュージョンGPSという会社を創設した。フリッチは、ダウ・ジョーンズ社で二十年間の勤務経験があった。最初は同社の記者として、次に同社が所有する『ウォール・ストリート・ジャーナル』紙へ移り、記者および編集者として仕事をした。同紙では、メキシコシティや東南アジア、ブリュッセルなどの支局にも派遣された。

フリッチはシンプソンより一歳年上で、茶色の髪でがっしりした体格をしており、俳優のニック・ノルティに少し似ている。マサチューセッツで、父親が牧師という家庭で育った。

シンプソンに対する評判とは異なり、『ウォール・ストリート・ジャーナル』の内部では彼を支持する者もいたが、彼に反感を抱く者もいた。フリッチは、危険も顧みない外国特派員という威勢のよいタフガイを気取っており、彼を嫌う人たちからは、他人をいじめたり見下したりする態度を取りがちな、知ったかぶりと受け取られていた、また、すぐにカッとなり、他人の感情を逆なでするような発言をしがちだった。

フリッチがまだ若い時分に、非常に癪に障るとして彼を目の敵にしていたある女性編集者がいた。彼女はフリッチを辞めさせたがっていたのだが、同僚の男性たちのおかげで、彼は異動しただけですんだ。その後、フリッチが編集主任を務めていた頃、出世するには上司に従順に振る舞う必要があるとフリッチが述べたことがあった。その発言の中で、フリッチが自分に対して人種的な蔑称を使ったと、ある記者が打ち明けた。[*8]

二〇〇四年、そう主張した記者の**ショーン・クリスピン**は——当時は職を解かれていたが——『ウォール・ストリート・ジャーナル』の親会社であるダウ・ジョーンズの弁護士に、フリッチの発言を録音したテープがあると知らせた。「今後は、わたしたちの（会話）についてわたしの主張が正しいかどうか、フリッチ氏に尋ねることをお勧めします」と彼はメールを送った。

その後十年以上たっても、『ウォール・ストリート・ジャーナル』の広報担当者はこの件に関するコメントを避けていた。フリッチもまた、これに関する質問には答えなかった。しかし、フリッチと同時期にアジアにいた、ダウ・ジョーンズの元ニュースルーム・マネージャーは、ショーン・クリスピンの話を裏づける発言をした。

フュージョンGPSでは、グレン・シンプソンとピーター・フリッチが補完的な役割を果たしていた。シンプソンは散漫でずさんなところがあった。フリッチには管理能力があり、事業の成長を監督した。彼らのオフィスは、デュポン・サークルと、レーガン大統領暗殺未遂事件の舞台となったワシントン・ヒルトンホテルのほぼ中間地点に位置する、スターバックスが一階に店舗を構えるコネチカット・アベニューの三角形のビルにあった。やがて社員も十二人前後に増えたが、調査業界の標準からすれば小規模な会社だった。競合他社とは異なり、フュージョンGPSは企業的な雰囲気を出そうとはしなかった。むしろ、大掃除が必要な、大学のフラタニティ・ハウスにも似ていた。社員はバランスボールに座ってコンピューターに向かい、オープンバーには酒瓶が並べられていた。オフィスのキッチンの壁には海賊旗がピンで留められていた。その後、フュージョンGPSを攻撃したドナルド・トランプの額入りツイートが、壁に飾られた。

フリッチはフュージョンGPSでまた別のニッチを埋めた。彼は、シンプソンの善人役に対して悪い警官役を演じた。『ウォール・ストリート・ジャーナル』の元同僚たちがフュージョンGPSの顧客の調査に取り掛かったときなどはとくに、この役を楽しんでいるようだった。

二〇一二年、グレン・シンプソンは、民間工作員が金儲けできるもう一つの分野、あの文書によって新たな高みに達した分野に関わった。それは、政治的**オポジション・リサーチ**（訳注：政敵などに不利になる情報を探し、その評判や信用を貶めること）という分野で、**オポ・リサーチ**とも呼ばれている。

選挙に打って出る政治家は、対立候補者の趨勢を不利にするために、たとえば不倫や逮捕歴などの過去を探すものだ。何十年もの間、この仕事は選挙運動員スタッフやボランティアの手によって行われ、彼らが、新聞の過去記事や裁判所記録から情報を探し出していた。ところが、民間諜報員がこれに参入するようになると、かつての素人くさい追跡作業が、兵器に匹敵するほどの強大な事業に転じたのだ。

雇われスパイが政治の世界に飛び込み定住した時期があるとすれば、それは一九九二年にビル・クリントンが大統領選挙に出馬したときである。『ワシントン・ポスト』紙の調査記者**マイケル・イシコフ**は、民主党が民間工作員を雇い、クリントンが過去に犯した数々の不倫の噂をもみ消そうとしている、との情報を得た。クリントンの愛人とされる女性たちの一人は、すでにタブロイド紙のインタビューに答えており、他の女性たちもクリントンについて同様の主張をする予定だった。

民主党全国委員会がサンフランシスコの調査会社を雇い、女性たちの信用を落としたり、クリントンと関係を持ったことはないという宣誓供述書に署名させようとして、その女性たちの良くない噂をかき集めていることを、イシコフは知った。[＊9] 彼は、この会社への支払い記録を、クリントン陣営が連邦選挙委員会に提出を義務づけられている書類の中に探した。ところが、一件も見つからなかった。その理由はすぐに判明した。クリントン陣営の職員が、それを隠蔽する方法を考案していたのだ。陣営は、法律事務所に支払う費用に調査員への報酬を含め、法律事務所がそれを調査員に渡していたのだ。

ビル・クリントン陣営の広報担当の女性は、私立調査員の利用を正当化し、彼女いわく「不倫スキャンダルの噴出」から候補者を守るためだと述べた。クリントン陣営から派遣されてこの「不倫スキャンダルの噴出」に対処したのは、サンフランシスコを拠点とする**パラディーノ&サザーランド**という民間調査会社だった。その三十年後、この会社は、ハーヴェイ・ワインスタインを告発する女性たちに不利な情報をかき集めるために雇われた。その頃には、同社は時流を反映してイメージを一新しており、社名をＰＳＯＰＳへと変更していた。

グレン・シンプソンはジャーナリスト時代に、雇われスパイが政界に存在することを激しく非難していた。一九九六年、『ウォール・ストリート・ジャーナル』に入社する直前に、選挙について研究するバージニア大学のラリー・サバト教授と共著で、*Dirty Little Secrets*

（『厄介な事実』、未邦訳）[*10]という本を出版した。二人によれば、これはアメリカの選挙政治の深刻化する腐敗を調査したものだという。選挙運動は「不正の泥沼にかつてないほど深く沈んでいる――政治が根本的に生み出すその毒性は、すでに政治に嫌気がさしている有権者にさらに激しく政治を嫌悪させる新技術によって、高まっている」と、同書にある。

シンプソンはこの本の中で、私立調査員のオポジション・リサーチの関与に先鞭を付けた、ある雇われ工作員に特別な関心を寄せていた。それは、ワシントンの有名な弁護士で、かつてジャーナリストや公益養護者の賞賛を浴びた、**テリー・レンズナー**という人物である。[*11]レンズナーは当初、司法省で、世間の耳目を集める市民権の事件を扱う弁護士として働いていた。しかし、リチャード・ニクソン大統領の辞任につながった、上院ウォーターゲート特別委員会の公聴会で果たした役割で、その名が広く知られるようになった。

一九八〇年代の企業買収ブームの真っ只中に、レンズナーは、**インベスティゲイティブ・グループ・インターナショナル**（IGI）という企業情報会社を設立し、ウォーターゲート事件での名声をフル活用した。IGIは急成長を遂げて、社員は三人から百人にまで増え、クロール・アソシエイツと張り合うまでになった。レンズナーはビル・クリントンのアーカンソー州知事時代から、彼のためにオポジション・リサーチの仕事を手掛けていた。その十年後、モニカ・ルインスキー事件が起きたときも、レンズナーはクリントンのために働き、ホワイトハウスの実習生だったルインスキーに関する良くない噂を探った。

レンズナーとグレン・シンプソンは、性格に関しては共通点が多いように思われた。彼らはアウトサイダーの立場を保ちながらも、実は権力に魅力を感じるワシントンのインサイダーであった。さらに、もう一つ共通点があった。他人がやるならば間違いだと彼らが見なすことでも、自分たちがやるならばそれは間違いではない、という考え方だ。

グレン・シンプソンがオポジション・リサーチ事業のキャリアをスタートさせたのは、二〇一二年、バラク・オバマ大統領の再選を狙う陣営が、対抗馬である共和党のミット・ロムニーの足を引っ張るためにフュージョンGPSを雇ったときだった。シンプソンは『ニューヨーク・タイムズ』紙などのジャーナリストと会い、ロムニーが未公開株式投資会社ベイン・キャピタルの代表を務めていたときの話を聞き回った。ベイン・キャピタルは、諸企業で多くの社員を解雇して利益を上げ、億万長者だったロムニーはオフショアのタックス・ヘイブンを利用して財産を隠していた。オバマ陣営は、ロムニーの財産とベイン・キャピタル時代を中心に攻撃しようとしたが、素人じみたミスにより、フュージョンGPSはすぐにその攻撃の手の内を明かしてしまった。

事の発端は、二〇一二年の夏に、アイダホ州アイダホフォールズの裁判所の所員が、ロムニーの大口献金者である地元実業家に対して起こされた訴訟のコピーを求める電話を受けたことだった。その数週間前、オバマ陣営はウェブサイトに、この実業家**フランク・ヴァンダ**

**ースルート**をはじめとする、著名なロムニー支持者を攻撃するプレスリリースを掲載していた。

そのプレスリリースは、栄養補助食品の販売会社[*12]を所有するヴァンダースルートについて、「訴訟好きで、闘争心が強く、同性愛者の権利運動を目の敵にする」と評し、ヴァンダースルートに言及した『マザー・ジョーンズ』誌の記事[*13]のリンクが貼られていた。その記事によれば、ヴァンダースルートはアイダホ州の公共テレビ局に圧力をかけて、同性愛について取り上げた子ども向け番組の放送をやめさせようとしたという。また、ボーイスカウトが小児性愛者と疑われる団長の調査をしていないという記事について、ヴァンダースルートが同性愛者である地元記者を追及したことも取り上げていた。

その嫌疑を否認したヴァンダースルートは、当初、その訴訟を調べているのはどういう人物なのか見当もつかなかった。裁判所に電話をかけてきたのはマイケル・ウルフという人物だということで、インターネットでその名前を検索してみると、上院委員会のインターンのリストに掲載されていた。これを知ったヴァンダースルートは動揺した。以前にも自社が厳しく調査されたことがあり、自分がロムニーを支持していることから、民主党議員が再調査に乗り出しているのではないかとの懸念を抱いたのだ。

彼は、『ウォール・ストリート・ジャーナル』紙の保守派コラムニスト、**キンバリー・ストラッセル**に連絡を取り、この出来事を知らせた。ストラッセルが何本か電話をかけると、ウルフはもう連邦議会でインターンをしておらず、フュージョンGPSで働いていることがわかった。というのも、アイダホの裁判所にフォローアップのファックスを送ったとき、彼はまだ仕事の要領を学んでいる最中で、オフィス用品・サービスの〈ステープルズ〉の店舗などからではなく、フュージョンGPSのオフィスのファックスから送っていたのだ。

ストラッセルはこの一件について書いたコラムの中で[*14]、フュージョンGPSのウェブサイトが「戦略的情報」と「政治に関する専門知識」を提供すると述べていることを指摘して、「これは『オポジション・リサーチ』の上品な言い方である」とした。彼女はシンプソンにインタビューしようとして電話をかけたが、彼から折り返しの電話はなく、電子メールが送られてきた。そのメールには、「フランク・ヴァンダースルートは、アメリカの同性愛者の市民権をめぐる議論に関心を寄せている人物である」と書かれていた。しかし、シンプソンはこの一件で非常にきまりの悪い思いをしたらしく、フュージョンGPSのウェブサイトのコンテンツを一時的に削除したと、友人に話したという。

二〇一二年の選挙終了後に、ヴァンダースルートは『マザー・ジョーンズ』誌を名誉毀損で訴えた。その証拠を集めるために、シンプソンと『マザー・ジョーンズ』誌およびオバマ陣営関係者との交流について、宣誓したうえで話を聞きたいとして、ヴァンダースルートの弁護士はシンプソンを召喚した。公式記録文書によれば、シンプソンは『マザー・ジョーンズ』誌の記事には関与していないと主張したが、フュージョンGPSとオバマ陣営との関係については言及を避けた。

ヴァンダースルートの弁護士が次に取り掛かった戦術は、その数年後にフュージョンGPSがトランプ文書をめぐり訴えられたときに、フュージョンGPSの弁護士も採用することになった戦術と同じものだ。彼らは、批判者を黙らせる武器として費用がかさむ訴訟を利用する、企業や富裕層による報復的訴訟から、公益団体や活動家を守るために作られた法律の庇護を求めたのだ。

多くの州で、このような「**スラップ**」（SLAPP）訴訟から市民を守る法律が制定されている。SLAPPとは「**市民運動封じ込め戦略的訴訟**」（strategic lawsuits against public participation）の略語である。雇われスパイのことは、反スラップ法が可決したときに、議員たちの念頭にはなかったのだろうが、シンプソンの弁護士は、彼には保護される資格があると主張した。裁判官はその主張を認めなかったが、『マザー・ジョーンズ』誌に対するヴァンダースルートの訴えは退けられ、シンプソンは証言を免れた。

数年後にトランプ文書が公開されると、ヒラリー・クリントン陣営から委託された仕事に対してフュージョンGPSが受け取った報酬は、ビル・クリントンのために働いた調査員への報酬が可視化されなかった理由と同じ理由で、連邦の公式記録文書には明記されていないことが明らかになった――つまり、その報酬は法律事務所から支払われたのだ。

シンプソンは一九九六年に出版された共著*Dirty Little Secrets*の中で、クリントン陣営が民間工作員への支払いを公式記録に記載されないように、どうやって隠したのかについて、マイケル・イシコフが『ワシントン・ポスト』紙に寄せた記事を紹介している。「ある意味、コソコソ嗅ぎ回る活動を隠そうとする努力は、良い兆候である」とシンプソンは同書で述べている。「どうやら、一部の人々はまだ、そのような行為に従事することを恥ずかしいと思っているか、少なくとも、世間に知れたらどう思われるかと恐れているようだ」

シンプソンとイシコフは、一緒にパーティーで盛り上がったり、互いの仕事の活躍を応援したりする、親しい間柄だった。「マイクなら、コーヒーを飲んで芝生の手入れについて話しながら、指の爪をはがすだろう」と、シンプソンは二〇〇五年に『ニューヨーク・タイムズ』紙に語った。「彼は根っからの尋問者なのだ」

だが、フュージョンGPSへの報酬を隠蔽するために、シンプソンが仲介業者の利用に同意していたことを知ると、イシコフは困惑した。その理由を尋ねると、シンプソンは簡潔に答えた。「合法だからだ」

# 第4章

# ロンドン情報取引所

【二〇一四年、ロンドン】

民間諜報員の世界では、情報は通貨である。

工作員は、その入手先がどこであれ、手に入る資料は何でもかき集め、それをクライアントに売ったり、新規クライアントを呼び込む材料として使ったりして、現金に換える。多くの工作員は、取引する情報の出どころにはあまりこだわらない。合法的に入手した情報もあれば、盗まれるかハッキングされたかもしれない情報の場合もある。

盗まれた文書の売買が発覚した場合、弁護士は資格を剥奪される恐れがあるが、そんなヘマをしでかす弁護士はほとんどいない。弁護士はヘマをするどころか、雇われ工作員が獲得した情報(information)を手に入れ、「**インテリジェンス**」(intelligence)として利用し、敵対者にどのような記録を合法的に要求するべきか、証人をどう攻撃するのが最善の策か、などを判断するのだ。ヘッジファンドも、雇われスパイの大ファンであり、彼らが集めた情報を使い、株式市場で下落した企業の株を購入する。

多数の調査会社が存在するロンドンは、情報売買の中心地であると同時に、その仲介者や中間業者の本拠地でもある。その市場で過去二十年にわたりとくに目覚ましい活躍を見せた人物が、**マーク・ホリングスワース**だった。ホリングスワースはロブ・ムーアと同様に、調査会社の請負人として働いていたが、その顧客名簿ははるかに広範に及んでいた。ホリングスワースには特殊なスキルもあった。ムーアはジャーナリストを装っていたが、ホリングスワースは実際にジャーナリストであり、記者兼民間工作員として数年間活動していた。

ホリングスワースは一九五九年生まれで、柔らかな物腰の人物で、頭髪は薄くなっており、長身の人が背を低く見せるために無意識にするように、立ち姿は少し猫背になっていた。また、『くまのプーさん』に登場する、悲観的なロバのイーヨーを思わせる、おとなしく、精彩を欠いた印象を受ける。ホリングスワースは、他の記者たちと積極的に情報を共有し、若い記者たちから尊敬されていた。何でも収集するタイプで、ロンドン中の不動産所有者をリストアップしたデータベースをはじめとして、さまざまなオリガルヒに関する膨大なファイルを長年にわたり集めていた。また、反汚職団体のグローバル・ウィットネスの事務所にも頻繁に出入りし、調査官と情報交換をしていた。

ホリングスワースのジャーナリストと民間工作員との二足のわらじは、アメリカで活動していたならば、短命に終わったことだろう。『ナショナル・エンクワイアラー』などのタブロイド紙は別として、アメリカの新聞社は私立調査員から情報を買ったりはしない。また、スタッフやフリーランサーが裏では雇われスパイとして活動していることが大手新聞社に知られると、その人物は解雇されブラックリストに載せられる。

イギリスの報道機関の文化と慣習は、昔からアメリカとは異なっていた。イアン・ウィザーズの話によれば、彼が私立探偵としてバリバリ働いていた頃、かれこれ数十年前に、彼はイギリスの大手新聞社『サンデー・タイムズ』の契約調査員として働き、集めた情報を同紙の調査記者に渡すと、そのネタが記者の署名記事として掲載されることがあったという。彼は、『サンデー・タイムズ』のある記者に、サムソナイトの特殊なブリーフケースを持たせたことがあった。それは、彼の会社のエンジニアがテープレコーダーを隠すために、法に触れないように偽装したもので、ブリーフケースの持ち手を垂直にすると、テープレコーダーのスイッチはオフのままだが、ブリーフケースを床に置くと、持ち手が横に倒れて録音が始まるのだという。

二〇一一年、ルパート・マードックが所有するタブロイド紙『ニュース・オブ・ザ・ワールド』のために仕事をしていた工作員が、殺害された女子学生やロンドン連続テロ事件の犠牲者の携帯電話に不正アクセスしていたことが発覚し、イギリスの新聞社が私立探偵を幅広く利用しているという事実が明るみに出た。このスキャンダルにより、イギリスでは公聴会が開かれたが、その後も、国内の大半の新聞社はその慣行を完全に変えたわけではなかった。一部の報道機関では、潜在的な利益相反を開示するようフリーランサーに求める方針を採用したところもあった。しかし、そのプロセスは自主性に委ねられており、ほとんど監視されることはなく、ホリングスワースのように両方の世界に足を踏み入れた記者兼工作員が機会を作るには十分だった。イギリスでは、このような記者は、「飼いならされた」ジャーナリストと呼ばれている。

マーク・ホリングスワースはフリーランスのジャーナリストとして、『ガーディアン』や『フィナンシャル・タイムズ』などの英国紙に、オリガルヒや企業の不正、腐敗した政治家についての記事を書いた。彼は英国放送協会（BBC）と相談して調査記事を書いたり、書籍を数冊執筆したりした。その中には、ロシアや旧ソ連の裕福な実業家たちによる昨今のロンドン進出について述べた、*Londongrad*（『ロンドングラード』、未邦訳）[＊1]がある。

やがて、そのジャーナリストと民間工作員としての人生に、カザフスタンやアフリカに鉱山を所有する会社の運命が絡むようになった。彼とこの会社の交流によって、その後数年の間に、企業調査業界の危うさが余すところなくあぶり出されることになった。

その鉱山会社は**ユーラシアン・ナチュラル・リソーシズ**（ENRC）[＊2]といい、英国紙が

「カザフ・トリオ」または「トリオ」と呼ぶ、三人のオリガルヒ[*3]によって設立された。三人はカザフスタン出身ではないが、同国大統領の支持者であり、カザフスタン政府はENRCの大口投資家だった。同社の株式はかつてロンドン証券取引所に上場していた。

二〇一一年、ENRCが採掘権獲得のために賄賂を贈ったという内部告発があり、スキャンダルが噴出した。精査を求められたENRCは不正を否定し、この件を独自調査するためにロンドンの弁護士を雇ったが、事はうまく運ばなかった。依頼を受けた**ニール・ジェラード**という弁護士は、ENRCの偽造書類を渡されて検討するように言われ、ペーパーカンパニーの事務所を検査させられたが、会社の何百万ドルもの出費に説明がつかなかったと述べている。そして、ジェラードの報告書を誰かが新聞社にリークしたことで、彼の調査結果は、汚職調査を担当する英国政府機関である重大不正監視局の目に留まることになったのである。

ジェラードと彼の法律事務所は、リークしたのは自分たちではないと主張したが、贈収賄疑惑が事実であれば、鉱山会社とその所有者は、世間から非難を浴びるだけではなく、数千万ドルの罰金を科される可能性もあった。そうした利害関係が絡むことから、この事件は間もなく、ENRCと「トリオ」側に雇われたスパイ軍団と、その敵対勢力に雇われたスパイ軍団による、企業スパイの戦場と化した。

ENRCのスキャンダルは、イギリスで大きなニュースとなったが、マーク・ホリングスワースはこれを記事にしただけではなかった。彼が「マジック」と呼ぶ、コンピューター・セキュリティ専門家のおかげで、すぐにENRCの内部資料をごっそりと手に入れたのだ。その専門家とは、**ロバート・トレヴェリアン**という、サイバーセキュリティを専門とする人物で、彼の顧客には企業や民間情報会社などがいた。企業の社員紹介欄には、「ロバートは、IT分野とその知識に精通した経験豊富な調査員である」と書かれていた。[＊4] トレヴェリアンは長年にわたりENRCで多様なコンピューター関連の仕事をこなし、内部告発の申し立てを検討するために雇われた弁護士を補佐していた。このプロジェクトに携わる間、トレヴェリアンは何千もの社内メールや報告書、その他文書が入ったENRCのハードディスクをコピーしていた。ENRCは数年後、トレヴェリアンはプロジェクト終了後にこうした文書を持ち去り、マーク・ホリングスワースと手を組んだと主張した。[＊5]

ホリングスワースは間もなく、ENRCの内部記録を競合他社や敵対勢力、雇われスパイに売り込んだとされる。彼と組んだと思われる者たちの中には、元グローバル・ウィットネスの調査員でその後民間工作員となり、グレン・シンプソンをクリストファー・スティールに紹介した、アレックス・イヤーズリーがいたと、ENRCは後に言い立てた。[＊6] ホリングスワースとイヤーズリーは旧知の仲で、ENRCによれば、二人は二〇一一年にENRC関連の書類を購入する見込みのある顧客に接触したという。その顧客とは、ENRCを相手取り二十億ドルを求める訴訟を起こした、対立する鉱業会社だった。その会社側の弁護士は、ENRCの書類の受け取りを拒否した。ホリングスワースとイヤーズリーは次に、ENRCを提訴した会社が雇っていた、企業情報会社[*7]に話を持ちかけたと思われる。この会社も関心を示さなかったが、ホリングスワースが別の旧友に話を持っていたところ、これがうまくいった――その旧友とは、グレン・シンプソンだった。

ホリングスワースとシンプソンは、互いにロシアの組織犯罪に関心を抱いていたことが縁で二〇〇〇年代半ばに知り合い、ジャーナリスト兼工作員のホリングスワースは、二〇〇九年にシンプソンが最初に設立した会社、SNSグローバルから仕事を請け負うようになった。隠し持っていたENRCの書類のおかげもあり、二〇一一年頃には、彼がシンプソンとフュージョンGPSから請け負う仕事は急増していた。

シンプソンはその頃、ENRCに興味を持つ見込み客にフュージョンGPSのサービスを売り込んでいたことが、電子メールからわかる。その見込み客の身元はメールでは明らかにされていないが、ENRCの株式は当時公開されていたので[*8]、ヘッジファンドかその他投資家であった可能性が高い。

二〇一一年の中頃、ホリングスワースはロンドンでシンプソンと会い、ENRCの書類についての話し合った。その後、彼はシンプソンにフォローアップのメールを送り、その「ディスク」が提供できる、ENRC、その所有者、幹部に関するおよそ百種類の情報の概略を説明した。

「私見では、これはかなり破壊的影響を与えるものだ、きみも同意見だといいのだが!!」とホリングスワースはメールに書いている。[＊9]

フュージョンGPSは、どうやら顧客を獲得したようだ。シンプソンはその後ホリングスワースに次のように連絡した。「月曜日にDCでクライアントに口頭で説明する」、「現状の概要を知りたい」[＊10]

ホリングスワースはシンプソンに、自分たちは運が良いと伝えた。「共通の友人であるマジックが新しい書類を入手した」[＊11]

その数年後、グレン・シンプソンとマーク・ホリングスワースを知る、調査業界の地下組織に属するもう一人の人物が、ロンドンのヒースロー空港に到着した。彼は、自身が入手した、**インターナショナル・ミネラル・リソーシズ**（**IMR**）という会社に関する文書を、コンピューター・ドライブに入れて持っていた。この会社も、ENRCの創設者であるカザフ・トリオが所有する会社だった。

このもう一人の人物は**リナト・アフメトシン**といい、一九九四年からワシントンDCに在住しており、雇われ工作員として、また政治に関する何でも屋として働いていた。ロシア出身のアフメトシンは、時には母国や東欧諸国と関係のある団体のためにロビー活動をすることもあった。また時には、ロシアや旧ソ連諸国の顧客からの案件をアメリカの法律事務所に持ち込むこともあった。またある時には、容赦ない中傷合戦に参加したり、出所の怪しい文書をジャーナリストに提供する仲介役を務めたりした。

アフメトシンは自身の仕事の対価として、一時間当たり四百五十ドルを請求した。自分が追及するさまざまな事項を結びつける統一原理を、彼は次のように簡潔に説明していた。アフメトシンいわく、自分に金を払う人々と法的・政治的係争の反対側にいる「人々にちょっかいを出すことで」、報酬をもらっているのだという。背が低く肩幅ががっしりした彼は、オレンジ色の自転車でワシントンを走り回り、多くのジャーナリストと知り合いになった。記者たちは彼のことを気に入っていたが、彼の話を信用することはめったになかった。

アフメトシンは一九六八年生まれで、黒縁の重たそうな眼鏡をかけており、一九七〇年代のカルト映画『イレイザーヘッド』の主人公を彷彿とさせる、伸びすぎた角刈り頭をしていた。有機化学の博士号を持っていたが、もっと儲かる仕事を求めてとうの昔に研究職から離れていた。彼は愉快で、読書家で、教養があり、ワイン通で食通だった。ホワイトハウス近くの高級レストランで記者と昼食を取ったとき、彼はソムリエに、前菜のウサギのパテに合わせたリースリングワインの前に、「バーガンディグラス」でピンクシャンパンを、と頼んでいた。[*12]

彼は一九八六年にソヴィエト連邦軍に入隊し、アフガニスタンに短期間派遣されて、軍の防諜部門に関わる部隊に配属された。本人はクレムリンのためにスパイをしたことはないと言い張っているが、彼がロシアや東欧で自由に活動できるのは、本物のスパイの許可を得ているからであり、その恩に報いてもらおうと彼らが考えたら、彼を呼び戻すことができるだろう、と考える民間工作員もいた。また、自分はコンピューターに詳しくないので、コンピューターのハッキングに関与したことはない、とも主張していた。とはいえ、彼はジャーナリストとの面会には大抵、電子メールやコンピューター・ファイルの入ったUSBメモリを持参してやって来た。

二〇一七年、リナト・アフメトシンは期せずして世間の注目を浴びることになった。二〇一六年に、**ドナルド・トランプ・ジュニア**がヒラリー・クリントンに不利な情報をロシアから受け取ることができるのではないかと期待し、トランプ・タワーで行われた悪名高い会合に、アフメトシンも同席したことが明らかになったからだ。しかし、二〇一四年のロンドン訪問の目的は、もっとありきたりなものだった。カザフの「トリオ」が所有するインターナショナル・ミネラル・リソーシズ（IMR）から持ち出された書類で、金儲けをしようとしていたのだ。

アフメトシンとIMRとの関わりは、その二年前の二〇一二年に、トリオの会社を訴えた会社側のアメリカの法律事務所が、彼をコンサルタントとして雇ったことで始まった。訴えたのは、**ユーロケム社**というロシア最大の肥料メーカーだった。ＩＭＲの一部門がユーロケムの経営陣の一人を買収して粗悪な掘削装置を購入させたせいで、鉱山の崩壊が引き起こされたとして、ユーロケムはヨーロッパでＩＭＲを相手取り訴えたのだ。

一方で、ＩＭＲはコンピューターがハッキングされたと発表した。ほどなくして、アフメトシンはＩＭＲの内部記録を記者に見せ、「トリオ」について否定的な報道をさせようとした。彼は何度もロンドンに飛んで、マーク・ホリングスワースや『ガーディアン』、『ロイター』、『ハーパーズ・バザー』の記者たちと会った。また、アフメトシンは、民間諜報員が好んで利用する、メイフェアにあるブラウンズという高級ホテルでの朝食に、グローバル・ウィットネスの調査員[*13]を招き、彼の前でその記録をちらつかせた。

ＩＭＲの案件は、アフメトシンにかなりの利益をもたらした。ユーロケム社の米法律事務所に雇われてから一年間のパートタイムの仕事で、彼は十四万五千ドル以上を受け取っていたのである。ところが、二〇一三年半ばに、その法律事務所から契約を解除されたという。「彼らはわたしを捨てたんだ」とだけ言って、アフメトシンはそれ以上詳しく語らなかった。

だが、この案件との関わりが終わったからといって、そこからさらに儲けられないということにはならなかった。契約を解除されてから数か月後、イスラエルの投資家で弁護士だという人物からアフメトシンのもとに電話がかかってきて、カザフスタンのトリオが所有する資産の獲得を検討していると言われたという。その後ニューヨークで面会したとき、アフメトシンはそのイスラエル人の**バルーク・ハルパート**に、IMRの書類を売却できる旨を伝えた。二人の取引は合意に達した。二〇一四年初めにアフメトシンがロンドンを訪問したのは、ハルパートにコンピューター・ドライブを手渡すためだった。

リナト・アフメトシンがバルーク・ハルパートとの待ち合わせ[*14]に向かうためにロンドンのホテルの部屋を出たときには、簡単に金が手に入るものと思っていた。自分が罠にはめられたことに気づいていなかった。**民間スパイ業は、油断のならないビジネスだ。**雇われ工作員が、過去の依頼人をスパイすることで金を稼げる機会を与えられたら、大半はその機会に飛びつく。彼らは互いをスパイすることでも報酬を得る。個人的恨みや感情は関係ない。このビジネスのその他多くの事柄と同様に、すべては金のためなのだ。

IMRはこれよりも前に、アフメトシンがハッキングで果たしたと疑われる役割を調査するため、**グローバルソース**という民間のスパイ会社を雇っていた[*15]。その会社の工作員は、アフメトシンの動きを何週間も正確に追跡していた。彼らにはおそらく情報提供者がいたか、アフメトシンの電子メールを監視していたのだろう。グローバルソースは、バルーク・ハルパートと会うためにアフメトシンがロンドンに到着する正確な日付と、彼が滞在する予定のホテルも把握していた。アフメトシンがホテルに到着してチェックインしたとき、同社の工作員はロビーで張り込んでおり、その時刻を午後五時三十分とメモに記録した。

ピカデリーサーカス近くのリージェント・ストリートに建つ洗練された五つ星ホテル、カフェ・ロイヤル・ホテルの喫茶店で、アフメトシンにとっては来るべき瞬間がやって来た。彼はそこでハルパートと待ち合わせをしていた。店に入ったとき、ハルバートの姿は見当たらなかったので、彼は席に着いた。十分ほどして、ハルパートがやって来た。アフメトシンは知らなかったのだが、グローバルソースのスパイがハルパートが現れる前に店に入り、彼らのテーブルに近い席に座っていた。

グローバルソースの工作員は宣誓供述書で、アフメトシンがハルパートに、クライアントであるユーロケム社に利益をもたらすためにIMRのコンピューターのハッキングを計画し、そのためにロシア人ハッカーを使用したと話すのを耳にした、と証言している。彼はそれから、アフメトシンがハルパートにコンピューター・ドライブを渡すのを見たと述べた。アフメトシンはその際、「メモ、電子メール等」および「フォルダと文書」を含む五十ギガバイトほどのIMR関連データがそれに入っている、とハルパートに告げたという。

ハルパートが、一ギガバイトにどれくらいのデータが入っているのか見当がつかないと応じると、アフメトシンは次のように言ったとされる。「メチャクチャ大量だ。とにかくたくさん入っている。つまり、だからこそあなたは金を払うんです[*16]」

ＩＭＲはその後、アフメトシンがハッキングを計画し、盗んだ文書をジャーナリストだけではなく、ユーロケム社の代理人であるアメリカの法律事務所にも渡したとして、アメリカの裁判所で訴訟を起こした。その容疑について、アフメトシンと法律事務所は否認している。ＩＭＲは、ユーロケムが同社に対してヨーロッパで起こした訴訟で使用できるように、この件に関連するすべての電子メールを引き渡すようアフメトシンに命じることを、アメリカの裁判官に求めた。

この訴訟では、グローバルソースの関係者は同社の活動を説明するという宣誓供述書を提出した。提出された書類には、グローバルソースがいかに優秀かについて得意げに示した内容がびっしり記されていた。また、同社は何点かの重要な問題については有耶無耶にしており、その中には、アフメトシンを密告することを決めた人物の名前と、バルーク・ハルパートがこの作戦で果たしたと思われる役割が含まれていた。それでも、この会社の発言は、民間スパイがどのように活動しているかについて、その内幕を暴露した。

グローバルソースのある幹部は、ＩＭＲの依頼を受けてから、ロンドンの情報の地下組織におけるその独自の情報源ネットワークと接触したと述べている。その中には、ハッキングされたＩＭＲの資料を入手したと思われる人物や、資料を入手した人を知っている人物がいたという。「アフメトシン氏が盗まれた文書を実際に配っていたという証拠をつかめるように、わたしたちは彼らに、ハッキングされた資料情報のコピーを提供することを要請した」と、その幹部は宣誓供述書で述べた。[*17]

次に、ハッキングされた資料を入手した人物が誰何されずにそれを置いていくことができるロンドン市内の回収場所をいくつか指定し、グローバルソースがその情報を広めたと、その幹部は語った。「情報源はこのような機密情報を渡すことに神経質になるものなので、ハッキングされた情報を匿名で置いていってもいいと伝えた」と幹部は証言した。

その配慮には胸を打つものがあるが、グローバルソースがそれを手に入れた場合には金が支払われるのに、彼らはなぜ金をもらわずにそれをグローバルソースに渡すのか、その理由には触れていなかった。それでも、その幹部の証言によれば、二〇一三年一二月に、回収場所に指定したロンドンのホテルに滞在していたところ、コンシェルジュから部屋に電話がかかってきて、誰かがロビーに彼宛の封筒を置いていったと告げられたという。「わたしはその封筒を手に取り、コンシェルジュの前で開封した。その中にはUSBメモリが一つ入っていた」

グローバルソースに依頼されてそのUSBメモリを調べたコンピューター専門家は、IMRのものである二万八千件のファイルが見つかったと報告した。[*18] またこのとき、イニシャルが「RA」の誰かが何件かのファイルを開いたことを示す、メタデータのデジタルフィンガープリントも発見された。これはまさにリナト・アフメトシンを指すものだった。カフェ・

ロイヤル・ホテルでのその後の段取りは、最後の仕上げだった。

ＩＭＲ側の弁護士から問いただされたリナト・アフメトシンは、その文書は昔のクライアントで友人である、ロンドン在住のカザフスタン元首相から手に入れたと主張した。文書のハッキングやハッキングの手配をしたことは、断固として否定した。ハッキングなどではなく、彼とそのカザフスタン元首相は、記者や民間工作員などとの間で常に行われている交換の一環として、常日頃から企業記録を入手していると主張した。

「つまりですね、わたしはよく他の人たちから情報を求められるのですが、ロンドン情報交換バザールというものがあるのです」とアフメトシンは証言した。「それはほとんど、何というか、人々が――人々が情報を交換する、交換バザールのようなものです[＊19]」

ＩＭＲの弁護士は困惑したようだ。「そのロンドン情報バザールというのは、正式なものですか？」

「非公式なものです」

弁護士はさらに、「それで、あなたはロンドン情報バザールに参加しているのですか」と質問した。

「時々は」と彼は答えた。

自分をはめるためにバルーク・ハルパートが一枚噛んでいたにちがいない、とアフメトシンは後日語った。いずれにしても、アメリカの裁判官は、「プロジェクトは動いており、情報を量産している」とアフメトシンがユーロケム社の弁護士に伝えた、すでに開示されている電子メールを指摘して、さらなる電子メールの提出を彼に命じた。この判決が言い渡されてすぐに訴訟は終結した。

アフメトシンにとって、ＩＭＲの件は仕事面でも経済面でも大失敗に終わった。他人をだますどころか、自分が手ひどくだまされることになったのだ。ところが、ビル・ブラウダーという意外な人物から、やがて救いの手が差し伸べられた。

ブラウダーの絶え間ないロビー活動を受けて、連邦議会は二〇一二年にマグニツキー法を可決した。この法律は、モスクワの刑務所で死亡した税務専門家セルゲイ・マグニツキーにちなんで名付けられた。この法律により、彼の死亡事件に関与した数十人のロシア政府関係者に制裁が科された。これに怒ったウラジーミル・プーチンは、アメリカ人がロシアの幼児を養子として受け入れる制度を停止させた。

ブラウダーの投資会社であるエルミタージュ・キャピタルのスタッフたちも、ブラウダーがグレン・シンプソンに解明を依頼しそうになったパズルの一部、つまりファンドから盗まれた資金の行方の探索に進捗を見せていた。彼らは、略奪された二億三千万ドルの一部をたどり、**プレベゾン・ホールディングス**というロシアの不動産会社がその資金を使い、マンハッタンに不動産を購入したらしい、と突き止めたのだ。

二〇一三年、ブラウダーはその調査結果を米司法省に報告し、マンハッタンの連邦検事はプレベゾンのマンハッタンの不動産を差し押さえるために、同社に対して訴訟を起こした。アフメトシンのもとにロシアの関係者から電話がかかってきて、プレベゾン・ホールディングスを弁護するアメリカの弁護士を推薦してほしいと頼まれた。彼はベーカー・ホステトラーのワシントン事務所を紹介した。


プレベゾンの弁護のために組まれたチームは、やがてガレージバンドの再結成の様相を呈した。ベーカー・ホステトラー法律事務所の弁護士マーク・シムロットとジョン・モスコーは、もう何年も前からグレン・シンプソンのことを、最初はジャーナリストとして、その後は民間工作員として知っていた。二人はプレベゾン事件に取り組むためにシンプソンを雇い、後にリナト・アフメトシンもこのチームに加わった。

アフメトシンにとってプレベゾン事件は、ＩＭＲで犯した大失敗後の新たな出発地点となり、トランプ・タワーでの面会に至る道筋を定めるものとなった。そして、シンプソンのジャーナリストから民間工作員への変貌は、また新たな局面を迎えていた。彼がかつて情報源としていた人物の評判を、今度は落とそうとすることになったのだ。その人物とは、ビル・

ブラウダーだった。

# 第5章

# バッド・ブラッド

**【二〇一六年、ニューヨーク】**

民間工作員とジャーナリストの関係が明るみに出ることはほとんどない。

明るみに出た場合、それは大抵、物事があらぬ方向に向かうからである。記憶に残る事例としては、ウォーターゲート事件で名を馳せた、政治的オポジション・リサーチの専門家である**テリー・レンズナー**の挫折が挙げられるだろう。彼は、グレン・シンプソンと似たようなキャリアを歩むことになった。

一九九六年、レンズナーの設立した**IGI**は、ローウェル・バーグマンが制作した『60ミニッツ』に登場してタバコ会社の悪行を暴露した内部告発者、ジェフリー・ワイガンドの情報収集を依頼された。ワイガンドの元雇用主であるタバコメーカーの**ブラウン・アンド・ウィリアムソン**（**B&W**）は、元幹部であるこの内部告発者の信用を落とそうと考えた。ＩＧ

Iは、彼に関する良くない噂を集めるために雇われたのだ。数か月後、IGIはワイガンドに関する情報を五百ページの文書にまとめた。そこには、ワイガンドが妻に暴力をふるった、万引きで捕まったことがある、履歴書に虚偽の記載をしたなどと書かれていた。彼はこれを否定した。

最大のダメージを与えるために、IGIの文書は、『ウォール・ストリート・ジャーナル』紙の記者に渡された。しかし、同紙に掲載された記事は、彼らの思惑とは大きく異なるものだった。ワイガンドに関するIGIの情報を記者が確認したところ、その多くが事実とは異なり、噂や、証拠のない想定であることが判明した。「B&Wの戦術は、高額訴訟ではたまに使われることがある」と、同紙は一面トップで報じた。[*1]「ワイガンド氏についてどのような事実が判明するにせよ、企業が元従業員についてどこまで知ることができるか、そして批判者の信頼を失墜させるためならどこまでやるかについて、冷酷なまでの姿勢が窺える」

この一件はレンズナーに打撃を与え、彼はこれを下っ端の社員のせいにした。この事件を、かつて真実の探求者としてもてはやされたレンズナーが堕落した証拠であると見なす者もいた。「誰にでも良いところと悪いところがある。テリーはといえば、善良で高潔だった」。彼の友人の一人は『ヴァニティ・フェア』誌にこう語り、さらに続けた。「今の彼は下劣だ。今回のことは、まるでシェイクスピアの作品を読んでいるかのようだ[*2]」

雇われ工作員は、昔からジャーナリストを脅し破滅させようとしてきた。よく知られているのは、ハリウッドの悪名高い私立探偵アンソニー・ペリカーノの事例だ。『ロサンゼルス・タイムズ』紙の記者が、武器の不法所持でその後収監されることになるペリカーノを調査することにした。ある日、その記者の車のフロントガラスに何者かの手によってヒビが入れられ、「やめろ」と書かれた紙が貼られていた。車の座席には、死んだ魚が口にバラをくわえて転がっていた。

『ニューヨーカー』誌のライターのジェーン・メイヤーは、これとは別の種類の脅しの標的にされた。二〇〇〇年代初頭に、彼女の評判を落とそうとして、民間工作員が派遣されていることがわかった。保守勢力を支持する裕福な実業家のコーク兄弟について書いた、彼女の記事への報復と思われた。[＊3] 工作員は、メイヤーが他のジャーナリストたちの著作物であることを明記せず、盗用したとする書類を作成した。この告発が事実であれば、彼女のキャリアは潰えていただろう。メイヤーは、著書 *Dark Money*（『ダーク・マネー』東洋経済新報社、二〇一七年[＊4]）で、「醜聞はないか、醜聞はないかと、わたしの人生を探っていたと、後日、情報源から聞いた」と書いている。「もし見つからなければ、彼らは自分たちで作り上げるのだろう」

メイヤーに対する中傷は事実無根であることが判明した。彼女は、中傷工作の背後にいると思われる企業調査会社の責任者を探し出した。彼女がその責任者に詰め寄ると、責任者は、現行犯で押さえられた民間スパイが取る腰の引けた姿勢を見せた。彼はそれに関してコメントすることを拒否したのだ。

二〇一〇年代には、雇われスパイとジャーナリストとの関係は、興味深く意外な新展開を見せた。縮小する報道部門を離れて民間工作員に転身する記者が増えたことで、元ジャーナリストが、かつての同僚を含む現役ジャーナリストを調査するという事態が生じたのだ。その一例が『ロサンゼルス・タイムズ』紙だ。二〇一三年、キャンパス内での性的暴行容疑を報告することを義務づけた連邦規則を、ある地域の大学が遵守しているかどうか、**ジェイソン・フェルチ**記者が調査しまとめた記事が、同紙の一面に掲載された。

カリフォルニア州のオクシデンタル大学は、学生が申し立てた全暴行事件を連邦当局に知らせていなかったことを、かつて認めた。しかし、フェルチは、この問題は続いており、オクシデンタル大学は二〇一二年度に学生が申し立てた二十七件の性的暴行事件を報告しなかったと、記事で告発した。[*5]

騒動に直面した大学当局は、『ロサンゼルス・タイムズ』紙の元記者が経営する危機管理会社に、フェルチの調査を依頼した。元記者の一人[*6]はフェルチととくに親しく、略奪された骨董品に関して『ロサンゼルス・タイムズ』紙に掲載された記事で彼と協力し、同記事をもとにして、*Chasing Aphrodite*（『アプロディーテを追いかけて』、未邦訳）という本を、二〇一一年に共著で出版していた。

フェルチにとって、事態は急速に悪化した。二〇一四年、同紙のトップ編集者の会合で、オクシデンタル大学の関係者は元記者たちによる調査結果を提示した。フェルチが記事で取り上げた二〇一二年度の事件はいずれも、キャンパス内での暴行やレイプの疑惑に関わるものではなかったとして、大学に報告義務がなかったと結論づけられていたのだ。彼の記事では、大学が当局に通知する必要がない不適切なテキストメッセージなど、さほど深刻ではない事件が取り上げられていたことを、この調査結果は示していた。

これだけだったなら、フェルチはその後もジャーナリストとしてのキャリアを続けていたかもしれない。ところが、調査が進められる中で、彼は、ジャーナリズムの基本的な慣習に反する行為があったことを編集者に告げた。大学の暴行報告に関する方針について調査に乗り出した直後、彼はその大学の教授と恋愛関係になり、彼女が情報源となっていたのだ。この関係は、オクシデンタル大学に関する最初の記事を書いた後に始まったと、後日フェルチは言っていた。[*7] いずれにせよ、『ロサンゼルス・タイムズ』紙はフェルチの記事について大幅な訂正を余儀なくされた。同記者はこの関係を知らせなかったので解雇されることになったと、編集長は但し書きで述べた。編集長はこの怠慢を、「どの報道機関でも容認できない職業的過失」だとした。[*8]

幸いにも、フェルチはすぐにこの窮状を切り抜けた。数か月後、彼はフュージョンGPSに採用されたのだ。

フュージョンGPSで記者との激しいやり取りに対処したのは、**ピーター・フリッチ**だった。それは彼の気質に合った仕事だった。バズフィードがスティール文書を掲載して間もなく、ABCニュース特派員のブライアン・ロスは、ヒラリー・クリントン陣営がフュージョンGPSに仕事の報酬として約百万ドルを支払っていたことを、匿名の情報筋が明らかにしたと報じた。その直後、ロスは激怒したフリッチから電話を受け、その金額は間違っていると言われ、情報提供者の名前を教えろと言われた。

ロスはこれに応じなかった。自分からの情報だと明らかにしないのであれば、その情報を使ってもいいという了解のもとに、グレン・シンプソンから情報を提供されていたからだ。フリッチの怒りは収まらず、ABCニュースの上層部に連絡して訂正記事を流すように要求したが、それは実現しなかった。

ピーター・フリッチは記者を相手にするとき、自分が今や顧客に金で雇われて働く仕事人の身であるという事実を払拭するお守りであるかのように、『ウォール・ストリート・ジャーナル』紙での経験をよく振りかざしていた。やがて、あるクライアントのために、フリッチは元同僚と対決することになった。そのクライアントとは、**ダーウィック・アソシエイツ**という、ベネズエラのあまり知られていない公益事業会社だった。

二〇一四年にフュージョンGPSがダーウィックに雇われたとき、米当局はダーウィックに贈収賄とマネーロンダリングの疑いがあるとして調査しているところだった。[＊9、10]ダーウィックは、マンハッタン地区検事局でかつてジョン・モスコーと一緒に働いていた、アダム・カウフマンというアメリカ人弁護士を抱えていた。カウフマンが、フュージョンGPSを雇った。そして、フリッチはスペイン語に堪能で、『ウォール・ストリート・ジャーナル』のメキシコシティや南米の支局で何年か働いた経験があったことから、ダーウィックの件を担当することになった。

ダーウィックは、ベネズエラの若い実業家三人によって経営されていたが、彼らはそれ以前に発電所の運営に関わったことはなかった。彼らにはベネズエラの社会主義政府と密接なつながりがあったようで、入札なしで政府から契約を受注していたとされる。ダーウィックがベネズエラの政府関係者に、複雑な為替スキームを用いて資金をキックバックしているのではないかと、連保捜査官は疑っていた。

『ウォール・ストリート・ジャーナル』の記者たちはダーウィックの調査に乗り出していた。二〇一四年、その中の一人の**ホセ・デ・コルドバ**[＊11]は、ダーウィックの最高経営責任者にインタビューするために首都カラカスを訪れた。その最高経営責任者のオフィスに入ると、ピーター・フリッチがデ・コルドバを出迎えた。

二人は知り合いだった。フリッチが『ウォール・ストリート・ジャーナル』のメキシコシティ支局長時代に、デ・コルドバは同支局に勤務していた。その当時、二人は友好的で打ち解けた関係を築いていた。フリッチも同紙のその他職員たちも、デ・コルドバがキューバで生まれたが、フィデル・カストロが権力を掌握後、両親に連れられて祖国を離れ、幼少期に渡米したことを知っていた。

フリッチとアダム・カウフマンは、デ・コルドバや同紙の他の記者たちに、ダーウィックは何も悪いことはしておらず、ベネズエラの汚職を調査するために米国当局に協力していると主張した。弁護士や「危機管理」専門家は、ジャーナリストに対して自分のクライアントを擁護することで日々高収入を得ている。だが、事態はすぐに個人攻撃じみてきた。フリッチは同紙の一人の記者に向かって、デ・コルドバの家族のキューバでの経験を踏まえると、ダーウィックがベネズエラの社会主義政権との結びつきがあるせいで、デ・コルドバはダーウィックに偏見を抱いているのではないか、と言い立てたのだ。記者の中には、こうしたフリッチのやり口を苦々しく感じる者もいた。デ・コルドバは、フリッチがダーウィックの調査から目をそらさせ、誤った方向に誘導しようとしていると感じた。同紙のスタッフは後にこう語っていた。「ホセはかつてピーターのことを素晴らしいジャーナリストだと思っていた。ピーターは変貌した自分に動揺していた」

ダーウィックでの出来事から間もない二〇一五年、ピーター・フリッチは、『ウォール・ストリート・ジャーナル』紙のまた別の記者、**ジョン・キャリールー**に接触した。彼は、医師がメディケアから何十億ドルも資金を奪っていたことを暴露した記事でピュリッツァー賞を受賞したばかりの、同紙の調査報道記者チームの一員だった。これは、ルパート・マードックが同紙を十年前に買収してから初のピュリッツァー賞報道部門の受賞であり、不屈のジャーナリズムの伝統が復活しつつあることを示す明るい兆しであった。

「ピュリッツァー賞受賞おめでとう。……もうルパートのヨットには招待されただろうか？」[*12]。二〇一五年五月、ピュリッツァー賞受賞者が発表された一か月後に、フリッチはキャリールーへメールを送った。「わたしはグレンのビジネス・パートナーで、DCで大変楽しんでいる。実はちょっと尋ねたいことがあるのだが」

キャリールーとグレン・シンプソンは、『ウォール・ストリート・ジャーナル』紙の現地駐在記者として同時期にヨーロッパに滞在し、時折一緒に仕事をしたことがあった。フリッチとの付き合いはそれまでほとんどなかったが、キャリールーはできることがあれば喜んで協力すると言った。

フュージョンGPSは医療検査業界に関連するプロジェクトに取り組んでいると、フリッチは説明した。検査業界の二大企業であるクエスト・ダイアグノスティクスとラボコープが、血液検査やその他診断業務で公的機関に何億ドルも過剰請求していると告発した訴訟が起こされ、それに関わった業界の内部告発者と話したばかりだと、彼は書き送った。

フリッチによれば、クリス・リーデルというその内部告発者と話をしているとき、キャリルーの名前が出てきた。「彼と接触し、自分がリサーチャーでWSJの元記者だと名乗った。すると彼から、『それなら、キャリルーを知っているか?』と聞かれたので、『もちろん知っている』と答えた」

フリッチはそこで口調を変えた。「彼は何か嘘をついていることがわかったので、この男についてきみの意見を伺いたい」。そして、「健勝を祈る、悪い奴らを追及してほしい」と付け加えた。

キャリルーは、ピュリッツァー賞受賞の祝辞には感謝の意を示したが、自分はリーデルのことを好ましい人物だと思うと答えた。「わたしはリーデルをよく知っていますが、これまで話した限りでは、誤った方向へ誘導されたことはありません。彼に嘘をつかれたこともありません。とはいえ、彼は明らかに自己本位な男ですが、誰だってそうではないですか?」[*13]

キャリルーは、フリッチのメールやそれが送られてきたタイミングに少しもおかしなところはないと感じた。ところが、偶然にも、キャリルーはちょうど、医療検査業界の調査を独自に始めたばかりだった。その調査は、キャリルーの粘り強い取材のおかげで過去十年間で最大の金融・医療詐欺の代名詞となる、**セラノス**という会社に照準を合わせていた。キャリールーは知らなかったのだが、フュージョンGPSはすでに同社のために働いていたのだ。

ジョン・キャリールーは、二〇一八年にベストセラーになった著書*Bad Blood*（『BAD BLOOD シリコンバレー最大の捏造スキャンダル全真相』集英社、二〇二一年）[*14]で、彼が行ったセラノス社の調査について述べている。二〇一五年、キャリールーがセラノス社の調査に乗り出したとき、同社とその創業者の**エリザベス・ホームズ**はメディアの称賛を集めており、スタートアップの検査会社であるセラノスの市場価格は九十億ドルだった。セラノス社の取締役会には、ジョージ・シュルツ元国務長官やその他著名人が名を連ねていた。

カリフォルニア州パロアルトを拠点とするセラノス社は、画期的な検査技術を開発したと主張していた。元来、分析用のサンプルを得るには大きな皮下注射器で患者の腕から採血するが、これは患者に痛みを与えることもある。ホームズによれば、セラノスのシステムなら、指先穿刺でわずかな血液を採るだけで同様の検査結果を得ることができるという。米国大手薬局チェーンのウォルグリーンは、セラノスと契約を結び、全米の店舗に検査場所を設置することにした。

だが、キャリールーは、セラノスの技術は有効ではなく、判断を誤らせるデータを生み出していたという情報を得ていた。それが本当なら、装置の不具合は、投資家だけではなく、その結果に基づいて意思決定する医師や患者にも影響を与えることになる。キャリールーはセラノスの内部関係者と密かに会い、ホームズらが装置の問題を解決しようとする一方で、大胆な隠蔽工作を行っているという話を聞いた。

二〇一五年四月、セラノスはようやくキャリールーが探り回っていることに気づき、外部の危機管理会社を雇い、彼に接触させた。ちょうど同じ頃、セラノスの代理人を務める高名な弁護士**デイヴィッド・ボイーズ**の運営する法律事務所が、セラノスのためにフュージョンGPSを雇った。

キャリールーへ最初のメールを送ってから五日後、フリッチはフュージョンGPSとセラノスとの関係を明かすメールを送った。「これについては言っておかなくてはいけないだろう。先のメールの内容と関係するが、ある法律事務所のために訴訟調査の一環として、わたしたちは検査会社を調べた。その後、これがセラノスの説明と関連があり、きみが報道の観点からセラノスに関心を抱いていることを知った。これを知ったのは、昔WSJにいたならキャリールーを知っているか、と聞かれたからだ。わたしは、知っているとも、彼は堅実な市民で、大きな賞を取ったばかりだ、と答えた」[*15]

フリッチはさらに、セラノスの技術に関するキャリールーの問い合わせに協力するよう同社の幹部に勧めている、と付け加えた。「きみにオープンな機会を与えて質問に答えるように強く勧めた。そのほうが彼らの利益になると伝えた。というのも、彼らを取り上げた現在の報道は（わたしが思うに）美化されているようで、彼らは今後、物事に精通した真剣なメディアと対応する必要があるからだ。……とにかく、きみにこのこと、そして次のことを知ってほしいと思った。（a）きみがこれ以上話したくないというなら、それでもかまわない、（b）もし話したいなら、それはそれでかまわないので……」

これに対してキャリールーは、フリッチの支援の申し出はありがたい、と応じた。「その件を知らせてくれたことに感謝します。率直に申しますと、わたしは今、彼らに関する非常に深刻な題材に取り組んでいます。それは、どうも提灯記事などではないもののように思います。もう何か月も取り組んでいますが、驚くべき内容です。これ以上は言えませんが、わたしのやっていることについては、もうすぐ明らかになるでしょう。来週には発表するつもりです」[*16]

キャリールーとフリッチは、セラノスとその技術、そして創業者のエリザベス・ホームズについて、たびたび電子メールでやり取りするようになった。ホームズは、アップルを率いたスティーブ・ジョブズのスタイルを真似て、黒いタートルネックを着ていた。彼女はブロンドの髪を後ろで束ね、瞬きもせずにじっと前を見据えるように心がけ、低いハスキーボイスで話した。「彼女はカルトのリーダーか？　薬物の治療中か？　何なんだ？」と、フリッチはキャリールーに宛てたメールに綴った。[*17]

フリッチは別の電子メールで、セラノスの検査装置の正確さについてキャリールーが疑念を抱いているのは理解できるが、知り合いのヘザー・キングという弁護士がデイヴィッド・ボイーズの事務所を辞めてセラノスの法律顧問になったばかりなので、同社に信頼を置いている、とも述べた。フリッチは、キングが以前の事件でフュージョンGPSと彼に仕事を依頼していたことについては、メールで触れなかった。

「わたしもよく知っており、わたしから見てもとても頭がいい女性を、新しい法律顧問に指名した。なぜボイーズ・シラー（彼女がパートナーを務めていた）から移ったのかは聞いていないが、彼女はそのようなことを軽々しく、然るべき配慮なしに行うはずがないだろう」とフリッチは書いた。[*18]

だが、キャリールーはやがてしびれを切らした。ホームズは、『ニューヨーカー』や『フォーチュン』など、自分に好意的な記事を書く刊行物の記者に協力し、テレビ番組に出演してチャーリー・ローズなどの司会者から、どうでもいいような内容のインタビューを受けていた。しかし、セラノス社はキャリールーが送った質問リストには答えず、弁護士や広報担当役員を面会させると申し出ただけだった。

二〇一五年半ば、キャリールーはフリッチに、ホームズか同社の社長ラメシュ・〝サニー〟・バルワニが出席しないなら、『ウォール・ストリート・ジャーナル』はセラノスの代表との面会予定をキャンセルすると、メールで伝えた。キャリールーの情報筋によると、バルワニはホームズの恋人でこの隠蔽工作の中心人物だという。

「エリザベスか、サニーか、会社のその他幹部が参加するべきです」とキャリールーは書き送った。「そうでなければ、わたしたちが行く価値はありません」

その頃、フリッチの口調は、一見友好的で親切な口調から、素っ気ない見下したような口調に変わった。『ウォール・ストリート・ジャーナル』での長年の経験に基づく適切なアドバイスがある、とキャリールーに言った。

「きみは間違った相手と話している。わたしはある程度の影響力を持っており、両者の利益のためにそれを行使してきた。より多くの情報開示とより多くのアクセスは、常に取るべき道だというアドバイスは同じだと思うからだ。ＷＳＪに在籍した二十七年間で、それを学んだ。しかし、失礼ながら、きみは必要以上に強硬な手段を取っているようだ。チャーリー・ローズたちは、サニーとエリザベスを詐欺師だとか、二人は寝ているとか、非難するような質問からは始めなかった、とだけ言っておこう［＊19］」

「その戦術を知っているし、自分でもそれを用いたことはあるが、それは通常、言うなれば、アブグレイブの写真（イラクで捕虜を拷問する米兵の写真）を手にしてからのことだ。だから、きみが別の語り口を受け入れられると納得させるように、少し努力したほうがいい」

キャリールーはすぐに返事を書いた。「いいですか、あなたの応答と、わたしとあの会社との間の対話を円滑にしようとする尽力には感謝しています。でも、わたしの記事や報道方法について、あなたから恩着せがましい意見をいただかなくても、わたしは十分やっていけます。わたしたちは二人ともいい大人です。わたしはこの仕事を二十年続けています。あなたが記者だった頃は違ったやり方をしていたかもしれませんが、それはそれで結構です。しかし、敬意を失わないようにしようではありませんか。さもなければ、生産的でなくなります」[*20]

フリッチは答えた。「わたしたちは大人なのだから、きみに敬意を払って、手加減せずに、わたしの考えを話しているのだ。恩着せがましいのではない。会社の考え方を理解してもらうおうとしているのだ。きみの取材努力とガイドツアーに参加しない姿勢には、敬意を表するしかない。わたしも真実を求めている。きみがそれを手に入れたら、真っ先にきみを祝福するよ」

数週間後、ピーター・フリッチはセラノス社の代表団の一員として『ウォール・ストリート・ジャーナル』を訪れ、ジョン・キャリールーや同紙の編集者と面会した。その一団には、エリザベス・ホームズと〝サニー〟・バルワニは含まれていなかった。その代わり、デイヴィッド・ボイーズとヘザー・キングという弁護士が、セラノスの幹部一人とともに参加していた。キャリールーが後に語ったように、キングは会議の冒頭で、セラノス社の技術に欠陥があるとするキャリールーたちの質問は、どれも「誤った前提」に基づくものだと言い放った。

キングは次に、セラノスはキャリールーの情報源の一人が、同社の若手研究者のタイラー・シュルツであることを知っている、と言った。タイラーは、元国務長官のジョージ・シュルツの孫に当たる人物である。タイラー・シュルツはセラノスの弁護士から監視されていた。『ウォール・ストリート・ジャーナル』との面会の数週間前、フリッチがこの若手研究者について不可解な発言をしていたことから、シュルツが情報源だと言わせるための策略だと、キャリールーは感づいた。そのときも、そして面会のときも、キャリールーはその罠にかからなかった。

面会が終わると、フリッチは在職時と同じ基準を用いて、出席していた『ウォール・ストリート・ジャーナル』の編集者たちに対して、セラノス社に関する記事における情報源を明らかにするように、キャリールーに求めるべきだと伝えた。「元記者として一つだけ頼みたい。批判する人たちは、どこかの時点で、はっきりと口にすることも厭わないでほしいと思う、そうすれば否定的で事実に基づかない引用ばかり集まらない。わたしがいた頃はそうだった」

この面会の後も、キャリールーはセラノス社の調査を続けた。フリッチは別の種類の調査に勤しんだ。それは元同僚についての調査であり、フリッチは、キャリールーがセラノス社について公的機関から得た内容を知りたがっていた。

ジャーナリストや一般市民がいわゆる記録公開法に基づいて要求する特定の情報を公開することが、連邦政府や州当局には法律で義務づけられている。報道機関がこのような要求をする場合、彼らは通常ジャーナリストとしての所属を明らかにするように社員に促す。そうすれば、記者たちが裏でこそこそ動いたと、後日、調査対象者から非難されたりはしない。

しかし、このような透明性にはマイナス面もある。記録公開請求は公文書となり、報道機関が何を調査しているのか、一般の人々が知ることができる。民間工作員や弁護士、危機管理専門家は透明性をほとんど重視しないので、請負人を用いて記録公開請求を行うことによって、自分たちの名前を隠し、他人からの照会であるように見せかけることが多い。

たとえばフュージョンGPSは、記録公開法に詳しい元記者を、長年請負人として雇っていた。その元記者は**ラッセル・カローロ**といい、『デイトン・デイリー・ニュース』に長年在籍し、軍医による医療過誤を暴いた記事でピュリッツァー賞を受賞するなど、数々の賞を獲得していた。気難しい性格で知られており、自分は渡った橋を燃やすのではなく、「爆破する」のだと同僚に語ったこともあった。

二〇〇〇年代後半までに、カローロはいくつか新聞社を渡り歩き、仕事を見つけるのが難しくなっていた。彼は別の試練にも直面していた。初期のパーキンソン病と診断されたのだ。彼は第一線から退き、コロラド州のデンバーから南へ二時間のところにあるプエブロという風光明媚な町から、三十分ほど離れたところにぽつんと建つ一軒家を購入した。ログハウス風の大きな家で、さまざまなクライアントの記録公開請求の仕事で生計を立てていた。

カローロがシンプソンから仕事を受けるようになったのは、ＳＮＳグローバル時代の二〇〇九年にまでさかのぼる。彼は二〇一五年頃にはもう、フュージョンＧＰＳにほぼフルタイムで雇われていた。その年の八月、ジョン・キャリールーが『ウォール・ストリート・ジャーナル』で、ピーター・フリッチおよびセラノス社の代表たちと会ってからおよそ二か月後、キャリールーがセラノスに関してどんな文書を探していたのかを突き止めるようにというフリッチの指示で、カローロは公文書開示請求の準備を始めた。

ある請求をする前に、カローロはフリッチにその下書きを送った。その請求内容は、セラノス社が実施した検査のコピーを規制当局に要求した人物の名前を問い合わせるものだった。この検査は「２５６７」レポートと称されるもので、企業の研究所で見つかった欠陥やその他の問題がリストアップされていた。

そのカローロの下書きには、キャリールーが作成した報告書請求が含まれており、キャリールーがそれを見れば、フュージョンＧＰＳが自分を監視するための仲介者としてカローロを使っていることがわかると、フリッチは気づいたようだ。

フリッチはカローロにこう書いてよこした。「キャリールーの名前は挙げないようにしたい。たとえば、『過去二年間に報道機関から行われた２５６７レポートに関する全請求』といった幅広い請求にして、我々が彼をとくに標的にしているとは思われないようにできないだろうか？　その理由は明白で、もしここで彼の名前を出して彼がそれを見たら、きみが誰のために、または誰と働いているのか、彼にわかってしまうからだ……」[＊21]

フリッチの提案する大雑把なアプローチでは、請求が広範すぎて承認を担当する役人には受け入れられないだろう、とカローロは答えた。フリッチはメールで別の提案をした。「本命を隠すために、『ニューヨーク・タイムズ』も加えよう」

ジョン・キャリールーがセラノスについて取り上げた暴露記事は、彼が調査を始めてから約十か月後の二〇一五年一〇月一五日、『ウォール・ストリート・ジャーナル』紙の一面に掲載された。この記事が、セラノスの終わりの始まりとなった。やがて、エリザベス・ホームズは民事事件および犯罪捜査の対象となった。[＊22]

記事が掲載された日、フュージョンGPSまたはセラノスのために働く別の請負人は、キャリールーとその情報源に関する情報をまだかき集めようとしていた。この請負人は、キャリールー、彼の編集者、あるいは『ウォール・ストリート・ジャーナル』、ニューズ・コープ、ダウ・ジョーンズ」のその他の従業員、代表および代理人と、セラノスを規制する当局である連邦食品医薬品局（ＦＤＡ）やメディケア・メディケイド・サービスセンターとのすべてのやり取りのコピーを求める記録公開請求を、連邦政府機関に送った。

フリッチが自分を監視していたことをキャリールーがようやく知ったのは、二〇一七年末に、フュージョンＧＰＳに関する記事を書いていた『ワシントン・ポスト』の記者から連絡を受けたときだった。[*23]「ひどく腹立たしい、卑劣な行為だ」と、フリッチの行為についてキャリールーは後日語った。その当時、彼は著書*Bad Blood*の最終推敲をしているところで、フュージョンＧＰＳの工作員に関する項を著書に追加するという考えも頭に浮かんだが、それにはもう遅すぎる、間に合わないと判断した。

# 第6章

# ウクライナの明日

【二〇一六年、ロンドン】

二〇一六年の夏、汚職防止団体グローバル・ウィットネスの調査員のダニエル・バリント＝クルティは、ロンドンのカフェで、制作中のドキュメンタリーについて語る女性の話に耳を傾けていた。その女性はシャルロット・マリーという名で、ファッションを学ぶパリ出身の学生だと自己紹介し、独裁者ジョセフ・カビラの支配するコンゴ民主共和国から逃れてきた政治難民の窮状を記録する映画制作に関心を抱いている、と語った。

ダニエル・バリント＝クルティは、ジャーナリストとしてアフリカで十年近く武力紛争や残虐行為、腐敗した商取引について報じてきたので、コンゴとカビラについてはよく知っていた。痩身で物静かなバリント＝クルティは、アフリカ大陸の天然資源を搾取するあらゆる企業や実業家について詳しく知るようになった。その中には、カザフスタン「トリオ」が設立した鉱山会社ＥＮＲＣの他に、脱税などでアメリカで有罪判決を受けクリントン大統領から恩赦を与えられた実業家マーク・リッチが創設した、**グレンコア**というスイス企業、ロシアのオリガルヒであるオレグ・デリパスカ、そしてイスラエルの実業家である**ダン・ガートラー**と**ベニー・スタインメッツ**が含まれていた。バリント＝クルティはグローバル・ウィットネスの調査責任者として、ＥＮＲＣやダン・ガートラーがコンゴのカビラ大統領に賄賂を贈り採掘権を獲得したかどうかの調査をはじめ、同団体の調査を監督していた（ＥＮＲＣやダン・ガートラーはその疑惑を否定した）。

　バリント＝クルティは元々用心深い性格で、見知らぬ人と会う前にはその人物を調べるようにしていたが、シャルロット・マリーについては事前にチェックしなかった。彼女は焦げ茶色のロングヘアで、二十代後半に見えた。彼女と話しているうちに、彼はその情熱に感銘を受けた。コンゴからの離散者（ディアスポラ）の一人と会ったときのことを話しているうちに、彼女の表情は生き生きとしてきた。その人物はフランスのスーパーマーケットで働いており、いつか母国に帰って大統領選挙に出馬するつもりだと、自分から彼女に語ったという。

　バリント＝クルティがその映画の出資者を尋ねたところ、彼女はスウェーデンの慈善家のレオナード・ボーデンの名を挙げた。数日後、バリント＝クルティはボーデンをグーグルで検索してみた。ところが、そのような名前のスウェーデンの慈善家はまったく見当たらなかった。「レオナード・ボーデン」という著名人は、エリザベス二世の肖像画で知られる、故人のイギリス人画家しか見つからなかった。

その後しばらくして、またお会いしたいというマリーのメールが、バリント＝クルティのもとに届いた。今度は返信しなかった。彼女と会ったこと、彼女の後援者と思われる人物を見つけられなかったことを、日誌に書き留めた。「彼女はとても好人物に思えたし、映画の企画も面白そうだった。しかし、このような面会には用心している。その面会相手が、こちらをスパイするために送り込まれた可能性を排除できないからだ」


そのおよそ一年後、ダニエル・バリント＝クルティのもとに、調査暴露記事を取り上げるイスラエルのテレビ番組のジャーナリストから電話がかかってきた。[*1] その記者は、イスラエルの調査会社ブラックキューブについて番組で取り上げ、ブラックキューブが、コンゴの指導者ジョセフ・カビラ側から、国内外にいる彼の反対勢力を監視するために雇われたのではないかという内容を話題にする、と彼に伝えた[*2]（その後ブラックキューブは、コンゴ政府のために仕事をしたことはないと主張した）。

バリント＝クルティは、その記者と何度か話し合いをした後で、シャルロット・マリーという人物と会った話をした。これにより、思いがけず会話が中断することになった。そのイスラエル人記者と彼の同僚は、ある女性から連絡を受けてインタビューを行ったのだが、その女性の外見と活動が、シャルロット・マリーと一致していたのだ。彼女はフランス出身でファッションを学んでいると自己紹介し、コンゴのディアスポラについてのドキュメンタリーを作っていると話し、いつかコンゴの大統領になりたいという亡命者と会ったとする、同じ逸話を語ったという。イスラエルの記者たちは、シャルロット・マリーがその女性の本名だとは思っていなかった。彼らは本名が何であるかは言わなかった。だが、彼らはあることについては確信を抱いていた――彼女がブラックキューブのスパイであるということについては。

多くの人がブラックキューブについて初めて知ったのは、ハーヴェイ・ワインスタイン事件が勃発した二〇一七年のことだった。[＊3] ワインスタインと彼の弁護士は、このイスラエルの調査会社ブラックキューブとともに、K2インテリジェンス、クロール社、そして一九九〇年代にビル・クリントンの選挙運動のために働いたサンフランシスコを拠点とする会社を雇い、ワインスタインによるレイプや性的虐待を訴える女優や他の女性たちを調査させた。

だが、注目を集めたのはブラックキューブだった。ニュースや記事では、ブラックキューブはあらゆるところに触手を伸ばす、とくに悪質な新手の民間スパイの実践者とされた。ある報道によると、ブラックキューブのスパイは、イランの核開発制限の交渉に協力したオバマ政権の元メンバーの醜聞を収集する、「不正工作」作戦を支援していたという。別の記事によると、ブラックキューブの工作員はカナダに赴き、企業経営者を装い、反ユダヤ的な発言をさせて訴訟の仲裁人を解任させようとしたということだ。東欧では、民主化を求める団体にブラックキューブのスパイが潜入して、法執行当局者を盗聴していたとする、また別の記事もあった。

ブラックキューブの名前がニュースに取り上げられるたびに、同社は顧客の身元を明かすことを拒み、その業務に関するいかなる憶測に対して肯定も否定もしなかった。また、ブラックキューブの任務には高い道徳水準が適用され、用いられる技術は大手法律事務所により審査・承認されており、その手法は業務を遂行する地域の法律を遵守している、と主張した。実際に、ブラックキューブは新奇または独特なことをしていたわけではなかった。どちらかといえば、**「カモにする人をよく観察してだます」**という、詐欺の中でも最古の手法に特化していた。

一攫千金話や、孤独な人へのプロポーズ、スリーカード・モンテ、多種多様なメール詐欺など、ほぼあらゆる手口の詐欺は、基本的原理に基づくものだ。詐欺師は、自分たちが投げた餌にカモが衝動的に、あるいは感情的に反応するようにして、自分たちの欲しいものを手に入れようとする。詐欺師や民間工作員はさまざまなボタンを押す。それは、金儲けしたい、承認が欲しい、愛を見つけたい、共感を得たい、そして人間のその他基本的な欲求を満たしたいという強い思いであるかもしれない。ターゲットとされた人が、何が起こっているのか、なぜ見知らぬ人が突然連絡してきたのかを自問せず、何も考えずに反応したときに、詐欺は成功する。

二〇一〇年代を迎える頃には、雇われ工作員がインターネットやソーシャルメディアを用いて、クライアントの利益やターゲットに損害を与えるように操作するという手口は、増える一方だった。K2インテリジェンス、クロール社、その他大手調査会社は、オリガルヒやその他顧客に、**「レピュテーション・マネジメント」**サービスを提供した。これは、ネットでの個人や企業に関するプロフィールから、ネガティブな情報を取り除くプロセスの婉曲的な表現である。民間スパイはソーシャルメディアやインターネットの投稿を攻撃用の武器に変え、ターゲットを監視し、敵対者を陰で中傷し、世論を操作するために使用するようにもなった。

その方法は数多くあった。民間スパイは、ツイッターのボットを作成して追跡している人をフォローしたり、インターネットで架空の人物を演じて、本人が知らぬ間にターゲットにされた人と関わりを持ったりした。また、ウィキペディアの説明に否定的な情報を加えたり、クライアントの敵対者の偽ウェブページを作成したりした。

ブラックキューブにとって、デジタルの策略は生きる術であった。同社は工作員部隊を利用して、偽名やいんちきのアイデンティティを名乗らせ、ターゲットを欺くために接近させた。任務ごとに、ブラックキューブが採用したソーシャルメディアの専門家たち――**「アバ**

**ター・オペレーター**」と呼ばれた――は、偽名、偽の過去、架空の職歴からなるオンラインでのアイデンティティ、つまり「**キャプション**」を、工作員に提供した。

フェイスブックでは工作員の偽名でアカウントが作成され、存在しない友人の名前が登録されていた。リンクトインのプロフィールには、工作員の職歴とされるものが記載され、スキルの推薦も嘘だった。工作員が働いているとされる会社にターゲットが興味を抱き、リンクをクリックした場合には、実在しない会社のために作成されたウェブページが表示され、オフィスの写真などを見ることができた。ブラックキューブのアナリストは、作戦におけるターゲットを調査し、そのプロフィールと潜在的な弱点についてまとめた。

ブラックキューブの工作員の一人である**ステラ・ペン・ペチャナック**は、イスラエル軍の退役軍人で、かつては女優を目指していたこともあった。彼女はブラックキューブのためにさまざまな役を演じた。ハーヴェイ・ワインスタインのための任務に就いた彼女は、告発者の一人である女優ローズ・マッゴーワンに、自分は「ダイアナ・フィリップ」だと名乗り、女性の権利を推進するロンドンの投資ファンド、ルーベン・キャピタル・パートナーズの幹部だと自己紹介した。

ペチャナックの「ダイアナ・フィリップ」としての任務は、マッゴーワンが執筆した近刊予定のハリウッド回顧録の中で、ワインスタインに言及した箇所を彼女から入手することだった。ペチャナックは数か月かけて、マッゴーワンに細やかに気を配り、ハリウッドが女性をどう扱うかという彼女の懸念に共感して、彼女の警戒心を解いて信頼を得た。別の任務では、ペチャナックは「マヤ・ラゾロバ」を名乗り、ロンドンのシーザー・アンド・カンパニーという管理職人材斡旋会社に勤めていることになっていた。また別の任務では「ヴァネッサ・コリンズ」と名乗っていた。

「飼いならされた」ジャーナリストたちは、本物の記者からインタビューを受けていると思わせるために、ターゲットにどのようにアプローチしたらいいかという台本を受け取った。ターゲットにされたと思われる人物に、物議を醸したルーマニアの実業家のフランク・ティミスがいた。「カバーストーリー」という見出しがついた任務シートにはこう書かれていた。「あなたはセネガルでのプロジェクトによる政治スキャンダルを追って、フランク・ティミスの名前に行き着く。フランク・ティミスのそれまでの人生が、大きな困難を乗り越えて富と成功を手に入れた、感動的なものであることを知る。あなたはフランクにインタビューを申し込み、彼はそのインタビューで、どのように富を築いたかを中心とした感動的な物語を語る」[＊4]。これは餌で、本当の目的は別にあった。ブラックキューブがよく使う様式の文書によると、「このプロジェクトの主な目的は、フランクに不利となる情報を集めることに加えて」、彼のプロジェクトに「投資された多額の資金（に何があったのか）を突き止めることである」

ブラックキューブには、法的トラブルに巻き込まれないようにする基本ルールがいくつかあった。工作員が用いる偽の身元は、実在の人物と似たものではいけないことになっていた。しかし、そうした制約を除けば、工作員にはほとんど制約がなかった。ブラックキューブの顧問が『ウォール・ストリート・ジャーナル』紙に語ったところによると、「人に話をさせるためには、仮想世界である、特定の世界を作り出す必要がある。戯曲を作るようなものだ」[*5]。

ブラックキューブは二〇一〇年に創設された。グレン・シンプソンとクリストファー・スティールが事業に乗り出した時期とほぼ同じ頃だ。ブラックキューブが請け負った最初の大きな案件は、その後の展開を予感させるものだった。アイスランド最大の銀行をだまして破綻させたという容疑で、イギリスの重大不正監視局から捜査を受けている、ロンドンの不動産開発業者に雇われたのだ[*6]。

ブラックキューブの工作員は、英国当局の捜査を無効にする証拠を見つけ、当局は開発業者に対し、訴訟費用として数百万ドルを支払わなくてはいけなくなった。ところが、裁判が終了した直後、この開発業者とブラックキューブに支払う金額をめぐり対立した。開発業者の幹部の一人が、ブラックキューブ経営陣は、ブラックキューブの工作員の行動を密かに記録していたことを認めたとされ、ブラックキューブは、開発業者が支払わずにすんだ金の中から取り分を渡すという約束を、彼らが反故にしたと主張した。しかし、この争いは、重大な審問の直前に決着がついた。

その後、ブラックキューブは百人を超える社員を抱えるまでに成長し、イスラエルの情報機関であるモサドのような、謎めいた雰囲気を漂わせる存在となった。ブラックキューブの取締役の一人はモサドの元責任者だった。社員は「イスラエルの精鋭軍や政府の情報部隊で訓練を受けた非常に経験豊富な」人材であると、ブラックキューブは自慢気に売り込んでいた。ブラックキューブの仕事の多くは、イスラエルやヨーロッパなどでの、ビジネスではよくある諍いだった。しかし、同社にはハーヴェイ・ワインスタインなどの興味深い顧客がおり、同社に関わる工作員は、他にも論争の的となるような顧客を獲得しようとしたようだ。

たとえば、その中には、後にドナルド・トランプ大統領に起こされた弾劾手続きにおいて重要人物として浮上する、ウクライナのオリガルヒの仲間などがいた。この重要人物のオリガルヒとは、**ドミトロ・フィルタシュ**のことだ。彼はかつて、グレン・シンプソンとグローバル・ウィットネスが、ロシアの大物ギャングが秘密裏に支配していると疑った、ウクライナのパイプライン会社を率いていたこともあった。

二〇一四年、フィルタシュは米国司法省から贈収賄罪で起訴されたが、その容疑はウクライナのエネルギー事業とは無関係だった。[＊7] 連邦検事は、フィルタシュらが有用鉱物であるチタンの採掘権を確保しようと、インド政府当局者に千八百万ドル以上の賄賂を渡したとして告発したのだ。フィルタシュはオーストリアで身柄を拘束され、一億七千四百万ドルの保釈金を支払い釈放された。彼は同国を離れないことに同意し、アメリカへの身柄引き渡しに抵抗した。

刑務所から釈放されたばかりのフィルタシュは、二〇一五年にウィーンで開催された「ウクライナの明日」というビジネス・カンファレンスでスピーチを行った。この会議の参加者の中に、どうやらブラックキューブの工作員と連絡を取った者がいたようだ。その工作員たちは、会社に知らせずに、フィルタシュをオバマ政権による政策の犠牲者として売り込む策を考案した。

ブラックキューブのメモを模したその企画書には、「クライアントの物語」とタイトルがつけられており、「アメリカは数々の『法律を武器とした』戦術（不正腐敗防止法、制裁など）を通じてフィルタシュとその協力者を攻撃し、アメリカの『傀儡政権』への道を開くために、彼らを影響力のある地位から追い出した」などと書かれていた。そこには、オバマ政権の高官とアメリカの国会議員が、ロシア政府と関係のあるフィルタシュやウクライナのその他オリガルヒに対して取ったとされる具体的な措置が挙げられていた。「アメリカが行動を取らない、行動を取るべき実業家が（ウクライナには）何人かいる」とし、「したがって、フィルタシュが不正行為を企てたかどでアメリカに指名手配されているという主張は、ダブルスタンダードもいいところである」と指摘した。

この売り込み作戦は、ビジネスも好意的な評判もフィルタシュに生み出さなかった。二〇一九年時点でも、フィルタシュは、身柄引き渡しに関する法廷闘争を起こし、オーストリアに留まっていた。彼が『ニューヨーク・タイムズ』紙に語ったところによると、トランプ大統領を巻き込んだウクライナ論争の最中に、トランプ擁護派の筆頭である元ニューヨーク市長ルドルフ・ジュリアーニ側の仲介者が、彼に接触してきたという。その仲介者は、ジョー・バイデン元副大統領のスキャンダルを探していたということだった。

ブラックキューブは確かに、ハンガリーの独裁者ヴィクトル・オルバーンの協力者など、東欧のオリガルヒや独裁者のために仕事をしていた。二〇一八年、ハンガリーで政治的・社会的自由の拡大を求めて活動する民主化運動団体やその他権利擁護団体のもとに、是非とも団体の活動家たちと会いたい、彼らの団体に寄付したいという、企業幹部からと思われるメールが届くようになった。ほとんどの活動家はこれに応じなかった。しかし、これに応じた活動家たちは、ブダペストやウィーン、パリの高級レストランに招かれ、少し世間話をした後で、企業幹部を装ったブラックキューブの工作員から、民主化活動を支援するハンガリー生まれの投資家ジョージ・ソロスについて、質問を浴びせかけられた。[*8]

東欧の独裁指導者たちは長年にわたり、ソロスを、権力掌握のために活動家を代理として利用する、世界的陰謀の指導者と見なしてきた。活動家とブラックキューブの工作員との面会中に密かに録音されたテープは、活動家がソロスの手の内にあるという印象を与えるように、未知の第三者によって編集され、政府が利用しやすい報道機関にリークされた。「ソロスの仲間が政府に影響力を持つようになれば、彼らがハンガリーのエネルギー部門と金融システムを支配するはずだ」と、ある報告書が発表された後でヴィクトル・オルバーンは断言した。「ハンガリー国民はその代償を払うことになる」

だが、ブラックキューブには一つ大きな問題があった。その手口が巧妙とは言えなかったのだ。クライアントに高額な料金を請求しておきながら、毎回、手口を再生利用していた。そのため、彼らの作戦には、手際が悪く、ピエロの安っぽいショーのように見えるものもあった。たとえばハンガリーの案件では、活動家に接触した女性工作員は「アンナ・バウアー」と名乗り、ロンドンを拠点とする「タウロ・キャピタル」という会社に勤めていると言い、別の工作員は「オリオン・ベンチャー・キャピタル」というロンドンの会社に勤めていると言った。ニュースサイトのポリティコのレポートによると、こうした会社の住所をたどると、どれも、ブラックキューブが郵便物の宛先として使っていた、オフィス・スペースを貸し出すロンドンの会社に行き着く。その男くさいマーケティングのイメージとは裏腹に、ブラックキューブは手口が露見するたびに卑怯な手段を取った。ネット上で使っていた工作員の偽の身元や架空の会社のウェブサイトを消し去ったのだ。

ハーヴェイ・ワインスタイン事件におけるブラックキューブの活動が明るみに出た後、同社のスパイ二人が売名行為に走った。女優のローズ・マッゴーワンに接近したスパイ、ステラ・ペン・ペチャナックには、人心に訴える背景があった。彼女は戦時下のサラエボで生まれ、子どもの頃、負傷した隣人がベッドの上で血を流して死んでいくのを見たことがあるという。一家は戦火を逃れイスラエルに移住し、彼女は同国で兵役に就いた。俳優を目指して演劇学校に通ったが、そのキャリアで日の目を見ることはなかった。

ペチャナックはインタビューの中で、ワインスタインのために女性たちをスパイしたことで、その女性たちを裏切ったことになるとは思っていない、と語った。彼女の任務は、ハリウッドのライバルスタジオが、ワインスタインの暴行疑惑の背後にいるかどうかを突き止めることだったからだという。背がすらりと高くブロンドのペチャナックは、女性らしさを武器にしたことがあるかという質問に対し、こう答えた。

「わたしはボンドガールではありませんでした。わたしはジェームズだったんです」[＊9]

ブラックキューブの仕事を請け負っていたセス・フリードマンは、フリーランスのジャーナリストである身分を利用して、ワインスタインの暴行を告発する女性たちと接触したのだが、彼もまた、自分は何も悪いことはしていないと主張した。「ブラックキューブでやったことに対して、罪悪感を覚えてはいない」とBBCに語った。「ここでカメラを見つめて、

『わたしはひどい罪を犯した、本当に申し訳ない』と言う必要はない——そうは思っていないからだ」[*10]

ブラックキューブ側は決まって、自分たちはルールに則って行動していると主張した。それでも、ルーマニアでブラックキューブの工作員二人が、同国の検察トップの電子メールに不正侵入しようとしたとして、有罪判決を受けたことがあった。彼らは一年後にイスラエル政府の仲介でようやく釈放された。

企業情報業界の多くの経営者たちは、ブラックキューブを軽蔑していた。彼らは、自分たちの会社では情報を得るために詐称したり、嘘をついたりしたことはないと言い、ブラックキューブの手口を、違法ではないにしろ、汚いやり方だと見なしていた。だが、彼らが弁護士や潜在的な顧客に自社のサービスを売り込むとき、心底腹立たしく感じることがあった。ブラックキューブがやったようなことはできないか、と聞かれることがよくあったのだという。

こうした依頼があったとしても、驚くには当たらない。ブラックキューブや同様の会社が繁盛したのは、弁護士や企業や有力者といった顧客が、勝つことを望んでいたからであり、その手口が合法で、誰からも知られることがないならば、顧客たちは、どうやって勝利を手に入れたかなど気にかけないことが多かった。

これが、デイヴィッド・ボイーズの事務所が、ハーヴェイ・ワインスタインの仕事のためにブラックキューブを雇うことに合意し、その運と評判をブラックキューブと結びつけたことについて理解するための、最良の、そしておそらく唯一の方法かもしれない。ボイーズの事務所が署名した契約書には、危険信号があふれていた。契約書には、ブラックキューブが「アバター・オペレーター」を使用すること、そして同社が偽の身分を持つ工作員を用いてワインスタインの告発者を狙うことが記されていた。それ以外にも、ワインスタインの暴露記事が『ニューヨーク・タイムズ』紙に掲載されることを阻止した場合には、ブラックキューブが三十万ドルのボーナス――「成功報酬」と呼ばれていた――を受け取るという契約を交わしていた。

ボイーズは、言論の自由と同性婚の支持者として世に名高いスーパー弁護士だが、ブラッククキューブの契約は見ていないと主張した。しかし、ローナン・ファローが『ニューヨーカー』誌でそれを暴くと、すぐさま反響があった。[*11] ブラックキューブは『ニューヨーク・タイムズ』紙の記事を阻止することでボーナスを手にする約束をしていたが、ボイーズは、これとは無関係の名誉毀損訴訟で同紙の代理人を務めていた。

さすがに、『ニューヨーク・タイムズ』は事態を悪化させることはなかった。ボイーズを即座に解雇し、公然と屈辱を与える行動を取った。「(彼の) 法律事務所が情報会社と契約して、我々の報道と記者に対し秘密裏にスパイ行為に及ぶなどとは、我々にとって思いも寄らないことだった」と同紙は声明を出した。「このような活動は非難されるべきである」

セラノスの代理人も務めていたボイーズは、ブラックキューブとの契約が公になってからも、遺憾の意は示したものの、まだ納得していないようだった。ブラックキューブの工作員が、ワインスタインの告発者の一人に近づいた際に、偽名と偽の身分を使用したことは、詐称に当たると思うかと尋ねられたとき、彼は些末なことを言い立てた。

「その詐称が、それを受け取る人物にとってどれだけ重要かによるだろう」

第7章

# 六番テーブル

【二〇一六年、ニューヨーク】

グレン・シンプソンが、ビル・ブラウダーの名前を、ロシア人が所有する不動産会社**プレベゾン・ホールディングス**[＊1]の名前と同時に聞いたのは、ベーカー・ホステトラー法律事務所の旧友から電話をもらったときだった。プレベゾンの代理人として雇われたベーカー・ホステトラー法律事務所は、ジョン・モスコーとマーク・シムロットを派遣して、プレベゾンの代表や同社のロシア人弁護士と面会させた。

ブラウダーはセルゲイ・マグニツキーについて語る中で、この同僚の無意味な死をきっかけに、自分は資本家から十字軍になったのだと述べ、プレベゾンが、エルミタージュ・キャピタルに対して行われた大胆な不正行為の受益者であることを明らかにした。プレベゾンの弁護士である**ナタリア・ヴェセルニツカヤ**は、これとまったく異なる話を語った。その話は、グレン・シンプソンが、プレベゾンとその所有者のためにその後数年間で増幅させることになった。ヴェセルニツカヤによれば、ブラウダーはヒーローどころか、保身のためにエルミタージュ・キャピタルとマグニツキーの死について偽りの話を広める詐欺師だという。「ブラウダーはハリウッドのステレオタイプを作り上げている。アメリカ人は一体どうしてあの詐欺師の話を信じるのだろうか?」と、ヴェセルニツカヤは繰り返し言っていた。

やがてナタリア・ヴェセルニツカヤは、トランプ・タワーでドナルド・トランプ・ジュニアと会ったおかげで、二〇一六年の大統領選挙の時期に悪名を馳せたロシア人の仲間入りを果たすことになる。しかし、二〇一三年当時、彼女はまだアメリカの政治の世界には登場していなかった。プレベゾンの弁護士として、ビル・ブラウダーに対する法的活動および広報活動を監督していた。

セルゲイ・マグニツキーの死は不幸なことではあるが、拷問や医療ネグレクトによるものではなく、彼を治療したロシアの医師が無能だったのだと、ヴェセルニツカヤは主張した。彼女はさらに、ブラウダーのプレベゾンに対する非難には実態がないとした。プレベゾンを所有する**デニス・カツィフ**に対するマネーロンダリング疑惑は、元々はロシアの犯罪者がゆすり目的ででっち上げたもので、ブラウダーはそれを聞きつけて利用したのだと説明した。

プレベゾンに対する訴訟には四年の月日を要した。マンハッタンの裁判所では、エルミタージュ・キャピタルから盗まれた二億三千万ドルの一部をプレベゾンが資金洗浄したと、検察側が主張した。ジョン・モスコーとマーク・シムロットは、ブラウダーがプレベゾンに関する虚偽の情報を連邦当局に提出したのであり、プレベゾンは一切不正行為に関わっていないと主張した。

この時期、ブラウダーの評判を損なう文書をかき集めるなどして、グレン・シンプソンは法廷の内外でプレベゾンを支援した。シンプソンは会社の提出書類を追跡し、エルミタージュ・キャピタルがロシア企業の株式を保有するために設立したオフショア企業のネットワークを突き止め、そうした企業に関わったその他投資家の名前を明らかにした。彼は、ビル・ブラウダーに不利な記事をメディアに吹き込もうとした。さらに、リナト・アフメトシンと『ウォール・ストリート・ジャーナル』紙の元記者でロビイストとなったクリス・クーパーとともに、ブラウダーを詐欺師として描いたドキュメンタリーを発表しようと活動した。

プレベゾン事件が進むにつれて、グレン・シンプソンとビル・ブラウダーが思いやりのある言葉を交わすことなど、ますますありえないように思えた。彼らが互いに対して抱く憎悪は、巨大に膨れ上がってフロイト的性質を帯びるようになった。それは、似ていることに気づいていない、似た者同士の間で激化する特殊な憎悪だった。シンプソンは、自分とクリストファー・スティールは同じ年齢で、誕生日がちょうど一か月違いだから似ているのだとよく言っていた。その点からいえば、シンプソンとブラウダーは一日違いで生まれたので、もっとよく似ていることになる。

この二人は、一見したところまったく似ていない。シンプソンは、よく笑い、おちゃらけた、気さくな性格である。ブラウダーは、厳格で張り詰めたところがあった。しかし、二人とも野心的で、執着心が強く、支配したがる、自己宣伝がうまい男だった。それに、二人とも些細なことでも決して忘れなかった。

ブラウダーはシンプソンと同様に、ジャーナリストの対処に長けていた。モスクワに戻ると、エルミタージュ・キャピタルのオフィスに記者を呼び寄せ、「プレゼンテーション」と呼ぶものを行った。エルミタージュ・キャピタルが投資した多くのロシア企業の中の一つを取り上げ、パワーポイントを使って、汚職やずさんな管理について詳細に説明する。その会社の問題を記者に記事にしてもらい、変化を余儀なくさせて、エルミタージュ・キャピタルが保有する株式の価値を高めることが目的だった。シンプソンとブラウダーの双方を知るジャーナリストは、ブラウダーともめると反撃されるぞ、とシンプソンに警告した。しかし、シンプソンには、警告というよりも勧誘のように聞こえたのかもしれない。

グレン・シンプソンがプレベゾンの弁護士のために引き受けた仕事の一つは、生身のビル・ブラウダー本人を追跡することだった。弁護士はプレベゾン事件で彼に宣誓証言をさせようとしたが、彼は質問攻めにあうことを望まず、召喚状を出されるのを避けていたようだ。二〇一四年、シンプソンはブラウダーがコロラド州アスペンで開かれた会議で講演する予定があると知った。そこで、会議終了後の彼をつかまえて召喚状を手渡すために、令状送達者が派遣された。ところが、召喚状を渡されたブラウダーは、それを地面に落として逃げ出した。

その次の機会も、なかなか思い通りにはいかなかった。二〇一五年初め、コメディアンのジョン・スチュワートが司会を務める深夜テレビ番組、『ザ・デイリー・ショー』に出演したブラウダーは、著書 *Red Notice*（前掲『国際指名手配』）を宣伝し、マグニツキー法について論じた。番組の収録が進行する間、私立調査員のチームがマンハッタンのスタジオの外に集まった。その中の男女二人の調査員が、ゲストが出てくるスタジオの裏口付近をウロウロして待ち構えていた。もう一人の私立探偵は、いつもはゲストを乗せる黒塗りの車が待機する場所に、レンタルトラックを駐車させ、その車内にいた。

スタジオを出たブラウダーは、自分の車が一ブロック先に駐車されていることに気づいた。彼がそこに向かって歩いているときに、調査員が召喚状を手渡そうとしたが、ブラウダーは大慌てで逃げ出し、人を押し分けて車に飛び乗った。だが、ブラウダーの車は道を塞がれて進むことができなかったので、彼は車から飛び降り、雪道を走り去った。その一部始終を私立探偵の一人が録画しており、動画がユーチューブにアップされた。[*2]シンプソンの友人は、その動画へのリンクが貼られたメールを彼から受け取った。メールには、「これはわたしがやったんだ」と書かれていたという。

シンプソンはまた、『ウォール・ストリート・ジャーナル』紙などの報道機関のジャーナリストに、ブラウダーの暴露記事を出すように働きかけ、エルミタージュ・キャピタルに関するブラウダーの話には矛盾があると指摘し、彼は信念よりも利便性を重視する人物だと説明した。ブラウダーの生まれはアメリカだが、税負担の軽減を図るために、一九八八年にアメリカ国籍を放棄してイギリス国籍を取得した。そして、汚職が蔓延していたロシアで大金を稼いだ。しかも、ウラジーミル・プーチンを賞賛し、セルゲイ・マグニツキーとは数回会っただけで、よくは知らないと言っていたこともあった、と吹き込んだのだ。

二〇一三年にモスクワで行われた裁判では、ブラウダーは税金詐欺をしたとして欠席裁判で有罪判決を受けた。ロシアの検察官は、ブラウダーが違法な株取引や、障害者を雇用したと主張して税制優遇を受けようとしたなど、数々の詐欺によって財を成したと指摘した。

「ブラウダーの話はどれも空想でペテンにすぎないことを記事にすべきだと、グレンはわたしに訴えた」と、『ウォール・ストリート・ジャーナル』のある記者は振り返った。

シンプソンの働きかけはあまりうまくいかなかった。

『ニュー・リパブリック』誌は「プーチンと戦っても聖人にはなれない」というタイトルの記事を掲載した。[*3] しかし、大半の記者はブラウダーの調査に何か月も費やす気にはならなかった。それは、記者たちがブラウダーという人物に魅力を感じていて、彼に不利な記事を書きたくないと思っていたからではない。一部のジャーナリストはブラウダーのことを、気に入らない記事には直ちに編集者に文句をつけ、時には法的措置も辞さないと脅す、いけすかない人物だと思っていた。

シンプソンにとって問題だったのは、ブラウダーがロシアの税金をごまかしていたかどうかなどについて、ほとんどのジャーナリストは気にかけていなかったことだ。そして、彼の悪事は、たとえその一部は事実であったとしても、シンプソンが記者時代に注目したロシアの非道な振る舞いに比べれば、影が薄かった。蔓延する汚職、政治的抑圧、国家が指揮する暗殺などは、プーチン支配下で一際目立った特徴だった。

フュージョンGPSはプレベゾンの件で大儲けした。総額は不明だが、後日明らかになった記録によると、二〇一六年の三月から一〇月までの約半年間だけで、フュージョンGPSはベーカー・ホステトラー法律事務所に、約五十三万ドルの料金と経費を請求した。[*4] この期間は、同社がプレベゾンのために働いた期間のほんの一部にすぎない。グレン・シンプソンは後に、フュージョンGPSがこの案件を引き受けたのは、ベーカー・ホステトラーが古くからの優良顧客の一つであるからにすぎないとし、同法律事務所はクライアントの選択について「非常に保守的」だとも述べた。とはいえ、プレベゾンはただの不動産会社ではなかった。所有者のデニス・カツィフの父親は、プーチン大統領の盟友で、巨大国有企業のロシア鉄道で副社長の座にある、**ピョートル・カツィフ**である。さらに、カツィフ家は以前も法的問題に直面しており、彼らが経営するもう一つの会社は、二〇一〇年にイスラエル検察当局が告発したマネーロンダリング疑惑で和解に至っていた。

シンプソンは、ビル・ブラウダーを執拗に追及するあまり、他のことが見えなくなってしまったのかもしれない。つまり、プレベゾンのために働いているうちに、後に上院調査官が、マグニツキー法の威力を無効化するためのクレムリン認可の影響力作戦と言い表したものに、シンプソンは引き込まれてしまったのだ。この法律が可決されてからというもの、ウラジーミル・プーチンはビル・ブラウダーの首を狙っていた。プレベゾンの件でその首が切り落とされることになれば、プーチンの労力は報われることになるのだ。

このプーチンの思惑とプレベゾンの訴訟との相互関係を理解していると思われる人物がいるとすれば、それはプレベゾンの弁護士ナタリア・ヴェセルニツカヤであった。黒髪で丸顔のヴェセルニツカヤは当時四十代で、ロシア国内では有名な弁護士ではなかった。彼女はかつて、モスクワ市をぐるりと囲む、同市の郊外に当たるモスクワ州で、検察官を務めていた。

マンハッタンの基準に当てはめるならば、さしずめニュージャージー州の弁護士ということになる。

プレベゾンの案件を担当するまで、ヴェセルニツカヤは一度もアメリカへ行ったことがなかった。そして、大人になってから初めてニューヨークを訪れた多くの人たちと同じように、彼女はニューヨークに心を奪われた。優雅なロックフェラー・センターにほど近い五つ星ホテルで、ベーカー・ホステトラーが手配したスイートルームに滞在し、毎日同じ行動を取るようになった。彼女はある朝、長蛇の列ができている店の前を通りかかった。その店は、イーストサイドにある〈エッサベーグル〉という有名なベーカリーで、彼女は仕事へ行く前に、毎日ここでベーグルを買うようになった。夕食も、毎晩のように、マディソン・アベニューにある〈ネロ〉という、味は普通だが値段が高いイタリアンレストランで取った。毎日、四十四ドルもするカネロニを注文し、店員から「六番テーブル」と呼ばれる、歩道に設置された同じテーブルに座った。寒い日にもその席に座り、赤外線灯の下で食事を取った。

彼女は毎日決まって、五番街を通り、トランプ・タワーを通り過ぎた。時々グッチに立ち寄って買い物をし、近くの店で、家族や友人へのお土産として、野球帽やハンドタオルを買った。ヴェセルニツカヤに会った人は、グレン・シンプソンを含めて誰もが同じような印象を抱いた。離婚歴があり四児の母でもある彼女は、非常に野心的な人物という印象を与えた。彼女はプレベソン事件を踏み台と見なし、弁護士として注目を浴びて新たなキャリアを築こうと考えていた。

二〇一六年初頭、ヴェセルニツカヤは、ビル・ブラウダーとマグニツキー法に対して、新たな攻勢を開始した。グレン・シンプソンもこれに参加することになった。それには、ヒューマンライツ・アカウンタビリティ・グローバル・イニシアチブ財団という、舌を噛みそうな名称の新ロビー団体が関わっていた。この団体は、クレムリンとつながりのある鉄道会社幹部で、プレベゾンの所有者の父親であるピョートル・カツィフから、およそ五十万ドルの資金提供を受けていた。この団体の名目上の目的は、アメリカ人がロシア人の幼児を再び養子として受け入れられるようにすることだった。プーチンはマグニツキー法成立の報復として、この養子縁組プログラムを中止させていた。この団体の目的は口先にすぎなかった。プーチンが養子縁組を再開させるには、マグニツキー法を骨抜きにするか廃止しなくてはならないことは、誰もが承知していたからだ。

ヒューマンライツ・アカウンタビリティ・グローバル・イニシアチブ財団のウェブサイトには、笑顔を浮かべる両親と幸せそうな子どもたちの写真が掲載されていた。そして、養子縁組プログラムの中止によって、ロシアの幼子の死亡が引き起こされていることも書かれていた。「この養子縁組プログラムの中止により、ロシア人家庭に引き取られた子どもたちもいたが、海外で養子となった子どもたちもいた。しかし、病気になった子どもたちもおり、亡くなった子どもたちもいるとの報告がある」

ロシアの子どもを養子にと切望していたあるアメリカ人女性は、二〇一六年にそのウェブサイトを見て団体に連絡したと、ブルームバーグ・ニュースに語った。[*5] 彼女は、ワシントンの駅構内にあるサンドイッチ店で、団体代表者の一人と会うように言われた。彼女が到着すると、リナト・アフメトシンが出迎え、そう遠くない、二〇一六年の米大統領選挙後に、ロシアの養子縁組の状況が「変わるだろう」ことを願っている、と述べた。

このロビー団体は、マグニツキー法の拡大版が議会を何とか通過したばかりの頃に設立された。グローバル・マグニツキー法と名づけられたこの新法は、ロシアだけではなく、世界のあらゆる地域で人権侵害に関わった個人に対して、アメリカが制裁を科すことを可能にするものだ。

ヒューマンライツ・アカウンタビリティ・グローバル・イニシアチブ財団に雇われたロビイストたちは、新法案からマグニツキーの名前を削除するべく法律家を説得するようにキャピトル・ヒルに働きかけ、マグニツキー法の可決が正当化されるかどうかを検証するように働きかけていた。後日、シンプソンは議会証言で、こうしたロビー活動はあくまで新法を対象にしており、本来のマグニツキー法の効力を弱める意図はなかったものと理解していると述べた。しかし、この新法案から故人の名前を消すことは、本来のマグニツキー法や、ブラウダーが各国に同様の措置を採用させようとした努力について、疑問を投げかけることになるので、それは都合の良い発言に聞こえた。

二〇一六年春、新聞業界と言論の自由を称賛する、ワシントンDCにある報道博物館（ニュージアム）は、ロシアのドキュメンタリー映像作家の映画を近日上映すると発表した。その映画は、*The Magnitsky Case-Behind the Scenes*（『マグニツキー事件の舞台裏』）というタイトルで、ナタリア・ヴェセルニツカヤとグレン・シンプソンが広めようとしていた姿に近いビル・ブラウダーの人物像が描かれていた。

このドキュメンタリーを監督したアンドレイ・ネクラソフは、プーチンを批判した元KGBスパイのアレクサンドル・リトヴィネンコが、二〇〇六年にロンドンで放射性物質により死亡した事件を扱ったドキュメンタリーで、高い評価を得ていた。このドキュメンタリー映画では、リトヴィネンコの死について非難の矛先がロシアの指導者に向けられていた。ネクラソフは近年のインタビューで、当初はブラウダーの話に同情的だったが、事件の詳細を知るにつけ、そしてマグニツキーの死に関してロシア語で書かれた記録とブラウダーのチームが作成したその英訳版とを比較するうちに、見方が変わったと話した。「ブラウダーが真実を語っていないことを法廷で立証できる」と、ネクラソフはある記者に語った。[*6]

『マグニツキー事件の舞台裏』は、ドキュメンタリー映像と演出された再現シーンが混在する、不思議な映画だった。ヴェセルニツカヤは、ヨーロッパのいくつかの映画祭でこの映画が上映されるように手配したが、ブラウダーは、マグニツキーの家族の支援を受けて、上映を阻止した。アメリカでは、リナト・アフメトシンと、『ウォール・ストリート・ジャーナル』の記者からロビイストに転じたクリス・クーパーが、ブラウダーを出し抜いた。クーパーが、講堂を借り切って上映したいとニュージアムに申し入れたのだ。この話が決まると、シンプソンはワシントンにいる知り合いのジャーナリストに電話をかけて、映画を見てほしいと呼びかけた。この計画に気づいたブラウダーは、上映を止めようとしたが、ニュージアムの職員はそれを拒んだ。

上映は、二〇一六年六月一三日に予定されていた。しかし、その前の一週間に、グレン・シンプソン、クリストファー・スティール、ナタリア・ヴェセルニツカヤ、リナト・アフメトシンの運命を変える出来事が次々と起こった。

上映日の五日前の六月八日に、ヴェセルニツカヤはモスクワからの便でニューヨークに到着した。彼女の訪米には二つの目的があった。その翌日に、プレベゾンの件で重要な公聴会が開かれることになっていた。彼女は今回の訪米を利用してマグニツキー法の弱体化も計画していた。一方で、彼女は翌日の六月九日にトランプ・タワーでドナルド・トランプ・ジュニアと面会する予定について、彼女のもとに確認メールが届いた。到着後すぐに、

そのメールを送ってきたのは、ロシアのロックミュージシャンのエミン・アガラロフの広

報担当者である、ロブ・ゴールドストーンだった。エミンの父親のアラス・アガラロフは、不動産会社を所有するロシア人で、二〇一三年のミス・ユニバースの大会をモスクワで開催するために、ドナルド・トランプと事業提携をした人物だ。ヴェセルニツカヤはプーチンを支援するアガラロフ家に、マグニツキー法反対運動について話し、彼らの命を受けて、ゴールドストーンはドナルド・トランプ・ジュニアに接触した。ジュニアの父親なら当然味方になってくれるだろうと考えてのことだった。ヴェセルニツカヤと面会する気にさせるために、ゴールドストーンはトランプの息子にメールを送り、「ヒラリーと、彼女のロシアとの取引を有罪にする公文書と情報がある」とし、ヴェセルニツカヤは「ロシア政府の弁護士」だと伝えた。ドナルド・トランプ・ジュニアは、「その通りなら、実に素晴らしい」と返信した。彼の発言の中でも印象的なセリフの一つだ。

六月八日の夜、ヴェセルニツカヤはベーカー・ホステトラー事務所の弁護士たちと夕食をともにし、翌日の公聴会について話し合った。それには、ジョン・モスコーをプレベゾンの弁護士から外させるという、ブラウダーの最後の努力が絡んでいた。数年前、エルミタージュ・キャピタルから盗まれた金の行方を探るため、ブラウダーはモスコーを雇った。ブラウダーの話によると、その後モスコーは大きな事件に巻き込まれ、二〇一三年にモスコーがプレベゾンの弁護士として再び現れるまで、彼からの連絡はほとんどなかったという。かつてモスコーと情報を共有していたので、彼が今回プレベゾンの弁護士を務めるならば利益相反が生じると、ブラウダーは主張した。しかし、この件を担当する裁判官は、プレベゾンを訴えているのはブラウダーではなく司法省であるので、モスコーには利害関係がないとの判断を下した。

不服申立委員会はこの問題を再検討することに同意していたので、六月九日の朝、公聴会が開始された。グレン・シンプソンはこのセッションに出席するためにワシントンから駆けつけ、ヴェセルニツカヤと同じ法廷で席に着いた。夕食の席で、ベーカー・ホステトラー事務所の弁護士は、控訴は楽勝だろうと予測していた。そのうえ、事務所は超大物であるマイケル・ムケージー元司法長官を呼んで、モスコーの継続を認めるべきだと主張してもらったのだ。ヴェセルニツカヤは、自分の英語能力では公聴会ですべてを理解することはできなかったが、うまくいっていないことはすぐに察知したと言った。ムケージーの態度は傲慢で自信過剰だったと彼女は指摘し、判事たちはそうした態度に苛立っているように見えたという。「そのときから、こちらが負けるとわたしにはわかっていた」。かなりの時間がたってから、彼女はそう振り返った。「社会に出てからずっとこの仕事に打ち込んできたので、法廷でどんな言葉が話されているかに関係なく、何が起こっていて、何が起こるのか、プロとしてわかるものだ」

数か月後、委員会の裁定が下り、彼女の予言は的中した。モスコーはこの訴訟から締め出され、ヴェセルニツカヤはプレベゾンの代理人として別の米国法律事務所を探さなくてはならなくなった。[*7] しかし、六月九日には、彼女にとって一層差し迫った問題が、トランプ・タワーで待ち構えていた。シンプソンが裁判所を出た後で、彼女は〈ネロ〉へ行き、ロシアの不動産業者であるアラス・アガラロフの仕事仲間と会った。さらに、リナト・アフメトシンにも電話をかけると、その日たまたまニューヨークにいることがわかった。彼女は、〈ネロ〉で一緒に食事をと彼を誘い、トランプ・タワーでの会合について話した。

昼食後、二人は歩いてトランプ・タワーへ向かい、エレベーターで二十五階まで昇り、二重ドアを通り抜けて受付に着いた。ヴェセルニツカヤとアフメトシンは、ドナルド・トランプ・ジュニアがオフィスを構える一連のスイートルームに案内された。そこでは、トランプ・ジュニアと一緒に、義弟のジャレッド・クシュナー、そして元ロビイストで、当時はドナルド・トランプの大統領選挙を管理していたポール・マナフォートが、二人を待っていた。

面会後、ヴェセルニツカヤとドナルド・トランプ・ジュニアの感想は、ロブ・ゴールドストーンが彼らの関心と期待を煽り立て、インチキ話に乗せられたという点で一致したようだ。ドナルド・トランプ・ジュニアは、ヒラリー・クリントンのスキャンダルを期待していた。ところが、彼がヴェセルニツカヤから手に入れたのは、シンプソンがプレベゾン事件で使用するために用意した、ブラウダーのロシアでのビジネス取引に関係する、クリントンの資金提供者であるアメリカ人投資家に関するメモだった。ヴェセルニツカヤのほうは、マグニツキー法に反対するロビー活動で彼女に力を貸してくれる、トランプの弁護士と会えることを期待していた。その意に反して、彼女が手に入れたのは、トランプ大統領候補の息子は、何もわかっていない、金持ちの跡取り息子という印象だけだった。

ヴェセルニツカヤがブラウダーやマグニツキー法、ロシアとの養子縁組について説明し始めると、トランプ・ジュニアの目はうつろになり、クシュナーは部屋を出て行った。三十分もしないうちに面会は終了した。失敗に終わったのだ。


翌六月一〇日、アフメトシンとヴェセルニツカヤは列車でワシントンDCへと向かった。ニュージアムでの『マグニツキー事件の舞台裏』の上映が三日後に迫り、それに向けてロビー活動を展開しようとしていたのだ。その夜、ワシントンのレストラン〈バルセロナ〉で仲間内の夕食会が開かれた。アフメトシンとヴェセルニツカヤの二人のロシア人、グレン・シンプソンとその妻メアリー・ジャコビー、そしてベーカー・ホステトラーの弁護士マーク・シムロットという顔ぶれだった。

夕食会の終盤に、ワシントン在住のマリー・アラナとジョナサン・ヤードリーという夫婦もやって来た。二人とも作家で、以前は『ワシントン・ポスト』紙で文芸評論をしていた。アフメトシンの家のすぐ近くに住んでいたが、彼のことはほとんど知らなかったし、彼がどんな仕事をしているのかもまったく知らなかった。娘を学校へ送るためにオレンジ色の自転車の後ろに乗せて、自転車を漕ぎながら彼らに手を振るアフメトシンの姿は、よく見かけていた。彼はいつも気さくな態度で夫婦に接し、二人が海外旅行へ行くと知ると、行き先の都市のお勧めレストランを教えてくれたりした。

アラナはレストランでシンプソンの隣の席に座った。二人は、ジャーナリズムやラテンアメリカのこと、彼女が最近書いたシモン・ボリバルの伝記について話した。その後、マグニツキー法やあるドキュメンタリー映画について、ときどきポツリとコメントされたが、今思い出しても、どちらのこともさっぱり理解できなかった。帰宅後、夫と二人でなぜ自分たちが招待されたのかと不思議に思ったという。

『マグニツキー事件の舞台裏』の上映計画は進んでいた。ヴェセルニツカヤとアフメトシンは、トランプ・タワーを訪れたことを、決してシンプソンに話さなかった。シンプソンもまた、自分の秘密について、トランプ・タワーの住人に関わる秘密について、彼らに話そうとはしなかった。ドナルド・トランプに関するロシアのスキャンダルを掘り起こすために、シンプソンはクリストファー・スティールを雇ったところだったのだ。

# 第8章 グレントラージュ

**【二〇一六年、ワシントンDC】**

グレン・シンプソンは、記者たちを集めて、新聞記者時代の興味深い話を彼らに聞かせ、ジャーナリズムの賢人というイメージを打ち出したがった。ピーター・フリッチはある友人に、ビジネス・パートナーであるシンプソンがそうして話して聞かせているようすを、「**グレントラージュ**」（Glenntourage）と表現した（訳注：取り巻きに囲まれることを好むグレンのようすを表した、Glennとentourageを合わせた、フリッチによる造語）。

二〇一六年秋、シンプソンはドキュメンタリー映画制作者と記者たちの参加するカンファレンス[*1]で、自分の私立調査員の仕事について話をした。「アジェンダを持った調査――危険地帯を行く」と題したプレゼンテーションの中で、最近の事例を紹介した。中絶された胎児から採取した組織の商業的販売について、クリニックの従業員が話し合っていると思われるビデオテープが中絶反対派の活動家によって公開され、米国家族計画連盟が彼に助けを求めてきたことがあったという。

このビデオテープは、覆面市民ジャーナリストを自称する中絶反対の活動家たちが、医療組織収集会社の従業員を装い、家族計画連盟のイベントに入り込み、密かに会話を録音したものだった。テープが公開されると非難の声が湧き上がり、家族計画連盟は連邦政府から資金打ち切りの危機に直面した。

シンプソンは、ビデオ鑑定の専門家やテレビ局のプロデューサーとともに、活動家たちがテープの内容を意図的に操作したかどうかについて検証した。さらに、第三者が独自に調べられるように、編集されていないテープを公開することを中絶反対派に要求した[*2]。活動家側がこれを拒否すると、騒動は沈静化した。

「これは、調査という口実で、人心がいかに巧みに不正に操られるかという、典型的な例だ」とシンプソンは指摘した。「それは偽のジャーナリズムだった。ジャーナリストを装い、ジャーナリストとして行動しながら、ジャーナリストが決してやらないことをやっていたのだから」

自分とピーター・フリッチは、不正を糺すジャーナリストとしての仕事を続けるためにフュージョンGPSを立ち上げた、とシンプソンは聴衆に説明した。「わたしはそれをレンタル・ジャーナリズムと呼びたい、わたしたちはジャーナリスティックな方法で物事を行いたいと考えている、それは非常に効果的な方法だと思うからだ」。彼はさらに続けた。「記者になったことのない人は、自分が知っていることを活字にして発表することの苦労を理解できない。つまり、知っていることを言うだけではダメで、どうやって知ったかを伝え、それを証明しなくてはならないのだ。それが、他の分野の人たちには理解できない、調査プロセスに対する規律を課しているとも言える。……スパイには、実のところ、そうしたことはあまり必要なくなる」

今に始まったことではないが、雇われ工作員は作り話をして自己顕示欲を高めてきた。アメリカで私立探偵として最初に名声を得たアラン・ピンカートンは、ゴーストライターを雇い、英雄的で、公共心に富む、真実を追求する人物として彼を描いた本を次々と世に出した。大手タバコ会社に移る前にはウォーターゲート事件の公聴会で活躍したテリー・レンズナーは、自らを「倫理的調査官」と評した。ジュールス・クロールは、自分の会社は「善行によって業績が良くなる」とよく言っていたが、この概念は公衆衛生活動家へのスパイ行為とは相容れない。

グレン・シンプソンのモットーである「レンタル・ジャーナリズム」もきれいごとである。フュージョンGPSは、他の雇われ工作員と同じように、有力者や大企業のために働き、優位に立とうとする投資家を支援し、検察や規制当局、本物のジャーナリストに狙われている企業に力を貸すことによって、大金を稼いだのだ。

二〇一六年頃、フュージョンGPSの顧客リストの中には、詐欺で起訴された診断薬会社のセラノスや、マネーロンダリングで起訴されたロシアの不動産会社プレベゾン、ベネズエラ政府高官への贈賄容疑のあるベネズエラ企業のダーウィック・アソシエイツなどが含まれていた。また、栄養補助食品会社のハーバライフや、複数のヘッジファンドからも仕事の依頼を受けていた。

シンプソンに独自の能力があるとすれば、それは今なおジャーナリストであるという雰囲気をこともなげに漂わせていたことだった。工作員のキャリアを通して、クライアントにも記者にも、彼は自分をジャーナリストとして売り込んだ。彼は記者と社交的に付き合っており、彼とピーター・フリッチ、フュージョンGPSの別の工作員は、カリフォルニア大学ローウェル・バーグマンが運営する調査報道会議に欠かさず出席していた。シンプソンと関わりを持った記者たちは、彼を決して雇われ工作員とは見なさなかった。記者たちにとって、彼はまだ「グレン」だったのだ。

二〇一六年にシンプソンが講演した映画制作者とジャーナリストの会議は、米大統領選挙を一か月後に控えた一〇月に開かれた。シンプソンは、フュージョンGPSが政治的オポジション・リサーチ作業を行ったのかとの質問を受けた。大勢の記者に向かって話していたというのに、シンプソンは、企業幹部が記者の質問を避けようとするときにも似た対応をした。その質問を巧妙にかわしたのだ。「選挙戦の、従来の選挙戦のオポジション・リサーチのような類のものには、あまりお金はかからない」とコメントした。「時には、大きな争点のある選挙戦や、非常に大きな選挙があれば、そこでは大金が使われるが、人抵の場合、それは共食いされた、コモディティ化されたビジネスだ」

だが、フュージョンGPSにとって、二〇一六年の大統領選挙の時期は、むしろ稼ぎ時だった。シンプソンが公然と、同社はオポジション・リサーチへの関心は考慮しないと言っておきながら、クリストファー・スティールからの報告書は、彼のオフィスに次々と届いた。それよりもかなり前になるが、共和党候補者指名争いでトランプの勝利を阻止したいと考えていた共和党の大口献金者が、トランプのスキャンダルを探し出すためにフュージョンGPSを雇っていた。

その献金者とは、エリオット・マネジメントという投資ファンドを率いる億万長者の実業家、**ポール・シンガー**だった。シンガーは、大統領選挙への出馬を表明したフロリダ州選出の上院議員マルコ・ルビオを支持しており、アウトサイダー的選挙運動が盛り上がりを見せているトランプの勢いを削ごうとして、フュージョンGPSにわざわざ金を払ったのだ。シンガーからフュージョンGPSへの支払いを隠すために、おなじみの隠し芸が使われた——誰が払ったのかわからないように、仲介者を通すことで隠蔽したのだ。このときの仲介者は、シンガーが支援する保守的な非営利団体、ワシントン・フリー・ビーコン財団だった。
フュージョンGPSは以前、いわゆるハゲタカ投資を専門とするシンガーのファンド、エリオット・マネジメントのために仕事をしたことがあった。ハゲタカ投資とは、投機的な投資家が保有者からディストレスト債権を二束三文で購入し、その債権発行者に高値で買い取らせて儲けようとする手法だ。多くの場合、その発行者は政府で、エリオット・マネジメントによる最も悪名高い投資は、アルゼンチン政府が数十億ドルの債務不履行に陥った後、十年にわたってアルゼンチン政府と争ったことだ。シンガーは、アルゼンチン国債を格安で取得後、アルゼンチン政府に対して額面通り返済するよう圧力をかけようとした。また、ガーナの裁判所に対し、ガーナに停泊中のアルゼンチン海軍艦艇の差し押さえを命じるよう説き伏せ、艦艇を売却した利益を着服しようと考えた（国際機関の介入で、艦艇はガーナからの出港が許可された）。[*3]
エリオット・マネジメントも自社工作員を抱えていたが、アルゼンチン国債をめぐる争いではフュージョンGPSも利用した。二〇一三年、ちょうどアルゼンチン海軍の船が差し押さえられた頃に、記録公開請求に詳しいラッセル・カローロは、シンガーのファンドが専有できる別の資産を特定するために、米軍のアルゼンチンへの販売物に関するデータを国防総省に請求した。[*4]
時期を同じくして、フュージョンGPSは、アルゼンチン国債をめぐる争いに対して異なるアプローチを取った別のヘッジファンド[*5]について、多数の批判記事を掲載したウェブサイトを立ち上げたと、シンプソンはある記者に語った。その記者によると、国外のソフトウェア開発者が作成したウェブサイトなので、フュージョンGPSがその背後にいることを競合ファンドは決して突き止められないだろうと、シンプソンは自慢していたという。

二〇一六年の初め頃、ワシントンDCのニュージアムで反ビル・ブラウダーの映画が上映される数か月前、そこでピュリッツァー賞百周年記念の祝典が開かれた。シンプソンは、ジャーナリスト時代に一度もピュリッツァー賞を受賞したことがなく、最終候補に残ったことさえなかった。しかし、その年の一月、彼は別の種類の功績を祝っていた。ドナルド・トランプにとって不利になる記事を、報道機関に仕掛けたのだ。その記事はトランプと**ジェフリー・エプスタイン**との関係を取り上げたもので、ニュースサイトのヴァイス・ニュースに掲載された。投資家のエプスタインは性犯罪者で、二〇〇七年に司法取引の一環として、十代の少女を雇い性的マッサージをさせたことを認めていた。

他にも数十人の女性被害者が事件の再捜査を求めていたことから、この司法取引は再び話題になった。また、トランプが共和党指名候補に立候補したことで、ジャーナリストたちは彼とエプスタインの関係にも関心を寄せていた。この二人は二〇〇〇年代初めに親交を持つようになり、二人ともフロリダに家を所有し、エプスタインは、トランプがフロリダに所有するプライベート・リゾートのマー・ア・ラゴ・クラブの会員だった。

「彼は一緒にいてとても楽しい人物だ」。トランプがそう言ったと、二〇〇二年の『ニューヨーク・マガジン』誌の記事に書かれていた。「彼はわたしに負けず劣らず、美しい女性が好きらしい。その多くは若い女性だ。それは間違いない。ジェフリーはソーシャルライフを楽しんでいるよ」

シンプソンが、トランプとエプスタインのつながりをジャーナリストに売り込んでいたところ、ワシントンのジャーナリスト界に長くいる旧友で、当時フリーランスとして活動していたケン・シルバースタインが、これに関心を抱いていることを知った。シルバースタインによれば、トランプとエプスタインに関する記事を書くというアイデアは、シンプソンが持ち込んできたという。シルバースタインはさらに、フュージョンGPSから、他にも長年にわたり記事のネタを得てきたと述べた。シルバースタインは、『ニューヨーク・タイムズ』がフュージョンと組んでいることは知っている」とし、「フュージョンは多くの大手メディアと仕事をしている。……わたしはフュージョンとは素晴らしい関係を築いている」と語った。[*6]

トランプが共和党の大統領候補者指名争いに加わってから、フュージョンGPSが最初のうちに行った調査の多くは、トランプの複雑な金融・商取引だった。ラッセル・カローロは、連邦取引委員会、労働安全衛生局、その他連邦機関に対し、トランプの事業に関する文書を求めて、次々と記録請求をした。また、ニュージャージー州の司法長官には、トランプがアトランティック・シティで経営していたカジノについて、情報を問い合わせた。

カローロはまた、トランプの亡父で不動産開発業者だったフレッド・トランプの記録をFBIに要求したり、トランプが過去数十年の間に関わった、問題の多い人物の資料を司法当局に問い合わせるなどした。たとえば、一九八八年にニュージャージー州アトランティック・シティで開催されたレッスルマニアでトランプと一緒に写真に写る、**ロバート・リブッティ**は、その中の一人だ。彼はマフィアだといわれている。他には、トランプの友人のウィリアム・フガジーがいる。彼は実業家で、破産事件で偽証したとして有罪判決を受け、ビル・クリントン大統領から恩赦を受けた。

二〇一六年初めになり、トランプが共和党の有力な大統領候補として浮上してくると、記者たちの間で彼に対する注目が高まった。同年三月、シンプソンの旧友で当時はYahoo!で働いていたマイケル・イシコフが、ロバート・リブッティについて記事にした。[*7] リブッティはトランプのカジノで何百万ドルもギャンブルに費やし、トランプのヘリコプターでアトランティック・シティへ飛び、トランプのヨットでパーティーをしたという、リブッティの娘の発言を紹介した。トランプは、リブッティとの関係について質問されると、胡散臭い人物とのつながりについて聞かれたときに散々繰り返したことと同じような返答をした。「どんな顔をしているのか知らないので、もし目の前に立っていてもわからないだろう」

二〇一六年の春頃には、フュージョンGPSは記者に配布しようと、トランプとロシアや東欧での彼の商取引について、一連のオポジション・リサーチのレポートを作成していた。トランプが所有する非上場会社のトランプ・オーガニゼーションは、かなり前に不動産建設から手を引いており、ホテルやオフィス複合施設にトランプの名を冠したい開発業者に、名前をライセンスすることで利益を得ていた。その目的のために、トランプと、成人した三人の子どもたち――ドナルド・トランプ・ジュニア、エリック、イヴァンカ――は、東欧や中南米、カナダで積極的にライセンス契約を推し進めていた。しかも、そうしたプロジェクトに関わるビジネス・パートナー候補たちは、オリガルヒや汚職が疑われる人物であることが多かったが、トランプ・オーガニゼーションは彼らの詳細な事前調査を行っていないようだった。

また、トランプは何十年もの間、モスクワにトランプ・タワーを建てることを夢見ていた。一九九〇年代半ばには、当時の妻マーラ・メイプルズとともにモスクワを訪れ、トランプ・ブランドのマンションを建設するという事業案を宣伝した。ある記事など、「ドナルド・トランプの計画通りに事が運べば――大抵そうなるのだが――彼はヨシフ・スターリン以来初めてモスクワの高層ビルに自分の名を冠した、大物開発者となるだろう」と言い切った。[*8]ところが、事はうまく運ばなかった。プロジェクトにウラジーミル・プーチンの支持を得るための作戦の一環として、二〇一三年にミス・ユニバースをモスクワで開催したときのことだ。そのイベントの前にトランプはこうツイートしている。「一一月のミス・ユニバースにプーチンは来るだろうか――そうしたら、彼はわたしの新たな親友になるだろう」

フュージョンGPSが記者に配布した、トランプの海外活動についてのオポジション・リサーチのレポートは、通常四ページから六ページほどだった。その内容は、新聞記事や研究論文など一般に公開されている資料から集めた、合法的に入手できる情報や資料をつなぎ合わせて物語にし、推測を加味したものだった。

「ロシアにおけるトランプ」というタイトルのあるレポートでは、「トランプとロシアの関係は一九八〇年代にさかのぼる」という内容が強調され、「プーチンにとって好ましい、ロシア政治に関するトランプの発言」が並べ上げられていた。「ジョージアにおけるトランプ」というレポートもあった。また別のレポートには、「トランプ・ソーホーのトランプのビジネス・パートナー」という見出しが付けられていた。トランプ・ソーホーとは、ロウアー・マンハッタンに建てられたホテル兼マンションである。

だが、グレン・シンプソンにとっては、二〇一六年六月にポール・マナフォートがドナルド・トランプの選挙対策本部長に選ばれたことは記念すべき出来事だった。シンプソンは、マナフォートがウクライナ指導者のためにロビー活動をしていた頃から、彼の情報を集めていた。そして、多くのジャーナリストと同様に、この政治工作員のことを腐敗した卑劣漢だと考えていた。シンプソンは、トランプ陣営を取材する記者たちがマナフォートに目を向けるように仕向け、フュージョンGPSはマナフォートに関し、少なくとも二本のレポートを作成した。そのうちの一本は、確証がない主張や噂が混じったまとまりのない内容で、編集者の手を煩わせるような代物だった。

「現在進行中の米国選挙と同時に、マナフォートはリヒテンシュタインでのマネーロンダリング捜査に介入していると言われている」と、あるメモに書かれていた。「政府の調査を受けて、マナフォートと彼の代理人数名は捜査官に嫌がらせの手紙を送った。調査の対象がマナフォートなのか、彼のウクライナやロシアのクライアントなのかは不明である。この調査は、マナフォートが十年近く顧問を務めたウクライナのヤヌコービッチ元大統領の資金を凍結するという、宙に浮いたままになっているリヒテンシュタインの命令に端を発しているのかもしれない。これは、失脚したヤヌコービッチのためにマナフォートがロビー活動を続ける可能性を示唆するものであり、もしかすると、彼がウクライナ国家から得た資産の不法な所持に直接関わっていることを意味するかもしれない」

二〇一六年四月、グレン・シンプソンとピーター・フリッチは、法律事務所パーキンス・クイのワシントン・オフィスで、弁護士と打ち合わせをしていた。その頃には、ドナルド・

トランプがヒラリー・クリントンの対抗馬になることは明らかで、フュージョンGPSのオポジション・リサーチに資金提供していたハゲタカ投資家のポール・シンガーは、すでに手を引いていた。シンプソンとフリッチと面会していた弁護士マーク・エリアスは、民主党全国委員会と、ヒラリー・クリントンの二〇一六年大統領選挙戦の両方の仕事をしていた。

そして、シンプソンとフリッチが共著 *Crime in Progress* で述べているように、彼らはトランプに関する、とくに彼のロシアでの活動に関するオポジション・リサーチの資料を引き続き集めたいと、エリアスに告げたのだ。彼らの売り込みはエリアスの琴線に触れた。ヒラリー・クリントンがオバマ政権で国務長官を務めていたとき、ウラジーミル・プーチンに対して敵対的な立場を取っていた。トランプとロシア政府を結ぶ情報なら、彼女に有利な材料になるかもしれない。

グレン・シンプソンは、ヒラリー・クリントンもその夫も好きではなかった。しかし、ドナルド・トランプとなると、話はまた違った。不動産開発業者トランプの長年のキャリアを追ってきた多くの記者と同様に、彼もトランプは詐欺師であり、根っからの大嘘つきで、目立ちたがり屋で虚言癖の持ち主だと見なしていた。悪意のある人たちが、究極の「あらさがし」番組を制作するとしたら、トランプとシンプソンを出演させるより他にないだろう。二人の相性はバッチリだ。トランプは陰謀論に傾倒していた。シンプソンもそうだった。ジャーナリスト時代、編集者たちは事実に忠実であれとシンプソンに課した。そして、民間工作員として過ごした期間の大半で、彼は企業文書や、公的機関への提出書類、訴訟の開示資料など、具体的な証拠を拠り所にしていた。シンプソンは、すべてを正しく理解していたわけではなかったかもしれないが、少なくとも、彼が集めていた情報は文書の形だった。

ところが、今やシンプソンは、暗がりの世界へと足を踏み入れていた。それは、ジャーナリストであれ工作員であれ、情報源を信頼しなくてはならない場所だった。文書が存在しないので、言われた内容を確認することが難しいからだ。それは「インテリジェンス」の領域であり、ジャーナリズムでも民間のスパイビジネスでも、物事が実にうまくいかないことが、幾度となく繰り返される場所だった。

グレン・シンプソンは、自分はロシアの専門家だと考えたがっていた。ロシアのオリガルヒに関する膨大な記事や本を読み、現地で活動した工作員や専門家に話を聞き、ロシアのマフィアのトップや犯罪組織の名前をいくつも挙げることができた。だが、その情報はすべてまた聞きだった。ロシア語は話せないし、モスクワに滞在したこともないし、現地に情報源はない。新たに引き受けたクリントン陣営の仕事には、もっと現場に近い人物が、たとえばクリストファー・スティールのような人物が必要だったのだ。

二〇一六年五月、シンプソンはロンドンへと飛び、ヒースロー空港のレストランでスティールと会った。二人は昔から、たまに一緒に仕事をしていた。彼らの会社はどちらも小さく、海外にオフィスを構える余裕がなかったので、シンプソンがイギリスで仕事をする必要があるときはスティールを利用し、スティールもアメリカで仕事をする必要があるときは、シンプソンを利用することがあった。

二人が知り合って以来、スティールの身には公私ともにいろいろなことが起こっていた。彼が民間諜報員としてのキャリアをスタートさせたばかりの頃、長い間肝硬変を患っていた最初の妻が亡くなった。彼はやがて再婚したが、当面の間は、三人の子どもを持つシングルファーザーとして、家庭と新会社オービス・ビジネス・インテリジェンスの経営を両立しなくてはならない時期があった。

オービスの評判は上々だった。しかし、ロンドンの調査業界の中では零細企業で、ロシア関連の問題に対処する際に、弁護士や企業が真っ先に依頼する企業情報会社ではなかった。彼らが最初に依頼するのは、ハクルートという会社だった。二〇〇〇年代初頭に、ドキュメンタリー映画制作者を装った工作員をグリーンピースに潜入させた会社だ。ハクルートは、MI６を辞めた職員の落ち着き先として人気があり、スティールならば、自ら起業するよりも、ハクルートで民間諜報員として働くほうが、はるかに多くの金を稼ぐことができただろう。

スティールは同業者から、ロシアや東欧のオリガルヒや犯罪集団に詳しい人物と見られていた。しかし、彼には盲点があった。彼と一緒に仕事をしていたある工作員は、スティールは企業構造や複雑な金融取引について理解が深いとはいえない、という印象を受けたという。これ以外にも、トランプとロシアに関する文書の中で、彼のいくつかの欠点が浮かび上がることになった。

この、いわゆるスティール文書が公開されると、報道機関はクリストファー・スティールを、調査員としてはさておき、商業的利益を顧みずに、ロシアが西側にもたらす脅威に警告を発する、稀代の雇われスパイとして描くようになった。スティールがウラジーミル・プーチンを嫌悪していたことは間違いなく、それはもっともな理由によるものだった。それでも、その他のほとんどの点においては、スティールも雇われスパイの一人にすぎなかった。競合する同業者と同様に、彼は元政府関係者であることを売り物にし、オリガルヒのために働き、ロンドンの同業者と同じような案件で生計を立てていた。

たとえば、スティールは二〇一三年に、ジャーナリストで工作員のマーク・ホリングスワースとともに、カザフ・トリオが所有する鉱山会社ＥＮＲＣに関わる仕事をした。すると、ホリングスワースはスティールに、ＥＮＲＣと、インターナショナル・ミネラル・リソース（ＩＭＲ）という、トリオが関連するまた別の企業の大量の文書にアクセスできる情報筋と話したことを告げた。

1. 彼は、ＥＮＲＣやＩＭＲ、関連企業や個人のさまざまな問題に関係する、電子メールをはじめとする数千点の文書の、「データ置き場」と呼ばれるものがあることを確認した。また、今年の六月時点でのＥＮＲＣとＩＭＲ間の内部のやり取りと議論のデータを見たことを確認した。彼はそのデータのコピーを持っていない。ロシアの情報源（その情報源は過去十二年間アメリカに住んでいるが、国籍はロシア）が持っていると言った。彼のロシアの情報提供者は、何点かのサンプル文書を提供することはやぶさかではないが、アーカイブ全体へアクセスするには、かなりの手数料が必要になるだろう。[＊9]

クリストファー・スティールは何年もの間、オレグ・デリパスカの代理人を務めるロンドンの弁護士[＊10]から依頼された仕事をしていた。デリパスカはロシアのアルミニウム王で、グレン・シンプソンが報道で頻繁に取り上げていた人物の一人だった。そして、偶然とはいえ、スティールの任務の一つは、ポール・マナフォートの資産を探り当て、デリパスカがマナフォートに対して起こした訴訟でデリパスカが有利な判決を勝ち取った場合に、マナフォートの資産を差し押さえることであった。[＊11]

この争いの発端となったのは、二〇〇〇年代半ば、マナフォートがプーチンの盟友であるウクライナ大統領の顧問を務めていた際に、デリパスカとマナフォートが交わしたビジネス上の取引であった。デリパスカは、マナフォートとそのパートナーが東欧での企業買収に利用する投資ファンドへ出資することに同意していた。その十年後、マナフォートとそのパートナーたちは一件の企業買収も行っておらず、自分が出資した千八百九十万ドルは使徒不明になっているとして、デリパスカは彼らを告訴した。

私立調査員にとって、資産調査は一般的な仕事だった。クリストファー・スティールは長年にわたり、デリパスカのためにそれ以上のことにも手を尽くした。デリパスカには、長い間抱えている大きな懸案事項があった。ロシアの組織犯罪との関係が疑われることから、米国務省はデリパスカを犯罪者リストに入れており、米国のビジネスビザを取得することができなかったのだ。

二〇〇七年、グレン・シンプソンは妻のメアリー・ジャコビーと共同執筆した『ウォール・ストリート・ジャーナル』紙の記事で、デリパスカがビザ取得を解禁してもらうために大物ロビイストを雇ったことについて詳しく取り上げた。しかし、そのロビー活動は功を奏さず、デリパスカはすぐに別の策を試みた。二〇一〇年、彼は見返りとしてビザを取得できることを期待して、イランで行方不明になっていた米国人私立捜査官ロバート・レヴィンソンの行方について、FBIの捜索に協力することに同意したが、捜査は暗礁に乗り上げた。

やがてスティールは、デリパスカのビザ探求の動きに巻き込まれた。二〇一五年、スティールは友人で米司法省のロシア専門家であるブルース・オーから、デリパスカに興味があるという連絡を受けた。オーはスティールに、米国政府はウラジーミル・プーチンの監視を強化するためにロシアのオリガルヒを情報提供者として起用しようとしており、ビザ取得を目指して以前FBIに協力していたデリパスカはその候補者になるのではないかと伝えた[*12]。スティールは、デリパスカのロンドンの弁護士に連絡を取り、面会を設定した。元スパイのスティールにとって、FBIとオリガルヒの仲介役を務めることは、それほど珍しいことではなかった。スティールは本業の傍ら、副業として二〇一三年からFBIの秘密の情報源を務めていたのだ。

この関係は、スティールがFBIに情報を提供してから数年後に始まった。FBIは後にその情報を、サッカーの国際競技連盟FIFAの贈収賄の捜査に用いた。スティールはやがて、ヨーロッパ駐在のFBI捜査官**マイク・ゲイタ**と親しくなり、彼に情報を提供するようになった。

二〇一三年頃、ゲイタはスティールの協力に対して報酬を払うべきだと判断し、スティールを有償の情報提供者とする正式な契約を結んだ。スティールは、FBI捜査官とオリガルヒやその弁護士との面会を仲介する役割を担った。FBIはオリガルヒから情報を得ようとし、一方でオリガルヒがその見返りを求めていたことは間違いない。

デリパスカとブルース・オーの面会は、うまくいかなかった[*13]。オーは、アメリカはプーチン政権とロシア組織犯罪の関係を詳しく把握したいと考えていると説明した。デリパスカはビザを欲しがっていた。だが、彼がどれくらいリスクを取るつもりなのかについては、周囲の誰かが見誤ったようだ。自分の知る限り、クレムリンとロシア・マフィアの間には何のつながりもない、とデリパスカは告げた。

第9章

# 放尿テープ

【二〇一六年、モスクワ】

ドナルド・トランプとロシアとのつながりに関してクリストファー・スティールが最初にまとめたレポートは、トランプとウラジーミル・プーチン政権との関わり合いとされるものを、壮大なスケールで、かつ細部に至るまではっきりと描き出したとして、彼が手掛けた文書の中でも傑作として残ることになる。

ヒースロー空港でスティールと会ったグレン・シンプソンは、彼に任務の全容を説明した。それは、二〇一六年の米大統領選挙にロシア政府が介入した可能性について情報を集め、トランプやそのスタッフがロシアとビジネスや金銭的なつながりがあるかどうかを判断することだった。当初、シンプソンとスティールはこれを一時的任務として行うことで合意しており、スティールは一か月の仕事の報酬として約三万ドルを受け取ったとされる。ところが、スティールが六月に最初の報告書をフュージョンGPSへ送ると、シンプソンとピーター・フリッチはさらなる情報を要求した。

その報告書には、「米国大統領選挙――共和党候補者ドナルド・トランプのロシアでの活動とクレムリンとの好ましからぬ関係」というタイトルが付けられていた。彼の情報筋による話として、クレムリンは以前からトランプに不動産取引を持ちかけ、有用な人物として迎え入れようとしていたと、スティールは報告した。そして今、ロシア政府はこの共和党の大統領候補とその陣営に、民主党の対立候補であるヒラリー・クリントンに対して使える、さらにうまみのある、とびきりの政治的「オポジション・リサーチ」を与えている、というのだ。「彼とその側近は、クレムリンから事あるごとに情報を受け取っており、その中には民主党の対抗馬やその他政治的ライバルに関するものもある」

さらに、KGBの後継機関であるFSB（ロシア連邦保安庁）は、トランプが以前モスクワを訪問した際の性的な悪ふざけを認識しており、トランプが協力に応じない場合、彼らはそれを「コンプロマート」（訳注：特定の人物の信用失墜を狙った情報のこと）として利用する用意がある、とも書かれていた。「FSBはモスクワでのトランプの行状について、彼を脅迫するに足る弱みを握っていると、ロシア情報局の元最高幹部は主張している」という。「内部に精通した複数の情報筋によると、モスクワでの彼の行動には倒錯的性行為が含まれており、性行為の機会はFSBによって手配され監視されていた」

スティールはこの報告書で、民間諜報員時代の最大の功績として後々まで語られるかもしれない、「放尿テープ」の話を披露したのだ。後日、オービス・ビジネス・インテリジェンスのパートナーであるクリストファー・バローズは、これについて疑問を投げかけた。トランプが売春婦を呼んで、モスクワのザ・リッツカールトン・ホテルでバラク・オバマが使用したベッドに放尿させたとされる話をスティールが伝えたのは、果たして賢明だったのか、と。しかし、スティールは、自分の仕事は情報を「選り好み」することではなく、収集したすべての情報を伝えることなのだから、その話を含めたのだと主張した。

複数の人がこの出来事を知っていると言っていたので、これはモスクワで広く知られている話だとスティールは考えた。報告書では、情報提供者やその情報源を名指しせずに、スパイの世界でよく使われるコードネームで、彼の場合はアルファベットで呼ぶという方法が取られていた。

スティールは、「情報源D」がその出来事が起こったときにザ・リッツカールトン・ホテルに「いた」とし、さらに「情報源E」と「情報源F」の二人が、直接または間接的にこれが起こったことを確認した、と報告していた。ロシア諜報機関もこの「黄金のシャワー」の場面をビデオテープに収めていたという情報を、スティールは聞いたという。「ホテルはFSBの管理下にあり、全部屋にマイクと隠しカメラが設置され、彼らが望めば何でも記録できることは周知の事実だった」

クリストファー・スティールと同様に記者たちも、二〇一六年の大統領選挙に向けて、モスクワでの性的逸脱行為に関する噂も含めて、ドナルド・トランプの過去を洗っていた。その一人が、『ウォール・ストリート・ジャーナル』紙の経験豊富な海外特派員で、ロシアに二十年駐在していたアラン・カリソンだった。無愛想でハッキリと物を言うカリソンは、現在同紙のワシントン支局を拠点としているが、取材のためにロシアや東欧へ赴くことが多かった。

二〇一六年五月、トランプの記事の取材のためにモスクワ入りしたカリソンは、数十年前にトランプが現地でのホテル開発を計画した際に関わった、アメリカ出身の実業家を調べ始めた。その人物は**デイヴィッド・ジオバニス**といい、[*1]すでにロシア国籍を取得しており、トランプがモスクワを訪問した際にはフィクサーを務め、彼好みの若いスラブ系女性を手配したという噂があった。ジオバニスの全身写真には、タキシードを着た彼が、ほとんど服を着ていない挑発的なポーズを取る三人の女性の前で、勝ち誇ったように立つ姿で写ったものもあった。

カリソンとグレン・シンプソンは、シンプソンが『ウォール・ストリート・ジャーナル』紙の記者をしていた頃からの知り合いで、ジオバニスに興味があることをカリソンはシンプソンに話していた。カリソンは、他にジオバニスを調べている記者がいるとは思っていなかった。やがて他の記者の足音がカリソンの耳に聞こえてくるようになった。自分がジオバニスに関心を抱いていることを、シンプソンかフリッチがよそに漏らしているのではないかと疑ったカリソンは、彼らにもう何も話さないことにした。

二〇一六年の夏を迎える頃には、グレン・シンプソンとピーター・フリッチは複数のジャーナリストと会い、大統領選挙に関わるゲームに参加していることを知らせるようになっていた。彼らは長年築いてきたコネを活かし、トップから接触を始めた。同年七月、ヒラリー・クリントンを大統領選挙の党候補者に正式指名する民主党全国大会がフィラデルフィアで開催されると、シンプソンとフリッチは現地に赴き、『ニューヨーク・タイムズ』紙の編集長ディーン・バケイと調査プロジェクト部門を統括するマット・パーディに会った。

シンプソンたちは、トランプとロシアとのつながりや、ポール・マナフォート、その他トランプ関係者の情報を山ほど持っており、『ニューヨーク・タイムズ』の記者に情報提供を惜しまないと伝えた。同じ頃、シンプソンとフリッチはニューヨークで、『ニューヨーカー』誌の編集者デイヴィッド・レムニックやロイター通信社の編集者とも会った。シンプソンとフリッチはこうした編集者たちに、クリストファー・スティールやその文書については何も話さなかった。ただ、その頃にはスティールから報告書を受け取るようになっていたので、その情報の一部を報道機関に吹き込もうとしていた。

彼らが最初に吹き込もうとした情報には、トランプ陣営のアドバイザーで、**カーター・ペイジ**というあまり知られていない人物が含まれていた。二〇一六年、大統領候補者はそうした識者を側近に置くものだと気づいたドナルド・トランプは、三流の投資銀行家でエネルギー・コンサルタントであるペイジを、急きょ編成した外交政策顧問の一員に任命した。長身痩躯で、トレードマークのバケットハットを被ったペイジは、すぐにジャーナリストの注目を集めるようになった。

というのも、彼は以前ロシアで働いていたことがあり、ロシア政府に科された経済制裁の取り下げを支援していたからだ。民主党全国大会の直前、スティールはペイジに関する七月一九日付の報告書を、フュージョンGPSに送った。「ロシア――トランプ大統領の顧問カーター・ペイジがモスクワで出席したクレムリンの秘密会議」というタイトルだった。ペイジが最近モスクワを訪れた際に、プーチンの側近でロシア国営石油会社のトップであるイーゴリ・セチンと会い、セチンに対する制裁の解除について話し合っていたと、スティールの報告書にはあった。スティールはまた、ペイジとクレムリン高官イゴール・ディヴィエキンとの会合についても言及していた。その会合でペイジは、ロシア政府はヒラリー・クリントンとトランプの両方の「コンプロマート」を握っており、トランプは「ロシアとの取引においてそれを念頭に置く」べきだと言われたという。

二〇一六年七月二六日、スティールの報告書がフュージョンGPSに届いてから数日後、ペイジは『ウォール・ストリート・ジャーナル』の記者**ダミアン・パレッタ**[*2]からショートメッセージを受け取った。同僚記者たちがペイジのモスクワ出張を聞きつけたので、その詳細の一部について質問し、コメントをいただきたいという内容だった。「誠実なお人柄は常々素晴らしいと思っています、率直に言いますと、弊社の記者が入手したいくつかの点についてお尋ねしたいのです」とパレッタはメッセージに書いた。そして、スティールがフュージョンGPSに送った情報を正確に反映した質問をペイジに投げかけた。

パレッタは、ペイジがモスクワでセチンと会い、米国の制裁措置の解除について話し合ったことを認めるかと尋ねた。また、ロシア政府高官のイゴール・ディヴィエキンが、クリントンとトランプに関する「コンプロマート」をロシア政府が握っていると、ペイジに話したかどうかについても尋ねた。

「助言したのですか？　考えを述べたのですか？」とパレッタは尋ねた。

ペイジはパレッタの質問に、何のことかわからないという反応を見せた。「ディヴィエキンだって？　その名前を検索してみたが何も出てこなかった」。ペイジはまた、コンプロマートがあるという疑惑と、クレムリンの内部関係者と制裁解除について話し合ったという話は、中傷じみていると言った。「どちらも、ノーコメントも当然の馬鹿げた考えだ」とペイジは返事を書き送った。

スティールの報告書がバズフィードに掲載されると、ペイジはパレッタの質問が、『ウォール・ストリート・ジャーナル』紙の元記者で現在はフュージョンGPSにいる人物から渡されたものだということに気づいた。「あの中傷的な情報は、フュージョンGPSの元同僚@WSJから与えられたものなのだろう」と、ペイジはツイッターでパレッタに問いただした。パレッタはこれに答えなかった。

クリストファー・スティールによれば、フュージョンGPSに送ったトランプおよびロシア関連のレポートの情報はすべて、オービス・ビジネス・インテリジェンスが以前から使っていた、ロシア国内に信頼できる情報ネットワークを持つ有力な情報提供者によって集められたものだという。スティールはその人物を「情報収集屋（コレクター）」と呼んでいた。スティールはその名前を決して明かさなかったが、「これまで一緒に仕事をした中で群を抜いて優秀な人物の一人」であり、「米国諜報機関と法執行機関に知られている人物」である。スティールがそう言っていたと、グレン・シンプソンとピーター・フリッチは著書に書いている。「西側への貢献によって勲章を受けるに値する、驚くべき軌跡をたどった素晴らしい人物だ」とスティールは絶賛していたという。

スティールはフュージョンGPSに、彼の情報収集屋が使う情報源たちの名前や詳細を含む手掛かりを提供していた。シンプソンとフリッチは著書の中で、「それによって、報告書の衝撃的なホテルのシーンについて、七つもの情報源が、時にはその名前も明らかになった」とした。「また、その他の多くの情報源と、政権やプーチンに近い高官との関係も詳細に記されていた。それには政府内外の人物の名前が書かれており目を見張った」

二〇一六年の夏、ダミアン・パレッタがカーター・ペイジに連絡してから間もなくのこと、グレン・シンプソンはABCニュースの放送記者ブライアン・ロスの同僚に電話をかけて、トランプ・オーガニゼーションに近いと主張する自称不動産ブローカーについて、記事にするよう促した。その数か月前、**セルゲイ・ミリアン**というこのブローカーは、ロシアのRIAニュースに対し、トランプがフロリダに所有する不動産をロシア人に売却する独占販売権を有していると話した。また、トランプがスラブ系の若い女性が好みだということを知っているとも話した。

トランプの顧問弁護士**マイケル・コーエン**はこれを否定したが、トランプのロシアとの関係を探るジャーナリストたちは、すぐさまミリアンに注目した。シンプソンはロスとABCニュースの記者に、このブローカーがロシア・アメリカ商工会議所という正体がよくわからない業界団体を立ち上げたこと、旧ソ連のベラルーシからアメリカに移住後、シャルヘイ・ククツからセルゲイ・ミリアンに改名したことを話した。そこで、シンプソンはたたみかけた。ミリアンがロシアの工作員だという疑惑があるので、ABCニュースは早く動く必要があると告げたのだ。「ミリアンはスパイなので、出国するつもりだろう、と彼は言ったんだ」。ロスは後日そう振り返った。

他のジャーナリストと同様に、ロスも二〇一六年の半ばには、クリストファー・スティールとその文書について何も知らなかった。また、シンプソンとスティールがミリアンとチームを組んでいたことも知らなかった。RIAニュースの記事が出た後、スティールはひそかに情報収集屋を派遣し、不動産取引の可能性を話し合いたいと偽り、ミリアンに近づいた。[＊3]一方シンプソンは、ロスが放送番組で、トランプと関係のあるロシアの工作員であるとミリアンに認めさせることを期待していたようだ。

ABCニュースから打診されたミリアンは、ロスのインタビューに応じることにした。まず、多くのロシア人にトランプの物件を購入させた話や、トランプの女性の好みなどについて、自由に話してもらった。その後ロスは本題に入った。「ロシアの諜報機関と何らかの関わりがありますか？」。ミリアンは少しニヤリとしながら、「とんでもない」と答えた。ロスは言葉を変えて同じことを問いかけた。「あなたはロシアのスパイではないとおっしゃるのですか」。ミリアンはモスクワとのつながりを依然として否定した。

ABCニュースはそのインタビューをすぐには放送しなかったが、二〇一六年秋になると、多くの報道機関がミリアンに関するニュースを取り上げた。数年後、スティールは訴訟で、二〇一六年に『フィナンシャル・タイムズ』紙に掲載されたミリアンについての記事を執筆した**キャサリン・ベルトン**は、彼の「友人」だと証言したが、彼女に情報を漏らしてはいないと証言した。[＊4]だが、グレン・シンプソンもベルトンの友人であり、彼女が書いたミリアンについての記事が掲載された直後、彼女はシンプソンのために便宜を図っていたのだ。二〇一六年の秋、ベルトンはドイツ銀行の元幹部の息子であるヴァル・ブルックシュミットから、同行が罪に問われる可能性のある文書を売りたいと持ちかけられた。彼女はその息子に、興味を持ちそうな人物を知っていると話した。

すぐに、ブルックシュミットのもとにシンプソンから電話がかかってきた。[＊5] ベルトンはシンプソンのことを、トランプとドイツ銀行のオポジション・リサーチをしている「本当に素晴らしい人物」だと、ブルックシュミットに説明していた。シンプソンはブルックシュミットに約四千ドルを払い、カリブ海への航空運賃も負担した。シンプソンとフュージョンGPSの工作員もやはりカリブ海へ飛び、ブルックシュミットから買った、ドナルド・トランプの主要な借入先であるドイツ銀行に関する文書を確認した。

大統領選挙を数か月後に控えた二〇一六年の秋、選ばれたジャーナリストたちが、ワシントンDCの小さなホテル、タバード・インに到着した。ホワイトハウスから徒歩二十分のこのホテルは、首都にある他のホテルとはまったく違った趣を醸し出していた。部屋は狭く、古めかしく年季の入った家具が置かれていた。この地区ではおそらくエレベーターのない唯一のホテルである。そうした点はさておいても、タバードは洒落ていて、慣習にとらわれずに自由を愛する人たちを惹きつけてやまないところがあった。ジャーナリストたちと、彼らがそれまで名前も聞いたことのない人物、クリストファー・スティールとの対面の場として、シンプソンはこのホテルを選んだ。

その頃にはもう、トランプに不利な内容を含む文書についての噂が流れていた。スティール、シンプソン、ピーター・フリッチの三人が、このスティールの報告書にもっと注意を払うようにと、FBIやその他米国政府関係者に何か月も働きかけていた。七月に入り、スティールは、トランプ陣営とロシアとのつながりに関して入手した情報に危機感を募らせた。そこで、ともに支局の情報源として務めを果たしていた欧州のFBI捜査官マイク・ゲイタに連絡を取り、フュージョンGPSに送っていたレポートを渡すようになったのだ。

FBIが関心を示さないようなので、シンプソンとフリッチはメディアへの攻勢を強めることにした。タバード・インでの会合は、二〇一六年の九月と一〇月、スティールがワシントンDCを訪れたときに行われた。シンプソンは参加するジャーナリストたちを選別していた。その大半は、彼の友人や元同僚、あるいは過去にネタを売り込んだ相手だった。彼らは、ロシアよりも政治や国家安全保障報道を専門とするジャーナリストたちで、必然的に、モスクワよりもワシントンの策謀のほうに精通していた。

招待したジャーナリストの中には、シンプソンの旧友でYahoo!に勤務するマイケル・イシコフ、シンプソンが在籍していた頃は『ウォール・ストリート・ジャーナル』紙におり、現在は『ニューヨーカー』誌でライターをしているジェーン・メイヤー、ABCニュースのワシントン支局の記者マシュー・モスクなどがいた。『ニューヨーク・タイムズ』紙の記者エリック・リヒトブラウとデビッド・サンガーも、CNNの記者も、タバードでスティールと会った。ワシントンDCに滞在中、スティールは『ワシントン・ポスト』紙のオフィスへ行き記者たちと話をしたが、ある会議室に通されたときに不満を述べたらしい。後日、同紙に掲載された記事によると、彼は、「ガラス張りではない会議室はないのか」と尋ねたという。[*6]

タバードで開かれたスティールのセッションは、次々と行われる各メディアのインタビューにスターが耐えるという新作映画の宣伝のような趣向だった。競合他社と鉢合わせしないように、各報道機関にはホテルへの到着時間がそれぞれ指定されていた。待合室には飲食物がふんだんに用意されていた。シンプソンが決めたルールのもと、面会は「オフレコ」で行われた。つまり、その後の承認がない限り、ジャーナリストたちはスティールと会ったことや、彼が話したことを公表できないのだ。

シンプソンが進行役を務め、毎回同じような手はずで面談を始めた。まずスティールを紹介し、元英国情報部員でモスクワなどに駐在して、その後、民間工作員としてFBIと手を組み、FIFA贈賄事件の真相を暴いたと、そのキャリアを説明した。

それから、スティールが話を引き継いだ。シンプソンがトランプとロシアとの関わりについて記者たちに語るときは、まるで熱に浮かされた人のような口ぶりだった。それに対して、スティールは冷静で、控えめで、プロフェッショナルだった。彼は、自分の報告書には予備情報、つまりスパイや工作員が「**生の情報**」と呼ぶ、噂や伝聞、ゴシップの類が含まれており、それが真実かどうかを判断するためには裏づけが必要だと記者たちに語った。だが、自分が発見したことのどれもが、トランプとそのスタッフ、ロシア政府が、二〇一六年の大統領選挙を不正に操作しようとする多岐にわたる複雑な陰謀に関与していることを示すものだ、と断固として訴えた。「彼はトランプを、洗脳された裏切り者のようだと表現した」と、セッションに参加したある記者は振り返った。

タバード・インでクリストファー・スティールと会ったジャーナリストの中には、彼の言うとおりだと思った者もいた。二〇一六年の選挙戦が始まって以来、トランプはウラジーミル・プーチン大統領が彼を支配していることを示すような、顔色をうかがうような追従的態度を取っていた。また、トランプ陣営とロシア政府の共謀を示すとおぼしき数々の証拠もあるように思えた。たとえば、二〇一六年秋には、内部告発サイトのウィキリークスは、クリントン陣営のメールをハッキングして次々と公表し、ロシアの工作員たちはソーシャルメディア・ボットを使い、アメリカの有権者の気持ちをトランプのほうへ動かそうとする作戦を展開していた。

だが、トランプ陣営がクレムリンと共謀していると信じることと、それを証明することとは、まったく別のことだ。タバード・インでスティールと会った記者たちにとって、次にどんな行動を取るべきか決めることは、大問題だった。彼らがたとえスティールを信じたとしても、彼には言ったことを自力で裏づける術はないように思われた。記者たちは彼の情報源が誰なのかを知らなかった。MI6時代に築いた人脈にちがいないと思ったジャーナリストもいた。それは大きな間違いであることが、後に判明した。

タバード・インでの面会後、参加したジャーナリストによって書かれた記事は一件だけだった。それは、Yahoo! のマイケル・イシコフが執筆した、エネルギー・コンサルタントでトランプの外交政策顧問であるカーター・ペイジについての記事だった。[＊7]「米情報当局がトランプ顧問とクレムリンの関係を調査」という見出しで、ペイジの写真が添えられていた。「米情報当局は、ドナルド・トランプが外交政策顧問の一人として指名した米国人実業家が、ロシア高官と私信を交わしたかどうかを確認しようとしている――これには、共和党候補が大統領になった場合の経済制裁解除についての話も含まれる」とイシコフは報じた。

ワシントンDCでジャーナリストたちと面会したうえに、クリストファー・スティールは国務省へ出向き、自分の報告書に基づいて行動するよう当局に働きかけた。国務省への訪問は、かつてクロール社の工作員が詐欺師アレン・スタンフォードの依頼で標的にした弁護士、ジョナサン・ワイナーによって手配された。

ワイナーはマネーロンダリングを専門としており、どちらの党が政権を握るかによるが、公共政策にアドバイスを行うこともあるワシントン・インサイダーだった。ワイナーは民主党支持者で、ブッシュ政権時代に彼が所属していた法律事務所は、投資家のビル・ブラウダーやオリガルヒのオレグ・デリパスカなどのクライアントのためにロビー活動を行っていた。ワイナーとスティールはその時期に知り合いになり、互いにビジネスヒントを伝えたとされる。[＊8] その後、二〇一三年にワイナーが米国務省の特使に指名されると、彼はスティールの国務省での連絡役となった。彼はその後三年にわたり、オービス・ビジネス・インテリジェンスが個人顧客向けに作成した百本以上の報告書を、国務省の同僚に配った。CIA顧問として働いていたワイナーは、グレン・シンプソンやワシントンDCのジャーナリストと親しかった。スティールの文書を調べている記者たちが彼に電話をかけると、ワイナーはスティールの身分を保証した。

二〇一六年秋、ワイナーは、スティールがキャスリーン・キャヴァレックという国務省の職員と会うお膳立てをした。彼女と会ったとき、スティールはフュージョンGPSのために行った調査領域と、同社が大統領選投票日までに彼の調査結果を公表しようとしていることについて説明した。クレムリンがトランプ陣営上層部と共謀しており、クレムリンには放尿テープというトランプに対する「コンプロマート」があると、キャヴァレックに話したという。「スティールは、売春婦に関する話は確かだと言った。彼らの情報源が、それを確かめたホテルの連絡係と話したからだ」と、キャヴァレックは面会時にメモを取った。
さらに、スティールはカーター・ペイジとセルゲイ・ミリアンについても話し、自分がフュージョンGPSのために取り組んでいる別の話題も持ち出した。彼の情報源によると、アルファ銀行――十年前、デリジェンスはその銀行のためにバハマでジェームズ・ボンド風の悪ふざけをした――が所有するコンピューター・サーバーが、米国内のトランプ・オーガニゼーションと提携するコンピューター・サーバーと、密かに通信しているようだ。彼はキャヴァレックにそう警告したという。彼女はサーバーに関するスティールの発言をメモに取った。同時期に、グレン・シンプソンと民主党の弁護士が、トランプに「一〇月の奇襲」を仕掛けようとして、同じ話をジャーナリストに猛烈に売り込んでいたことを、彼女は知らなかった。

国務省での面会と前後して、スティールはロシアのオリガルヒであるオレグ・デリパスカの利益を追求するためにも時間を割いた。二〇一六年の初め、スティールは米司法省のブルース・オーにメールを送り、デリパスカはクレムリンの「指導者の道具」ではないと主張したが、この見解は米政府のデリパスカに対する評価とは大きく食い違っていた。数か月後、今度はデリパスカの所有する企業のことで、スティールは再びオーに連絡した。二〇一六年よりも前に、マナフォートが選挙アドバイザーを務めた親プーチン派のウクライナ大統領が失脚し、新政府は、デリパスカの会社がウクライナ国内に所有するアルミニウム製錬所を国有化すると言ってきた。デリパスカのロンドンの弁護士から、米当局者がウクライナの動きを支持しないように、こうした展開を米当局者に警戒させるようにしてほしいと依頼されたと、スティールはオーに語った。デリパスカの弁護士は「ウクライナは、ビジネス上のゴタゴタを政治問題化しており、彼らに同情的な他国の政府を取り込もうとするかもしれない」と考えている、とスティールはメールに書いた。[*9]「弁護士がクライアントの利益と評判を守りたいと考えるのは当然だ」

投票日が近づき、ドナルド・トランプをはじめとする誰もが、ヒラリー・クリントンが次期大統領になるものと思っていた。ところが、投票日まであと一週間余りになって、FBIの**ジェームズ・コミー**長官が介入してきた。彼は議会に書簡を送り、クリントンが国務長官時代に個人のサーバーを公務に使用して政府機密を不適切に扱っていたという疑惑について、捜査を再開すると発表したのだ。

その数か月前に、コミーはその捜査を終了していた。彼はクリントンの行動を批判しながらも、不正行為を犯したとして罪に問うことはなかった。トランプはクリントンを叩くためにその捜査を利用していたが、選挙の土壇場になって、コミーはその棍棒を再びトランプに渡したのだ。
シンプソンとスティールは、文書の情報公開にますます必死になった。あるジャーナリストのもとに、深夜、シンプソンから電話がかかってきた。おそらく酔っているか泥酔していたのだろう、興奮した声だった。ニューヨークまで飛行機で行って文書のコピーを渡してもいいが、その前に一つ約束してほしい、とシンプソンから言われたという。「もしこれを見せたら、それを絶対に記事にするという約束が必要だ」、と。
シンプソンは別の作戦にも打って出た。彼は、『マザー・ジョーンズ』誌のワシントン支局長**デイヴィッド・コーン**による、クリストファー・スティールへのインタビューをお膳立てしたのだ。シンプソンはタバード・インにはコーンを呼ばなかったが、フュージョンGPSのオフィスに来てもらい、スティールのレポートをチェックしてから、スカイプで彼にインタビューする時間を設けた。司法省のブルース・オーはメモに、シンプソンはコーンのインタビューを、文書の宣伝のための「一か八かの試み」だと言っていた、と書き留めた。[*10]
コーンは、記事でスティールの名前を明かすことは認められないと言われていた。しかし、スティールが話したことは何でも「バックグラウンド」の形態で扱ってよい、ということで合意した。つまり、スティールのコメントを、匿名の「西側の元諜報部員」あるいは「元スパイ」のコメントとして紹介してもよいということだ。コーンの記事は、コミーがクリントンの捜査再開を決定した数日後に発表された。[*11]そこには、シンプソンとスティールが喉から手が出るほど欲しかった見出しがついていた。「経験豊富なスパイ、ドナルド・トランプとの関係を深めようとするロシアの作戦について、FBIに情報提供する」

その「元スパイ」、つまりスティールはコーンに、「トランプ陣営とクレムリンの間に、双方の利益となる情報交換のチャネルが築かれていた」と語った、と記事には書かれていた。記事では、スティールがフュージョンGPSに送ったメモの一言一句そのまま引用されているが、シンプソンの会社の名前は明らかにされていない。会社名ではなく、政治的オポジション・リサーチに関わる企業情報会社と表記されていた。

コーンは、スティールがフュージョンGPSに提出した最初の報告書から、ロシア政府が「少なくとも五年にわたりトランプと関係を深め、支持し、援助してきた」という重大な一節を引用した。自分がまとめた報告書をFBIが調査しているとする、名前が伏せられた「元スパイ」のスティールの発言が、記事で言及されていた。「かなり本格的な調査が行われていた、あるいは行われていることは、きわめて明白だ」

この記事が『マザー・ジョーンズ』誌に掲載されると、FBI当局はすぐに記事に登場する「元スパイ」がスティールであることに気づいた。FBIはスティールに連絡を取り、彼が契約の要となる内容に違反したとして、彼との関係を断った。つまり、FBIの捜査について メディアに話さないという約束のことだ。FBI当局は、彼がそれまでの数か月間メディアに話していた事実を知らなかったのだが、『マザー・ジョーンズ』誌の記事は、彼だとはっきりわかる内容だったので、さすがに見逃すことはなかった。

二〇一三年からスティールのハンドラーを務めていたFBI捜査官のマイク・ゲイタは、スティールの行動にショックを受けたと証言した。ゲイタはこの元スパイのことを、プロに徹し、特定政党とは無関係で、偏っている点といえば反露感情だけだと長年思っていたという。だが、スティールになぜ『マザー・ジョーンズ』誌に話したのか尋ねたとき、その見方は変わったとゲイタは語った。FBIがヒラリー・クリントンの調査を再開するとコミーが決断したことに怒りを覚えたと、スティールは答えた。「プロにふさわしくない回答に唖然とした」とゲイタは述べた。[*12]

スティールのほうは、FBIと仕事をしている間メディアに話さないことに関して同意していないと主張し、FBIが契約したのは彼個人ではなく、彼の会社であるオービス・ビジネス・インテリジェンスとであると指摘した。[*13] それは、信念に駆り立てられた英雄というよりも官僚の説明のように聞こえた。

二〇一六年の選挙戦が終盤を迎えた頃、グレン・シンプソンや他の工作員たちは、**アルファ銀行**に関する記事を書くよう記者たちに迫った。ロシアのハッカーがクリントン陣営のサーバーに侵入してから、クレムリンとつながりのある工作員が、広範囲にわたるサイバー攻撃を選挙に仕掛けているという疑いがすぐに浮上した。コンピューターの専門家がトラフィックのデータベースを調べたところ、奇妙なことに気づいた。アルファ銀行が所有するコンピューター・サーバーが、トランプ・オーガニゼーションと関係のあるサーバーに絶えず「ピング」、つまり電子的な接続を試みていたのだ。何が起こっているのか定かではなかったが、コンピューター間に膨大なリーチアウトが見られたので、コンピューター専門家は、クリントン陣営の法律事務所パーキンス・クイに所属する、サイバーセキュリティが専門の弁護士に伝えて注意を促した。

クリストファー・スティールは法廷証言で、アルファ銀行とトランプのサーバー間の「ピング」疑惑のことは、二〇一六年八月のミーティングで、グレン・シンプソンとパーキンス・クイの弁護士マイケル・サスマンから聞いたと述べた。そして、アルファ銀行を支配する三人のオリガルヒ[*14]とクレムリンとの間に何らかのつながりがないか情報を集めるようにと、シンプソンから具体的な指示を受けたと、スティールは証言した。

アルファ銀行の「ピング」の話がジャーナリストの耳に入り始めたのは、スティールが八月にシンプソンとサスマンに会った直後のことだった。タバード・インでスティールと会った『ニューヨーク・タイムズ』紙記者のエリック・リヒトブラウは、この「ピング」について知る専門家を紹介すると、九月にある弁護士から持ちかけられた。国家安全保障を専門とする記者であるリヒトブラウは、その弁護士の名前を決して明かさなかった。その後しばらくたってから、この話を最初に持ちかけられたとき、グレン・シンプソンは「ピング」の話を知らなかったと思う、とリヒトブラウは語った。しかし、シンプソンがスティールとミーティングを持ったタイミングを考えると、シンプソンが舞台裏で糸を引いていた可能性が高いと思われる。

アルファ銀行の件を追い始めたエリック・リヒトブラウはすぐに、サーバー間で密かに通信が行われていると考えるようになった。『ニューヨーク・タイムズ』紙の他のスタッフは彼よりも懐疑的だった。リヒトブラウと一緒に仕事をすることになった元モスクワ特派員のスティーブン・リー・マイヤーズ記者や、同紙のディーン・バケイ編集長は、サーバーの件をどう理解すればいいのか戸惑っていた。

一方、『ニューヨーク・タイムズ』紙に記事が掲載されることを当てにして、クリントン陣営上層部は、トランプとアルファ銀行のつながりを取り上げたビデオを作成し、記事が掲載されたらSNSで発表する手はずを整えたと伝えられている。[*15] ところが、一〇月末近くなっても記事が掲載されなかったので、シンプソンはどうやら別のところに持ち込んだようだ。オンラインメディアのインターセプトが報じたところによると、[*16] 同社を含めて『ワシントン・ポスト』紙やニュースサイトのヴァイス・ニュースなどの数社がアルファ銀行の話を持ちかけられたが、見送ったということだった。

結局、オンラインマガジンのスレート誌の記者がこの話に乗った。フランクリン・フォアという記者が、アルファ銀行の件について記事を書き、二〇一六年の大統領選挙投票日の一週間ほど前に公開された。記事には「トランプのサーバーはロシアと通信していたのか?」という見出しが付けられていた。数日後、フォアは、この記事に対する反論をすべて反映させた続報を書くことを余儀なくされた。反論の中には、二つのサーバー間の「ピング」は不正の証拠などではなく、デジタルのホワイトノイズだと主張するコンピューター専門家のコメントなどもあった。その後、『ニューヨーク・タイムズ』紙がようやく「ピング」記事を発表したが、[*17] それは、シンプソンやヒラリー・クリントン陣営が期待していたような内容ではなかった。見出しには「FBIの捜査は、ドナルド・トランプとロシアの間に明確な結びつきはないと見る」とあった。

この見出しは――その後大いに嘲笑されることになるが――記事の内容を正確に表していない。記事の最後のほうでは、連邦捜査官はトランプ陣営とロシアとの共謀の可能性を調査中で、ポール・マナフォートも調査対象であると報じているのだ。だが、記事では、トランプ・オーガニゼーションとアルファ銀行のサーバー間の「ピング」は、誤作動やマーケティング用スパムのランダム交換を反映したものだと確信しているというFBI当局者の発言が紹介され、企業側の立場に立っていた。

シンプソンは激怒した。彼は『ニューヨーク・タイムズ』紙の記者数人に電話をかけ、この記事は「唾棄すべきもの」だと告げた。同紙の記者たちがこの話を台無しにしたとシンプソンから言われたことを、そして、シンプソンから言われた別の言葉についても、スティーブン・リー・マイヤーズは数年後に振り返ることになった。選挙の結果がどうなろうと、自社の収益には影響しない、とシンプソンは言ったのだ。マイヤーズによれば、「『どっちに転んでも報酬はもらえる』と彼は言っていた」という。

ドナルド・トランプがヒラリー・クリントンを破ったのはロシア政府の支援のおかげだと、多くのジャーナリストが信じているかもしれない。そういう結論を下したくもなる。トランプは一般投票で敗れており、ペンシルベニアやミシガンといった伝統的に民主党が強い州での彼の勝率は僅差だった。そのため、勝利を決定づけたのは、ヒラリー・クリントンの候補者としての欠点やオバマ政権の政策に対するブルーカラー有権者の疲労感ではなく、外国の干渉によるものだという考えに引きつけられる人もいた。

ロシアの干渉がもしあったとするならば、それがトランプの勝利にどれほど大きな役割を果たしたのか、それを知る術は実際にはない。ただし、一つだけ明らかになったことがある。グレン・シンプソン、ピーター・フリッチ、クリストファー・スティールの三人には、仕掛けないことにした「**一〇月の奇襲**」があったのだ。

『ニューヨーク・タイムズ』紙のエリック・リヒトブラウは、アルファ銀行に関する報道が行われている最中に、ドナルド・トランプの側近に対して防諜調査が開始されたことを知った。しかし、彼も他のジャーナリストたちも、その調査対象は知らなかったし、どのような内容かについては、まったく気づいていなかった。気づいていたとしたら、記事にはおそらく次のような見出しが付けられただろう。「FBI、クリストファー・スティールと面会し、捜査協力を要請する」。二〇一六年一〇月、FBIの監督官と捜査官のチームはローマでスティールと会い、トランプ陣営のスタッフ何人かがロシアとの関係を疑われる件について、同年の夏に極秘防諜調査が開始されたことを話した。このFBIの捜査は「クロスファイヤー・ハリケーン」と名づけられた。

世間がこの調査の存在を知ったのは、大統領選挙から四か月が過ぎた、二〇一七年三月だった。しかし、これはその九か月前に、トランプ陣営の顧問であるジョージ・パパドプロスが他国の外交官に対し、クレムリンがクリントン陣営のメールをハッキングしていると、不用意なコメントを漏らしたことが発端だった。

FBIのチームがローマでスティールと会ったとき、捜査はトランプ陣営の他の三人にも及んでいた。カーター・ペイジ、ポール・マナフォート、そして、トランプ大統領に国家安全保障問題担当大統領補佐官に任命されて短期間就任した、退役将官のマイケル・フリンである。[＊18] スティールがフュージョンGPSへ送ったトランプとロシアに関するメモを読んだFBI当局は、その信頼性を評価するために彼の情報源とコンタクトを取らせてほしいと、スティールを説得することにした。

ＦＢＩはスティールに、捜査協力の報酬として「かなりの額」を払うと申し出た。しかし、スティールは乗り気ではないようだった。ミーティング中、スティールは腕組みをして座っており、そのボディランゲージから、彼の「扱いは難しいだろう」と察せられたと、ＦＢＩ当局者は指摘した。彼はまた、フュージョンGPSとのこれまでの関係や、情報提供者の安全への懸念を挙げて、情報源についてあまり多くの情報をＦＢＩに提供したがらなかった。

「おそらく、わたしが（ロシアの）ホテルに戻り、その場にいた売春婦についてマネージャーに話してもらうことはできるだろう」と彼はＦＢＩに言ったとされている。ＦＢＩ捜査官たちと話す間に彼が長々と説明した人物は、不動産ブローカーのセルゲイ・ミリアンだけだったようだ。自分の見たところでは、ミリアンは「自慢好き」で「エゴイスト」で「話に尾ひれを付けたがる」人物だと、スティールは述べた。

司法省の説明によれば、スティールとＦＢＩ当局は、この会合で合意した内容について、まったく異なる解釈をしていた。だが、その違いは問題ではなくなった。ローマでの会合の数週間後、ジェームズ・コミーＦＢＩ長官は、ヒラリー・クリントンのメール問題の再捜査を発表し、それが、スティールが『マザー・ジョーンズ』誌の記者に話をするきっかけとなり、それによってＦＢＩはスティールとの関係を終わらせる決定を下したからだ。

シンプソンとフリッチは、スティールのローマでの会合を知っていたか、彼らもスティールもそのことをメディアには話さなかった。二〇一六年の選挙後、クリントン陣営のある幹部は、ＦＢＩがドナルド・トランプを調査していることを事前に知っていたら、「そのことを世間に言いふらしていただろう！」と『ニューヨーカー』誌のジェーン・メイヤーに語った。シンプソンとフリッチは共著の中で、ＦＢＩとスティールの会合について公表しないことにしたのは、民主党のクライアントがそれをジャーナリストに知らせて、ＦＢＩの捜査を台無しにしてしまうのではないかと懸念してのことだった、と書いている。

「ヒラリー陣営の工作員がＦＢＩのトランプ陣営捜査の可能性を嗅ぎつけたら、マスコミにリークしようとする誘惑に勝てないかもしれないと、シンプソンとフリッチは判断した」と共著にある。

ロシアによるボットの影響と同じように、ドナルド・トランプの側近に対する司法省の捜査のニュースが有権者にどのような影響を与えることになったのか、知ることは不可能だ。だが、スティールのローマでの会合を公表しないというシンプソンとフリッチの決断は、注目に値する。トランプなら、ヒラリー・クリントンに同様の調査が入ったという情報を入手すれば、ためらいもなく公表したことだろう。いくつかの州で僅差の勝利で決まったこのときの大統領選挙で、スティールとＦＢＩの会合を伏せた彼らの決断は、**オポジション・リサーチ史上、最大の失敗**として記憶されるかもしれない。

# 第10章

# 発覚、エピソード1

【二〇一六年、オタワ】

二〇一六年、クリストファー・スティールがタバード・インでジャーナリストたちと会っていた頃、お笑い番組の元プロデューサーで民間スパイとなったロブ・ムーアは、アンジェラズ・ベッド&ブレックファストという、環境に配慮したオタワの小さなロッジに滞在していた。ムーアはそれまで一週間カナダに滞在し、アスベスト産業の悪事を暴くために制作したいと考えているドキュメンタリー映画について、ジャーナリストや政治家、労働組合幹部と話をし、アスベスト対策慈善事業の資金調達先を探しているところだった。

ムーアがK2インテリジェンスの秘密工作員として、ローリー・カザン＝アレンが率いる活動家のネットワークに潜入してから、もう四年の月日がたっていた。その間に、彼は多くの公衆衛生擁護者と会い、世界各地で多数の会議に出席した。彼が民間スパイだなどと疑う者はいなかったし、今後も疑われることはないと思われた。

アスベスト訴訟問題は、K2インテリジェンスに多大な利益を生み出していた。おそらくそのせいで、ムーアのハンドラーであるマッテオ・ビガッツィは、ムーアが自分をだましていたことに気づかなかったのかもしれない。自分には新しい役割が必要だと、今度はK2インテリジェンスがターゲットとしている活動家のような役割が必要だと、ムーアは考えていた。さらにいうならば、ムーアは自分自身を、アスベスト業界だけではなく、企業情報業界が守っている秘密も暴露する、内部告発者と見なしていたのだ。

だが、ムーアは、新しいキャリアをスタートさせるまでは、金になる工作員としてのキャリアを手放したくなかった。ムーアは友人であるロンドンの映画監督とともに、諜報員としての自らの体験を題材にした二つの映画制作の企画を、ロンドンのプロデューサーに持ちかけていた。その一つは、アスベスト産業を真っ向から暴露する映画で、もう一つは、ムーアが出演し、民間スパイとしての正体を明かす、衝撃的な内容の映画である。ムーアがK2インテリジェンスの工作員として公衆衛生会議に出席するまでの活動を追い、彼が企業スパイで内部告発者であることをカメラの前で自ら暴露するのだ。しかし、それまでのところ、買い手はまだついていなかった。

カナダに渡る少し前、もう一つの逃げ道の可能性がムーアの視界に入った。それは、K2インテリジェンスを通過する道だった。二〇一五年の後半に、K2インテリジェンスのある幹部が、石油業界のクライアントが関わる新規案件を担当する気はないかと、彼に打診してきた。その幹部から、オランダのシェルとイタリアのエニという大手エネルギー会社二社が、ナイジェリアの掘削権獲得のために政府高官に賄賂を贈ったかどうかについて、数か国の検察が捜査していると説明された、と後日ムーアは語った。[*1]

汚職防止団体のグローバル・ウィットネスが、賄賂と思われる証拠を最初に発見し、現在は検察当局と協力してこの案件を進めているという。K2インテリジェンスのその幹部から、捜査の動向を知るために、調査報道記者に扮してグローバル・ウィットネスに潜入する気はないかと、ムーアは意向を聞かれた。

その後すぐに、ムーアはロンドンの裁判所で、このナイジェリアの案件に関連する審理を傍聴した。それが終わると、ムーアはグローバル・ウィットネスの職員に近づき、自分はジャーナリストで映画制作者だと自己紹介した。「貴団体がご興味を示されそうな話がありま す。それは実は二つあるのですが、誰に話したらいいか、ご意見をお伺いできれば幸いで す」と、ムーアはフォローアップのメールを送った。

ロブ・ムーアは、グローバル・ウィットネスが企業や政治の腐敗について情報を握る内部告発者の協力を得て活動していることを承知していた。彼はこれにひねりをきかせた構想を企てた。ムーアは、K2インテリジェンスからグローバル・ウィットネスをスパイするように依頼されていることを同団体に明かして、K2インテリジェンスの依頼主が彼に探ってほしいことについて同団体に知らせる、二重スパイとして働くことを提案しようというのだ。

ムーアは友人たちと、この計画のメリットとデメリットを何週間もかけて話し合った。リスクが高すぎる、グローバル・ウィットネスが彼の身元を他言しない保証はない、と言う友人もいた。しかし、民間工作員としての生活は、ムーアに大きな精神的負担をかけていた。数年前にテレビの仕事を失ったときに、彼は神経衰弱に陥った。その後二〇一三年に、K2インテリジェンスの仕事を始めて間もなく、ひどい頭痛が起きるようになり入院した。脳腫瘍の検査を受けたが、医師の診断の結果、ストレスによる群発頭痛であることが判明した。

一緒に暮らしていた女性からは、K2インテリジェンスの仕事を辞めたほうがいいと勧められた。ムーアは、K2インテリジェンスのアスベスト案件のクライアントは、ハンドラーのマッテオ・ビガッツィが言っていた「アメリカの投資家」ではなく、シンガポールに拠点を置く**クスト・グループ**という、カザフのオリガルヒが支配する、無名に近い投資会社だと考えるようになっていた。[*2]

ロブ・ムーアは不安に襲われるようにもなっていた。二〇一六年の春、彼はハノイを訪れ、公衆衛生当局と地元のジャーナリストの会議で講演を行った。ベトナムはアスベスト禁止を検討している東南アジア諸国の一つであり、会議に出席すれば今後もジャーナリストとして偽装を続けていくうえで役立つと、ムーアはマッテオ・ビガッツィを説得して旅費を出してもらった。

ムーアはこの会議で、内部告発者の役割を試してみた。彼がハノイで行った講演の中に、「公衆衛生を守るジャーナリストの義務」というタイトルのものがあった。その義務として、ムーアは「権力者に真実を語ること」「腐敗行為に異議を唱えること」などをパワーポイントのスライドで指摘した。また、最近ベトナムを訪問した際にクリソタイルアスベストの危険性を軽視する発言をした、業界から資金援助を受けている科学者たちを非難した。さらに、クスト・グループ会長のエルキン・タチシェフとその関係者の写真をスライドで紹介した。

その二日後、ムーアの携帯電話が鳴り、「ZAD」という発信者の名前が表示された。マッテオ・ビガッツィのコードネームだ。「一体どうなってるんだ！」と、このK2インテリジェンスの幹部は電話の向こうで叫んだ。「アスベスト業界がひどい攻撃を受けたと聞いてるぞ」

ムーアはたちまち現実に引き戻された。彼は、即興で演じたのだと答えた。ハノイの会議でクスト・グループについて講演する予定だったアメリカのアスベスト専門家が出席を取りやめざるをえず、代わりに講演した、とビガッツィに説明した。この説明で、ビガッツィの怒りは収まったようだが、ムーアにこう忠告した。活動家のふりをするのはかまわないが、それにも限度というものがある。「業界の腐敗については話してもらいたくないもんだな、自分の身を危険にさらすことになるぞ」と、ムーアはビガッツィから言われたという。

その晩、ムーアがAirbnbで借りて滞在しているハノイのアパートの部屋を誰かがノックした。ムーアはその住所を同棲している彼女には教えたが、他の誰にも、ビガッツィにさえも教えていなかった。ドアの覗き穴から外を見ると、廊下には誰もいないようだった。誰かいるのかと聞いたが応答はなかった。誰もいない。彼はパニックになり、アスベスト産業から送り込まれたゴロツキが外に潜んでいて、自分を殴ろうとしているのではないか、それ以上にひどい目に遭わせようとして待ちかまえているのではないかと思った。そのアパートの部屋は三階だったが、バスルームの窓から外を見ると、隣の建物の屋上がさほど離れていないところにあった。そこに飛び移ってから、どうにかこうにか地面に降りて、原付バイクを盗んでジェイソン・ボーンばりの逃走劇を演じるところを、頭に思い描いた。

彼はAirbnbのホストに電話をかけたが、誰も出なかったので、留守番電話にメッセージを残した。それから二時間、彼はノートパソコンにあるクストに関する文書を必死に削除したり、事前に作成しておいた暗号化されたメールアカウントへその文書を送ったりした。Airbnbのホストからようやく折り返しの電話がかかってきたとき、ムーアのジェイソン・ボーンもどきの妄想は、『Mr. ビーン』の一場面へと転じた。ホストによれば、彼の部屋を訪れたのはアパートのメイドだという。彼女は背が低いのでドアの覗き穴から姿が見えず、ムーアが声をかけたときには恥ずかしがって返事をしなかったというのだ。

ロブ・ムーアはベトナムから帰国して間もなく、ビクトリア様式の荘厳で巨大な駅舎で知られる、ロンドンのセント・パンクラス駅へと向かった。グローバル・ウィットネスの創設者**サイモン・テイラー**が、駅舎内のレストランで彼を待っていた。テイラーは六十代前半でがっしりとした体格をしていた。グローバル・ウィットネスの大規模案件を、これまで数多く監督してきた人物だ。グローバル・ウィットネスがある賞を受賞したとき、テイラーは自分の経験を二〇〇五年公開の映画『シリアナ』で描かれた出来事になぞらえた。この映画では、ジョージ・クルーニー演じる、中東で活動していたCIA工作員が、はびこる腐敗に巻き込まれる。「この映画を観るのは、わたしにとってシュールな体験だった。この映画に登場するような人々と実際に会い、調査したことがあるからだ」とテイラーは語っている。[*3]

自己紹介してから、ムーアはK2インテリジェンスでの請負人としての役割と、反アスベスト擁護派を数年にわたりスパイしていたことをテイラーに話した。ムーアは、彼らがこの秘密を知ったらショックを受けるのはわかっているとしながらも、アスベスト産業について取り上げるドキュメンタリー映画が出来上がり次第、自分の正体を明かすつもりだと力を込めて言った。そうなれば、ローリー・カザン＝アレンとその仲間たちは、彼が最初から味方だったことを理解してくれるにちがいない、とも。

「彼らとは、三年から四年も一緒に仕事をしてきました。わたしのことを気にかけ、信頼してくれているので、わたしの陰の行動を知るのは難しかったはずです。わたしがこんなことをできたのは、これが今後どうなるのかがわかっているからこそです」

彼はそれから、グローバル・ウィットネスへの潜入というK2インテリジェンスでの新たな任務について、テイラーに話した。そして、依頼主の正体は知らないが、自分はこの任務に疑念を抱いており、二重スパイとして働きたいと自分を売り込んだ。「望むだけ情報を提供します。あらゆることを共有します」

ムーアはカバンから取り出した一冊の本をテイラーに渡した。それは、*Agent Zigzag*（『ナチが愛した二重スパイ――英国諜報員「ジグザグ」の戦争』ベン・マッキンタイアー著、白水社、二〇〇九年）という本で、[*4] エディ・チャップマンというイギリスの小悪党が、第二次世界大戦中にナチスからスパイとしての訓練を受けたが、その後翻ってイギリス情報部の二重スパイになったという実話である。

「これは驚くような話です」。ムーアは続けた。「今わたしがお話している内容と、基本的に同じです」

さらに、グローバル・ウィットネスがこの提案に関心があるならば、保証していただきたいことがある、とムーアはテイラーに告げた。K2インテリジェンスが裏切りを知ったら、彼と彼の家族を破滅させる恐れがあるので、まず何よりも、自分の正体を伏せたままにする必要がある。また、グローバル・ウィットネスに入り込んだとK2インテリジェンスとクライアントに納得させるためには、彼がK2インテリジェンスに報告できるように、賄賂調査に関する情報をテイラーたちから提供してもらう必要がある。「この仕事を続けてきて本当に良かったと思います、目的を見つけた気がします」。ムーアはそう告げた。

テイラーは、ムーアの提案に興味を示したが、仲間たちと話し合う必要があると答えた。だが、ムーアの正体があばかれることは決して望まないと、テイラーは明言した。「それにはまったく関心がない。結果としてそうなる可能性があるのならば、むしろ何もしないほうがいいと思う」とテイラーは説明した。

ロブ・ムーアは、カナダへ出発する少し前に、サイモン・テイラーから返事を受け取った。テイラーによると、グローバル・ウィットネスの上層部は、ムーアの提案を進めるかどうか数週間かけて議論したが、潜在的な利益よりもリスクのほうが上回ると、最終的に判断したという。彼らは何より、ムーアが三重スパイになって、グローバル・ウィットネスの活動をK2インテリジェンスに逐次報告する一方で、グローバル・ウィットネスには撒き餌となるような無益な情報しか与えないのではないかと懸念していた。

もう一つ、より差し迫った問題があるとテイラーは述べていた。反アスベスト団体は当然ながらグローバル・ウィットネスの味方なので、ムーアの潜入捜査を秘密にしておくならば、グローバル・ウィットネス自体もその策略の当事者となるという、擁護しがたい状況に追い込まれる。「何よりも優先すべきは、貴殿がだましたすべての人にその役割を知らせるべく必要な措置を取ることが望ましいと、当方は切に考えております」とテイラーは書いてよこした。[*5]「それには、今をおいて他にないのではないでしょうか」

ムーアにとって、テイラーのメールは、ムーアとのやり取りが明るみに出たときに備えて、グローバル・ウィットネスが「隠蔽工作」として慎重に作成した文書に思えた。彼はそれを真剣に受け止めなかった。また、告白のタイミングや状況を設定するのは自分のほうであり、アスベスト産業を告発するドキュメンタリー映画制作の企画が通るまでは、そのような告白をするつもりはなかった。

ムーアはテイラーに返事を書き、グローバル・ウィットネスが、アスベスト告発のドキュメンタリーが完成するまで彼の正体を明かさないという約束を果たしてくれることを期待すると伝えた。「家族の安全とわたし自身の安全、そして現在進行中の報道企画の成功のためには、貴団体が先の約束を確実に履行していただくことが不可欠です」[*6]

アンジェラズ・ベッド&ブレックファストに滞在中に、ロブ・ムーアは、反アスベストの慈善事業立ち上げで一緒に活動していたロンドンの活動家に電話をかけることにした。ところが、その人物は電話に出てムーアの声を聞くと、すぐに電話を切ろうとした。「今は話せないんだ、ロブ。きみはK2とかいうエージェントのために働いていると聞いたよ」

ムーアは、グローバル・ウィットネスが秘密をばらしたことにすぐに気づいた。[*7] 彼は、K2インテリジェンスから報酬をもらっていることは認めたが、自分の目的はアスベスト産業の内幕を暴露することだと言い張った。「説明するよ。……話を聞いてくれないか」と頼んだが、相手はもう電話を切ると言った。「今は話せない。ロブ、状況は良くないようだよ」

ムーアは、ロンドンにいる映画監督の友人に、秘密がばれたことを知らせた。その監督は、グローバル・ウィットネスについてグーグルで検索し、この腐敗防止団体の原告弁護団は、ロンドンのリー・デイという大手法律事務所だとムーアに伝えた。ムーアは携帯電話を落としそうになった。彼は最近、リー・デイの弁護士二人を、自らが計画中の反アスベスト慈善団体の理事に招いていたのだ。

こうなったら、ほとんどの人はベッドにもぐり込み、頭まで毛布を被って寝込むことだろう。ムーアはまだ、事態を収拾できると確信していた。北米出張の一環として、彼はワシントンDCへ行き、公衆衛生活動家と国際調査報道ジャーナリスト連合（ICIJ）と連携する記者に会う予定があった。[*8] この連合はかつて、アスベストの世界的取引に関して記者たちと協力して取材に当たり、二〇一〇年に画期的な報告書を作成したことがあった。

だが、ムーアとK2インテリジェンスとの関係は、結束の固い反アスベスト活動家たちのコミュニティにすぐに広まった。彼は、ワシントン近郊の労働衛生専門家の家に滞在する予定だったが、その専門家に電話したところ、滞在を拒否された。それでも、ムーアは記者と会うためにとにかく首都ワシントンへ飛んだ。この記者も、ムーアのスパイ活動についてやはり情報を得ていた。記者は、ムーアが東南アジアのアスベスト産業について伝えたい情報をどんなことでも聞くと同意したが、その内容の理解には四苦八苦していた。

ロンドンへのフライトのために一度カナダへ戻ったムーアのもとに、リー・デイの弁護士から、ローリー・カザン＝アレンと反アスベスト派の数人が、ムーアに対して訴訟を起こす予定だと告げるメールが届いた。ムーアが彼らの団体に潜入したために盗まれた個人情報に対して、損害賠償金を求めるということだった。ムーアは体調を崩した。飛行機に搭乗する少し前に、マッテオ・ビガッツィから電話がかかってきて、海外出張中にどんな情報を入手したのかと聞かれた。ムーアはグローバル・ウィットネスや、訴訟を起こされることについては触れずに、偏頭痛がするので近日中に報告書を送るとビガッツィに伝えた。

飛行機がロンドンに到着したとき、ムーアは精神的にまいっていた。知り合いのタクシー運転手にヒースロー空港に迎えに来てもらい、自宅に送る前に寄ってもらいたいところがあると頼んだ。「友だちの家へ行ってくれないか。そいつは精神安定剤（バリアム）を持ってるはずなんだ」

ロブ・ムーアの人生はあっという間に転落し、厄介な訴訟に巻き込まれた。イギリスに帰国してから、ムーアは訴訟を回避するためにあらゆる手を尽くした。活動家の代理人であるリー・デイ法律事務所の弁護士に、互いのメールを「収納しておく」ために作成した、benthiczonesolutions.comというアカウントで交換したメッセージも含めて、マッテオ・ビガッツィとのやり取りをすべて提供すると申し出た。死刑囚の執行猶予を勝ち取ったことで知られるイギリス人弁護士もムーアを支援し、リー・デイ法律事務所に身を引かせようとした。

リー・デイ法律事務所は関心を示さず、ムーアはすぐにロンドンの王立裁判所の巨大な建物に足を踏み入れることになった。アーチ型の広大な通路を進んで行くとカフェがあり、そこで弁護士二人と会った。その日の朝、彼は安定剤を飲まないことにした。裁判官から話しかけられた場合に備えて、気を張り詰めたままでいたいと思ったのだ。それでも、審理が始まると、思考が麻痺したように感じられ、法廷で繰り広げられる目の前の光景が、まるで水中で行われているような非現実的なものに感じられた。弁護士たちも、彼がほとんど理解できない専門用語で話していた。

審理終了時に、双方の弁護士はムーアの身元を伏せることで合意したため、ムーアは裁判書の書類では「DNT」というイニシャルで呼ばれることになった。ムーアは安堵したが、それも束の間のことだった。活動家側の弁護士が、K2インテリジェンスとマッテオ・ビガッツィを被告として追加する予定だと発表したのだ。

その審理からほどなくして、ムーアの携帯電話が鳴り、「ZAD」という発信者の名前が表示された。K2インテリジェンス幹部のビガッツィが電話してきた理由は一つしか考えられない。おそらく、裁判の書類が送られてきて頭に血がのぼっているのだろう。ムーアはロンドンへ戻る前に、アメリカとカナダへの旅費である約一万ドルの請求書をK2インテリジェンスへ送っていた。自分の銀行口座をチェックし、請求した金額が振り込まれていることは確認した。ビガッツィからの電話には出ずにボイスメールに切り替えた。彼に対してもう何も言うことはなかった。

ロブ・ムーアはそう長い間匿名でいられなかった。オーストラリアのニュースサイトが、このアスベスト事件に関する記事を、彼の名前を挙げて、次々と発表したのだ。「プロジェクト・スプリングというコードネームが付けられた世界的なスパイ活動は、K2インテリジェンスが考案し、ロンドンのオフィスから指示が出されていた」と、オーストラリアのニュースサイト、ニューマチルダの記事は報じた。[*9]「これには、反アスベスト運動の中心に企業スパイを配置するという作戦も含まれていた。この有害な鉱物を世界的に禁止しようという機運は、十年以上も前から高まりを見せていた」

ムーアはニューマチルダの記事の中で二枚舌の潜入スパイと罵られ、BBCの経営トップである彼の姉も、この騒動に巻き込まれた。イギリスの新聞には、「BBC経営陣の弟、アスベスト作戦のスパイとして報酬を受ける」との見出しが躍った。[*10] ムーアにはすぐに莫大な弁護士費用が降り掛かってくるようになった。ある日弁護士から電話がかかってきて、ムーアにとって良い知らせがあると言われた。その弁護士によると、K2インテリジェンスからある申し出があったという――彼がK2インテリジェンスの立場に同調した答弁をするならば、訴訟費用を負担するというのだ。

K2インテリジェンスは、同社の依頼主には――名前は明かしていない――反アスベスト派の活動家とアメリカの原告側の弁護団との間に「腐敗した関係」があると疑うに足る理由があったとして、アスベスト案件における自分たちの行動は正当であるとの立場を取っていた。だが、ムーアは同社の主張は間違っていると見なし、裁判が自分の行動を説明し贖罪する場になると考え、申し出は受けられないと判断した。

この訴訟は、K2インテリジェンスの倫理観や採用人材の調査について、世間に好ましからざる印象を与えた。最初に影響を受けたのはそのモットーだったようで、K2インテリジェンスが掲げていた「正しいことを行う」というモットーは、ホームページから消された。このアスベスト訴訟は、イギリスでは報道されたが、アメリカではほとんど報じられなかった。ロンドンでK2インテリジェンスに対して訴訟を起こした弁護士も、ニューヨークでは同様の訴訟を起こさず、同社のロンドンでの事業に限るとした。したがって、ジュールス・クロールと息子のジェレミーは裁判の対象から外され、会社経営陣が諜報活動をどのように監視していたかについて証言する必要もなかった。

この訴訟はやや長引いた。その後二〇一八年に、K2インテリジェンスが金銭を支払うものの、不正行為をしたとは認めないという示談によって、訴訟は解決に至った。ローリー・カザン＝アレンは自身のブログで、非公開の和解金はかなりの額だったと述べている。けれども、真実が開示される前に訴訟が終了したことについては、失望の念を表明した（エルキン・タチシェフが率いるクスト社は、同社および同社の会長はそのクライアントではなく、アスベストには関心がないと述べた）。「残念ながら、K2の本来のクライアントの身元は……隠されたままだ」と彼女はブログに書いた。

ロブ・ムーアは、汚名をそそぐ機会を与えられない限り和解には応じないと繰り返し主張した。だが、それは実現しなかった。彼は後に、和解の条件を受け入れるしかなかった、さもなければ経済的に破綻するしかなかったと述べた。彼はその後も、グローバル・ウィットネスやリー・デイ法律事務所、そして自分を裏切ったとする人たちを非難し続けた。数年後、彼はオフィスの夜間清掃のアルバイトをしながら、内部告発者としての話がいつか明らかになることを願い、ジャーナリストにその話を持ちかけていた。

K2インテリジェンスの内部も、このアスベスト事件による影響を受けた。訴訟中は、K2インテリジェンスとマッテオ・ビガッツィは、共同被告人として結びついていた。訴訟が終了すると、ビガッツィは辞職した。理由は明らかではないが、ビガッツィがロブ・ムーアをどう管理していたかについて、あるいはムーアがビガッツィをどう扱ったかについて、ビガッツィの上司が満足しているとは考えにくいだろう。

ロンドンのK2インテリジェンスの自由奔放な工作員、チャーリー・カーの場合はまた違った。アスベスト案件の大失敗が明るみに出た頃、彼は会社を辞めた。それによって、彼とジュールス・クロールの三十年にわたる関係に終止符が打たれることになった。その三十年の間、クロールはカーの大胆な行動と、息子のジェレミーを見下すような態度を大目に見ていた。カーは、K2インテリジェンスの草創期に命を吹き込んだ稼ぎ頭だった。カーは次に、義兄弟と一緒に新しい会社を立ち上げることにしたのだ。[*11]

「チャーリー・カーはK2を辞めて、今度はカザフ・トリオのために働いている」[*12]と、マーク・ホリングスワースは、もう一人の民間工作員の去就について記した。

ロブ・ムーアの暴露と同じ頃、マーク・ホリングスワースの二重生活は、彼が正体を偽りジャーナリストと名乗っているという記事が、二〇一六年に『アイリッシュ・タイムズ』紙に掲載されたことで崩れ始めた。[*13] ホリングスワースは、ロンドンの『サンデー・タイムズ』の記事を書くためだと言って取材していたが、『アイリッシュ・タイムズ』の記者がロンドンの編集者に問い合わせたところ、ホリングスワースはそんな記事を担当していないことが判明した。『アイリッシュ・タイムズ』紙は、ホリングスワースは実際にはロンドンの企業調査会社アラコと契約して仕事を請け負い、同社のために情報収集をしていたと報じている。[＊14]アラコ社の幹部はコメントを拒んだが、ある幹部は、同社は「飼いならされた」ジャーナリストを任務によく利用すると語った。

ジャーナリストや活動家たちは、ホリングスワースが、マレーシアで起きている大規模な金融スキャンダルの関係者たちに雇われた、民間スパイ会社とつながりがあるのではないか、との疑念も深めていた。二〇一六年頃には、アメリカやスイスなどの当局が、「**1マレーシア・デベロップメント・ブルハド**」（**1MDB**）という政府系投資ファンドから数十億ドルが不正に流出した件で、マレーシアの首相やその親族、関係者がどのような役割を果たしていたのかについて、調査に乗り出していた。

何人かのジャーナリストが1MDBの疑惑をすでに調査していた。その中には、BBCの元スタッフで、現在はマレーシアの環境・汚職問題を取り上げるブログを運営する**クレア・リューーキャッスル・ブラウン**[＊15]や、『ウォール・ストリート・ジャーナル』紙の記者などがいた。リューーキャッスル・ブラウンは、あるときロンドンのK2インテリジェンスの幹部からメールを受け取った。それは、マレーシアにおけるビジネスの「隠れた危険性」を懸念しているという同社の新規顧客のために、彼女に協力を請いたいという内容だった。

この幹部はジェイソン・ルイスという人物で、メールには元ジャーナリストだと書かれていた。「ご協力いただいた内容は完全に秘密裏に（ジャーナリスト時代に身に付けた信頼性と同程度の信頼性をもって）、そして背景を深く理解するために扱われます」とルイスは記していた。「しかし、わたしはこの国の政治的事情の詳細についてほとんど知らないので、ご協力いただけますと非常に助かります」

また、ルイスはリューキャッスル・ブラウンに、マレーシアについての報告書作成というフリーランスの仕事を、K2インテリジェンスはかなりの報酬で提供するつもりだと申し出た。彼女はその申し出を受けないことにしたが、それはおそらく適切な判断だったと思われる。米国政府が提出した書類によると、1MDBスキャンダルの首謀者と疑われる**ジョー・ロー**は、二〇一四年にK2インテリジェンスとのミーティングを設定しようとしたようだ。[*16]

ルイスから接触があった直後に、リューキャッスル・ブラウンはマーク・ホリングスワースからも連絡を受けた。彼の長年の知り合いで、ジュネーブ大学と関係があるニコラス・ジャナコプーロスという人物が、1MDBスキャンダルについて議論する会議を同大学で開くというのだ。

リューキャッスル・ブラウンは、ジュネーブで会議の場に到着したとき違和感を覚えた、とブログに書いた。[*17]メールには、学生とスイス政府当局者が会議に参加すると書かれていたが、そのような人たちは見当たらなかった。ニコラス・ジャナコプーロスをはじめとする主催者たちは、これはちゃんとした会議だと言い張っていた。この会議のときではないが、ジャナコプーロスがジュネーブ大学とは関係がないことも、すぐに彼女の知るところとなった。

彼も雇われ工作員だったのだ。

さらには、ジャナコプーロスとホリングスワースは、二〇一五年にもK2インテリジェンスのために仕事をしていたことが、後に判明した。K2インテリジェンスは、ソフトバンクの役員から、同社のトップの座を狙うライバルのスキャンダルを探してほしいとの依頼を受けたこと、この案件にジャナコプーロスとホリングスワース二人が協力していたことが、後日『ウォール・ストリート・ジャーナル』紙で報じられたのだ。[*18]

マーク・ホリングスワースは、『アイリッシュ・タイムズ』紙の記事によっていくらか苦境に陥ったが、ジャーナリスト兼民間スパイとしての道は途切れることなく続いていた。これは、彼の起業家精神や、企業情報会社が彼の仕事を必要としたこと、そしてイギリスの報道機関に基準となる価値観が欠如していたおかげだろう。ホリングスワースがフリーランス契約を結んでいた『ガーディアン』紙は、二〇一一年にフリーランスの記者に対して、潜在的な利益相反を自主的に明らかにするよう求める方針を採用した。しかし、ホリングスワースは、『ガーディアン』紙でもその他メディアでも、そのような開示を求められたことはなかったと主張した。

ホリングスワースはすぐに、新たな企業機密文書に狙いを定め、民間工作員に売り渡すことを考えた。それは「パナマ文書」と呼ばれる記録で、何千ものペーパーカンパニーの所有者を示す、膨大な数の未公開の企業書類だった。この文書は、オリガルヒや政治家、富裕層のためのペーパーカンパニー設立を専門に扱っていた、パナマの法律事務所から盗まれたものだった。[＊19]この文書はやがて、国際調査報道ジャーナリスト連合（ＩＣＩＪ）の手に渡り、同連合によってデータベース化された。ＩＣＩＪは、二〇一〇年にアスベストの世界取引に関する報告書も発表していた。彼らは、民間スパイが記録にアクセスしたがることを承知していたので、それを防止するために安全策を講じた。同連合に協力している報道機関だけがデータベースにアクセスできることにし、しかも、各報道機関で数人だけに、データベース照会の権限を与えたのだ。

ホリングスワースは、この安全対策をかいくぐってパナマ文書にアクセスする方法を考える必要があった。そこで、工作員のキャリアで用いた戦略を取り入れた――つまり、ジャーナリストの帽子を被ったのだ。カザフ・トリオが経営する鉱山会社ＥＮＲＣの記事でかつて協力したことのある記者たちに連絡を取り、いまだ重大不正監視局が調査中のＥＮＲＣについて、再び協力して記事を書こうと提案したのだ。

彼が接触した記者の一人は、二〇一三年にＥＮＲＣについて一緒に記事を書いた『ガーディアン』紙のジャーナリスト、サイモン・グッドリーだった。「かつてＥＮＲＣの件で一緒に取材したことを覚えていますか。もし時間があれば、この記事を再検討してみてはどうかと思います。そのためにまず必要なのは、パナマ文書からトリオに関する文書を入手することです」と、彼はグッドリーにメールを送った。[*20]

グッドリーはその記事を思い出した。しかし、二〇一三年当時、フュージョンGPSの工作員グレン・シンプソンが編集上の提案をしたいと考えた場合に備えて、新聞掲載前に、ホリングスワースがこのENRCの記事の草案をシンプソンへ送っていたことを、グッドリーは知らなかった。この行動は、シンプソンがまだ記者だったならば、解雇されてもおかしくないような職業倫理違反である。

ホリングスワースは当時シンプソンに、「以下は、わたしたちの記事の下書きです」と書き送っていた。[*21]「正確かどうかチェックするだけではなく、わたしたちが見逃している詳細事項や情報を自由に書き入れてください。ただし、事態は急速に動いているので、今日（木曜日）中にメールで返信してもらえませんでしょうか」

二〇一六年、グッドリーは協力する気はないと、ホリングスワースに返事をした。ホリングスワースは次に、『ガーディアン』紙の元記者で、現在はICIJのために働いているサイモン・バウワーズに連絡を取った。ホリングスワースは、現在調査が行われているENRCに関する記事の草稿をバウワーズへ送ったが、草稿には、彼がパナマ文書から得た情報を書き込めるように、空白のままにしてある箇所があった。「おわかりのように、この記事はICIJと協力してパナマ文書を検索することで完成します」とホリングスワースは言い添えた。[*22] ホリングスワースに関する『アイリッシュ・タイムズ』紙の記事を知っていたバウワーズは、このメールを無視した。

だが、ホリングスワースは、データベースにアクセス可能で協力を厭わない別の記者たちを見つけた。そして、彼はすぐに「パナマ文書」の記録を他の工作員に売り込むようになった。たとえば、あるときなど、彼はワシントンDCの私立調査員に、望みのパナマ文書を手に入れるには前金が必要だと告げた。「わたしの情報源は二千ドル以下では応じないので、クライアントと相談してください」と、リチャード・ハインズという工作員にメールで伝えた。[*23]「これはきわめて適正な価格だと思います」

ホリングスワースは、旧友のアレックス・イヤーズリーには、これよりもはるかに寛大な条件を提示した。イヤーズリーは、グローバル・ウィットネスの元調査員で、グレン・シンプソンとクリストファー・スティールを引き合わせた人物だ。「対象となる個人と企業のリストをメールで送ってくれれば、パナマ文書のデータベースで検索をかける――無償でも構わないが、一部の文書については支払ってもらえればと思う」とイヤーズリーには伝えた。[*24]

パナマ文書を売り込んだもう一人の相手は、自分の話をジャーナリストに宣伝しようとしていた雇われスパイ、クリストファー・スティールだった。二〇一六年四月、ちょうどスティールがフュージョンGPSのために働き始めた頃、ホリングスワースはBBCのプロデューサーに頼んで、スティールが興味を持っている企業をパナマ文書で探してもらっていると彼に伝えた。

ホリングスワースは、ノヴィレックス・セールスという無名の会社をパナマ文書で検索するように、BBCの担当者に依頼していた。このペーパーカンパニーの経営者には、偶然にも、オリガルヒのオレグ・デリパスカのために当時スティールが追及していたロビイスト、ポール・マナフォートが含まれていたのだ。

ホリングスワースはそのメールで、スティールのためにこうして尽力することで、彼に対する借りが帳消しになればと思う、と伝えた。

「今夜は相手と電話で話したので、パナマ文書のデータベースにもっとアクセスできる可能性がある。送ってくれた二番目のリストは、もっとヒットするかもしれない」とホリングスワースは書き送った。[*25]「成功すれば、わたしが抱えるプロジェクト・スクーターの支払い問題が解決する」

# 第11章 発覚、エピソード2

【二〇一六年、ワシントンDC】

二〇一六年の選挙期間中、グレン・シンプソンはドナルド・トランプを調査するために、外国の元スパイ、クリストファー・スティールを雇い、オポジション・リサーチにおける民間工作員の役割を新たにした。トランプが大統領に選ばれてからは、オポジション・リサーチをある時期に限定した追及から、永続的なビジネスへと変えることで、シンプソンとピーター・フリッチは再びその境界線を広げた。

トランプの勝利によって、シンプソンの不安は危険なほど高まった。当面、スティールの文書の存在とフュージョンGPSがそれに果たした役割について知っているのは、ごく一部の人間だった。しかし、もしこの件が外部に漏れたら、トランプに心酔する人たちから攻撃されるかもしれないと恐れたシンプソンは、カナダへ逃げることも検討した。

結局、二〇一六年の一一月、トランプが第四十五代米国大統領に就任するまであと二か月となったとき、シンプソン、ピーター・フリッチ、クリストファー・スティールの三人は、文書を政府関係者やメディアの目に触れさせるために新たな攻撃を開始した。一一月中旬、カナダのハリファックスで開かれた国家安全保障専門家の会議で、スティールの仕事仲間が、アリゾナ州のジョン・マケイン上院議員とその同僚に接近した。元駐露英国大使のアンドリュー・ウッド卿が、マケインの同僚の元国務省職員で、マケイン研究所の所長を務める**デイヴィッド・クレイマー**に、スティールの文書のことを話したのだ。トランプ陣営とクレムリンの共謀を詳細に説明し、ロシア政府が新大統領に関する不名誉な情報を握っていることがわかる文書だ、とウッドは説明した。

ウラジーミル・プーチン批判の急先鋒であるマケイン上院議員と、かつてマケインの戦時中の武勇伝を一蹴したトランプは、長年反目し合っていた。マケインとクレイマーは、トランプを無能な危険人物と見ており、クレイマーは二〇一六年の選挙期間中、ジャーナリストにその懸念を表明していた。マケインはウッドから話を聞くと、クレイマーにイギリスへ飛んでスティールと会うように頼んだ。

スティールはクレイマーをヒースロー空港に迎えに行き、ファーナムの自宅へ連れて行った。スティールは自宅で文書の詳細を説明し、ワシントンDCに戻るクレイマーをヒースロー空港まで送った。スティールはクレイマーに文書のコピーは渡さなかったが、自分の情報収集屋に情報を提供する者たちの身元を特定する手掛かりは示した。翌日、クレイマーはグレン・シンプソンと会った。マケイン上院議員に渡してほしいと、シンプソンから文書のコピーを二部渡された。マケインはそれを、FBI長官のジェームズ・コミーに渡した。

一方で、シンプソンは別の方面にも働きかけていた。デイヴィッド・クレイマーがイギリスから戻ってから約一週間後、シンプソンはワシントンのカフェで、スティールと親しい司法省のブルース・オーと会った。オーの妻はロシア語が堪能な元国務省職員で、[＊1]かつてフュージョンGPSで働いていたので、シンプソンとブルース・オーは顔見知りだった。シンプソンはスティールのメモが入ったUSBメモリを、カフェでオーに手渡した。[＊2]ドナルド・トランプの顧問弁護士を長年務めるマイケル・コーエンが、トランプ陣営とクレムリンの取引の「仲介者」であったと、シンプソンはオーに告げた。

ちょうど二人がカフェで会っていた頃、デイヴィッド・クレイマーはシンプソンとクリストファー・スティールに対し、ジェームズ・コミーの手にその文書が渡ったことを知らせ、注意を促した。それからすぐに、クレイマーのもとに記者たちからひっきりなしに電話がかかってくるようになった。[＊3]その中には、スティールにインタビューした『マザー・ジョーンズ』誌のデイヴィッド・コーン記者や、ABCニュースのワシントン支局の記者、『ワシントン・ポスト』紙の記者、新聞チェーンのマクラッチーの記者などがいた。彼らは、コミーがその文書を持っているという情報をクレイマーに確認したがっていた。クレイマーはその事情を公表したいと考えたが、ABCニュースがクレイマーのインタビューを撮影した際、クレイマーはコミーに機密書類を渡したのはマケイン上院議員だと発言することを拒み、そのインタビューは結局放送されなかった。

その後、記者の中には、コミーが文書を受け取ったことを記者たちに知らせたのはグレン・シンプソンだと言う者もいた。元記者のシンプソンはジャーナリストのニーズを理解しており、それが、彼の民間工作員としてのキャリアの土台となっていた。大統領選挙が終わり、文書を記事にするためには、新たに読者の関心を引くものが、記者たちに必要だった。

その十年前、シンプソンが『ウォール・ストリート・ジャーナル』紙の記者だった頃、カザフスタンとつながりのあるコンサルタント、アレクサンダー・マーチェフの調査が進行中だという記事を「先行」して書くようにと、情報源が彼に仕向けたことがあった。この先例に倣い、今度はシンプソンが、FBI高官がこの文書を調査していることを明かす記事を「先行」して書くように、記者たちに迫っていたようだ。あるジャーナリストは、シンプソンから電話を受けたときのことを覚えていた。政府の調査が進行中なのだから、あの文書について記事を書くべきだと言い立てたという。「これはゲームチェンジャーだと彼は言ったんだ」。記者はそう振り返った。

二〇一六年が押し迫った頃、ワシントンDCのある年末パーティーに参加したデイヴィッド・クレイマーは、旧友のアラン・カリソンと出くわした。カリソンは『ウォール・ストリート・ジャーナル』の記者で、かつてモスクワに駐在していたことがあった。クレイマーは、トランプ大統領の就任前にその疑惑が裏づけられることを願い、何人かのジャーナリストに文書を渡していた。クレイマーはカリソンに、渡すものがあると伝えた。その後ほどなくして、カリソンはパリからプラハへ飛び、トランプの弁護士マイケル・コーエンについて文書で言及された疑惑を調べることになった。

二〇一六年の大統領選のひと月前、スティールはコーエンに関するメモをフュージョンGPSに送っていた。そこには、この文書の中で**最大級の危険を孕んだ疑惑**が含まれていた。スティールは信頼できる情報筋から、コーエンが選挙期間中にプラハでクレムリンの工作員と密会し、作戦の調整について話し合ったとの報告を受けたというのだ。これがもし事実であれば、トランプ大統領の側近とプーチン政権が共謀していたことを示す、直接の証拠となるだろう。

「二〇一六年一〇月中旬に、同胞である長年の友人と内密に話した際に、クレムリンのインサイダーは、ニューヨークの人物実業家の選挙陣営とロシア指導部の間で秘密裏に進められている接触において、共和党大統領候補ドナルド・トランプの弁護士、マイケル・コーエンの重要性を強調した」と、スティールはそのメモに書いた。

カリソンはヨーロッパへ出発する前に、スティールの報告書を、自分の情報源の一人である国家安全保障会議の元高官に見せていた。その人物はメモの半分ほどまで目を通すと、疑わしげに問いかけた。「これをどの程度まで信じろというのだ?」

カリソンも、この文書に書かれた情報に懐疑的だった。だが、多くの記者と同じように、これは深刻な問題かもしれないので追及すべきだと感じた。それに、マイケル・コーエンとロシアの工作員の密会は、あながち突飛な話とも思えなかった。コーエン弁護士は強面でマフィアもどきのフィクサーであり、かつて、「トランプ氏の身代わりに銃弾を受ける」ことも厭わないと発言したことでも知られている。

プラハ行きのフライトでは、隣の席に座っていた若く魅力的な女性が、すぐにカリソンに話しかけてきた。二十代後半と思われるその金髪の女性は、アクセントから察するにチェコ人だろうとカリソンは思った。彼女は、年上の投資銀行家の恋人を訪ねるためにプラハに行くのだと言った。彼女より三十は年上のカリソンはそっけなく返事をして、仕事に集中しようとした。

プラハに着くと、カリソンは彼女に別れを告げ、手荷物の受け取り場所へ向かった。すると、その女性が再び現れて、荷物を待っている間カリソンの隣に立っていた。彼は自分の荷物を受け取ると、再び彼女に別れを告げ、空港のカフェへと向かった。そこでノートパソコンを取り出し、プラハのホテルを予約した。彼は最近、文書に含まれている別の情報を突き止めようとして、アムステルダムとパリを訪れた。自分の行動が監視されている場合に備えて、安全策を取り、ぎりぎりまでホテルの予約はしないことにしていた。そのとき、先ほどの女性が不意に姿を現し、市内までタクシーで相乗りはどうかと持ちかけてきた。カリソンはそれに同意した。彼の宿泊するホテルに着くと、彼女からホテルのバーで一杯やろうと誘われた。カリソンは、彼女が会話を別の方向へ持って行きたがっていることを察知し、彼女がホテルから出てタクシーに乗るように促した。

後日、その女性から、是非もう一度お会いしたいというメモをもらった。カリソンはまだプラハに滞在し、コーエンがプラハにいたのかどうかについて調べていた。そして、終日の取材を終えて、ホテルの部屋に戻ったときのことだ。海外特派員時代、素早く逃げ出す必要があるときに備えて、非常時用の金品を常に携帯することにしていた。一千米ドルと金二オンスである。カリソンがカバンの中を見ると、金も紙幣もちゃんとあった。あの文書だけがカバンから消えていた。

シンプソンから文書のメモを入手した他のジャーナリストは、「放尿テープ」の話をはじめとして、文書の内容の裏づけを取ろうとした。ABCニュースは、モスクワの現地採用通信員にザ・リッツ・カールトンの取材に当たらせて、客室清掃部門のマネージャーを探し当てた。記者はそのマネージャーに、トランプと尿染みのついたシーツについて何か知っているかどうか、細心の注意を払って尋ねた。「もしここのホテルでそんなことが起こったとしたら、わたしの耳に入っていたはずです」とマネージャーは答えた。

別のメモには、マイケル・コーエンの義父は政界にコネのあるウクライナのオリガルヒで、モスクワ郊外に住宅を所有していると書かれていた。しかし、ABCニュースの現地採用通信員の報告では、その不動産の所有者はコーエンの義理の父ではなく、同姓同名の別の人物だということだった。ABCニュースのブライアン・ロス特派員は、クレムリンの工作員に会うためにプラハへ行ったという文書の情報を認めさせようと考え、コーエンに電話をかけて質問した。「この件について質問されるのは初めてではないと思いますが、あなたはプラハへ行ったことがありますか?」。コーエンは困惑した口ぶりで答えた。「初めて質問されたが、わたしはプラハへは行ったことがない」

ロスがこの疑惑のことを話すと、プラハで密会したとされる時間に、自分はイタリアのカプリ島にいたとコーエンは言った。彼によれば、チェコ共和国を一度車で通り抜けた以外は、ここ十年ほどはチェコに入国しておらず、パスポートに入国スタンプが押されていないのでそれを証明できると主張した。後日、文書がバズフィードのウェブサイトに掲載されると、コーエンから、ABCスタジオで生放送のインタビューを受けたいとの申し出があり、マンハッタンの彼のアパートメントまで黒塗りの車が迎えに行くことになった。ところが、彼はすぐに電話をかけてきて、トランプからインタビューを受けることを禁じられたと告げた。

結局、彼はその晩、FOXニュースのショーン・ハニティーの番組にゲスト出演した。

　文書の手掛かりの裏づけが取れなかったとき、何度かグレン・シンプソンに電話をかけてそれを伝えたという話を、ブライアン・ロスはその後しばらくしてから語っている。マイケル・コーエンの義父が所有するとされたモスクワの別荘に関する資料が、あるとき文書から削除されていたので、シンプソンはそうした情報を真剣に受け止めたのだろう。だが、大抵の場合、シンプソンはスティールの情報は正確だと主張し、その理由を説明したと、ロスは語る。コーエンのパスポートにチェコのスタンプがないからといって、それは何の証明にもならないとシンプソンは言い張った。イタリアか欧州連合のその他の国からチェコに入国して、パスポートコントロールを避けた可能性があるからだ。「そうさ、パスポートをチェックされずに国境を越えられるからね」。シンプソンがそう言っていたことをロスは覚えている。

　グレン・シンプソンとピーター・フリッチは共著の中で、バズフィードがクリストファー・スティールのメモを公開したのは、マケインの側近デイヴィッド・クレイマーに責任があると述べている。クレイマーは確かに文書の開示に一役買ったが、グレン・シンプソンとクリストファー・スティールがその陰でジャーナリストを操ろうと骨を折らなければ、世間はこの文書や元MI6スパイについて知ることはなかったかもしれない。

バズフィードによる文書公開につながる一連の出来事は、二〇一六年一二月初旬にフュージョンGPSがサンフランシスコ北部の邸宅でスタッフのために開いた、週末のリトリートに端を発していた。FIFAのスキャンダルについて記事を書いた、バズフィードの記者**ケン・ベンシンガー**は、そのスキャンダルを本にまとめようとして、[*4]リサーチのためにサンフランシスコに滞在していた。そこへ、フュージョンGPSのスタッフから、このお祭り騒ぎに参加しないかと電話がかかってきた。

ベンシンガーは、運悪く車の事故に巻き込まれ、午後十時半頃にようやく到着した。そのリトリート会場は、まるで仲間内の酒盛りの様相を呈していた。ステーキやら、ポテトチップスやら、アルコールやらであふれていた。皆が寝室へ向かう一方で、酔ったシンプソンがベンシンガーに近づき話しかけた。二人はまず、FIFAのスキャンダルと出版予定のベンシンガーの著作について話した。その数か月前、ベンシンガーは、FIFAについての情報をクリストファー・スティールから探ろうとしていた。彼はスティールが情報源であることをシンプソンに言わなかったが、シンプソンは彼らの関係に気づいていたようだ。

シンプソンは出し抜けに、スティールの文書についてベンシンガーに話し始めた。「放尿テープ」の話を強調し、ドナルド・トランプが長年クレムリンの隠された財産であったことについて説明した。トランプに関するメモについて、スティールから何も聞いていなかったベンシンガーは、好奇心をそそられた。シンプソンに文書のコピーをもらえないかと頼んだところ、持っていないと言われた。ベンシンガーは後に、シンプソンが持っていないと答えたのは嘘であり、リトリートへの招待は、文書の件で自分を巻き込むための策略だったと考えるようになった。

もしそうならば、その戦略は功を奏した。フュージョンGPSのリトリートの直後、ベンシンガーはスティールに電話をかけて文書について尋ねたが、スティールはそのことを知らないかのような対応をした。その後、ベンシンガーはデイヴィッド・クレイマーが文書を持っていることを知った。ベンシンガーから連絡を受けたクレイマーは、スティールに相談し、この記者ならいいだろうとスティールがお墨付きを与えた。一二月二九日にベンシンガーがマケイン研究所を訪問すると、クレイマーは彼を部屋に通し、一人でスティールの報告書を検討することを許した。ベンシンガーはメモを取るとともに、携帯電話のカメラで報告書を一枚一枚撮影し、それをバズフィードのオフィスにメールで送信した。

スティールの報告書の内容の裏づけを取ろうと、バズフィードは年末年始の時期に記者チームを派遣した。ベンシンガーは、スティールと面会するために一月三日にロンドンに到着した。デイヴィッド・クレイマーはその頃、スティールの提案で、また別の記者と会っていた。

その記者とは、**カール・バーンスタイン**だった。彼は数十年前に、当時『ワシントン・ポスト』紙の同僚だったボブ・ウッドワードとともに、ウォーターゲート事件を報じて名声を得た人物である。現在はCNNの仕事をしていた。バーンスタインとクレイマーは、最初は一月三日か四日にワシントンDCで、次はその数日後にニューヨークで、合計二度会うことになった。

導火線に火がついた。

一月一〇日に、CNNがこの文書について番組の一コーナーを使って放送したのだ。デイヴィッド・クレイマーがカール・バーンスタインと二度目に会ってからまだ何日もたっていなかった。このコーナーでは、クレムリンがドナルド・トランプの性的問題に関する「不名誉な」資料を持っており、選挙運動中に彼のスタッフがロシアと共謀したとされるという、スティールの情報を要約した二ページの文書を、ジェームズ・コミーがドナルド・トランプに渡したと報じた。CNNの報道では、スティールとフュージョンGPSの名前は挙げられなかった。デイヴィッド・クレイマーはマケイン研究所のテレビでその番組を見た。そのとき、「何てこった」と口走ったはずだ、とクレイマーは振り返った。

バズフィードの編集長ベン・スミスは、即座に決断した。同サイトの記者たちはまだ文書を追及しようとしていたが、スミスは出し抜かれるわけにはいかないと判断した。CNNの報道と同じ一月一〇日の夜、その報道からさほど時間を置かずに、彼はゴーサインを出し、文書はバズフィードのサイトのトップページに掲載された。

バズフィードが文書についてまとめたこの記事は、スティールやフュージョンGPSには触れていない。記事にはあらゆる種類の注意事項が記載され、同報道機関は文書内容の正否を確認できていないと述べられていた。スミスは、この文書は政府文書だから使用しても問題ないと自己弁護したが、多くの編集者や記者は、スティールの報告書をそっくりそのまま掲載した彼の決断を、ジャーナリズムにもとる行為と見なした。シンプソン、スティール、ピーター・フリッチ、デイヴィッド・クレイマーは、さらに緊迫した反応を示した。ロシア情報機関がスティールの情報源を突き止めるに足るほどの手掛かりが、この文書に含まれていることを懸念したからだ。

シンプソンはバズフィードの記者に電話をかけ、文書を削除しろと怒鳴りつけた。「今すぐそのクソ報告書を削除しろ！」「人が殺されてもかまわないのか！」。バズフィードは、ウェブサイトに掲載した文書から、個人を特定できる可能性のある資料を何点か削除した。

シンプソンとフリッチは文書をジャーナリストに売り込む際に、ある条件を提示していた。彼らと会ったジャーナリストは、作成した記事にフュージョンGPSやスティールの名前を出してはいけない、という条件だ。こうした条件に同意した報道機関は、自分たちががんじがらめにされたことに気づいたが、スティール文書が公開されたことで、彼らの名前はすぐに白日の下にさらされることになった。

バズフィードが文書を掲載した翌日の一月一一日、グレン・シンプソンは、文書の作成者がスティールであることを明かす記事が『ウォール・ストリート・ジャーナル』紙に掲載されることを知った。シンプソンは古巣に連絡し、記事を掲載しないよう編集者たちに懇願した。だが、これは失敗に終わった。

その翌日、今度はフュージョンGPSがスポットライトを浴びることになった。『ニューヨーク・タイムズ』紙の記者のスコット・シェーンがシンプソンに電話をかけてきて、文書にシンプソンの会社が関与しているという記事が間もなく掲載されることを告げた。シンプソンは激怒し、民主党大会で会った同紙の調査編集者マット・パーディに連絡し、フュージョンGPSの名前を出さないという合意を反故にしていると訴えた。パーディはこれに対し、シンプソンの会社が文書作成で果たした役割は広く知られていると答えた。

グレン・シンプソンは、『ニューヨーク・タイムズ』が自分を利用して見捨てたと感じた。ある意味、それは正しかったのかもしれない。だが、シンプソン、ピーター・フリッチ、クリストファー・スティールの三人は、自ら火をつけておきながら、何か月もの間、匿名の快適さを享受していた。ついに彼らに火がつけられたのだとしても、それは高額の報酬を得る職業に付き物の危険である。

スティールについていえば、バズフィードが文書を掲載する前に、策略がばれることを察知していたのかもしれない。二〇一七年一月五日、ロンドンでケン・ベンシンガーと会った直後に、彼は奇妙な行動を取った。文書に関するファイルすべてと、フュージョンGPSとやり取りしたメールを、自分のコンピューターから削除したのだ。[*5]

クリストファー・スティールの文書がバズフィードのサイトに掲載されたとき、他の民間諜報員たちの中には衝撃を受けた者もいた。彼らがスティールの仕事に下した評価には、同業者としての嫉妬も混じっていたのかもしれない。だが、他の工作員たちの評価は、ほぼ一致していた。彼らは一様に、スティールの報告書はプロらしくなく、ずさんだという印象を受けたのだ。

たとえば、あるメモの中で、アルファ銀行（Alfa）のスペルが「Alpfa」と表記されているとの指摘があった。スティールは、ロシアの専門家はキリル文字の「f」を「ph」に置き換えることが多いと主張したが、これは数多くの批判の一つにすぎなかった。彼のメモはまるでそれぞれ別の人が書いたかのように、さまざまな文体で書かれている、との指摘もあった。

また、企業犯罪を専門とするある私立調査員の指摘によれば、スティールには、他の人たちがこう考えているはずだと彼の情報源が思い込んでいることを、そのまま引き合いに出す癖があるという。「まるで創作文のようだ」とその工作員は漏らし、元MI6エージェントがその報告書を書いたと知り、ショックを受けたと言った。

ロンドンの企業専門の調査員、アンドリュー・ワーズワースは、プレベゾン事件でグレン・シンプソンと仕事をしたことがあった。ワーズワースはこの文書を見て非常に驚愕し、シンプソンがスティールに作成を依頼したとは知らずに、シンプソンにメールを送った。「この〝戯言〟を書いたのは一体誰なんだ?」。シンプソンから返事はなかった。

ジャーナリストにとっては、バズフィードによる文書公開は、トランプとロシアにまつわるストーリーの終わりではなかった。それどころか、始まりにすぎなかった。

二〇一六年の選挙期間中に、メディアがクリストファー・スティールの報告書に対しどれほど慎重な姿勢を取っていたのか、後から思い出せないほどだ。投票日よりも前に、この文書に関連する記事を掲載したのは、スティールと話をしたYahoo!と『マザー・ジョーンズ』誌の二社だけだった。『ニューヨーク・タイムズ』、『ワシントン・ポスト』、『ザ・ニューヨーカー』など、フュージョンGPSがこの文書を売り込んだ大手新聞や出版社は、記事に取り上げなかった。

だが、スティールの文書が公開されると、追及が始まった。どちらの側につくのか、ジャーナリストたちが決める時が来た。誰がどんな選択を取るのかは、大概は予測できた。ドナルド・トランプの大統領当選以前から、アメリカで深まる政治的分断の両側で怒りに訴えるメディア——右派はFOXニュース、左派はMSNBCなど——は、イデオロギー的な視点から出来事を枠にはめていた。しかし、自らを主流メディアの一員と考えるジャーナリストにとって、文書の魅力と、トランプのありえない勝利に文書が与えたもっともらしい答えは、抗しがたいものだった。

もしグレン・シンプソンが、ジャーナリズムの世界で無責任な旗振り役になることを夢想していたならば、バズフィードの文書公開によってその夢は実現した。また、ウォーターゲート事件をすっぱ抜いたカール・バーンスタインとボブ・ウッドワードが浴したようなジャーナリストとしての栄光を、この文書がもたらすと夢想した記者もいたにちがいない。ところが、ジャーナリストの先達二人は、スティールのメモについて、それぞれがまったく異なる見解を抱いていた。バーンスタインはこのメモに魅力を感じた。ウッドワードはその文書を「がらくた」と呼んだ。[＊6]

結局、メディアの世界は混乱をきわめることになった。それは、**長らく続くうちに変質した、民間諜報員とジャーナリストの関係の帰結**であった。トランプとロシアの共謀説を追及するに当たり、優秀な記者も含めて多くの記者が、他のネタを追及するときと同じほど精密な調査を、フュージョンGPS、クリストファー・スティール、あるいは文書の内容に対して加えていなかった。「アカウンタビリティ」ジャーナリズムを標榜する記者たちは、「アクセス」ジャーナリズムの誘惑に屈し、その隠れた罠にはまった。多くの記者たちが文書に懐疑的だったが、トランプやその取り巻きに肩入れしていると見られたくないばかりに、文書を退けることに躊躇した。

ドナルド・トランプの大統領当選は、政府の腐敗、内向きな政治、社会の激変という比類なき時代の幕開けとなった。ロシアによる米国政治への干渉は、アメリカにとって現実的な脅威だった。もっとも、トランプはほとんど気にしていないように思われた。しかし、他にもトランプ政権が直に生み出した深刻な脅威があった。科学への攻撃や、法の支配の軽視、批判者を黙らせ、法執行機関等を脅かそうとする動きなどだ。

スティール、グレン・シンプソン、ピーター・フリッチが、クレムリンが二〇一六年の大統領選挙に影響を及ぼそうとしたとする、文書の中では比較的妥当な内容で打って出ていたなら、この元MI6エージェントの報告書に対して、世間はすぐに関心を失ったことだろう。しかし、彼らはリトマス紙の役目を果たすような陰謀論の網を張り巡らせることで、話を広げすぎたのだ。そして、その陰謀論は、最終的にドナルド・トランプに利益をもたらすことになった。文書の内容が誤りであると明らかになるたびに、トランプとその側近は武器を手渡されたのだ。その武器は、ジャーナリズムの信頼性が最も必要とされるときに、それを傷つけるために使われることになった。

元FBI特別捜査官のピーター・ストロックは、後日『アトランティック』誌のインタビューで、「これははっきりと方向を定めるテストとなった」と述べた。「提示されたことが本当ならば、何とも恐ろしいことだ――ホワイトハウスに裏切り者がいることになる。しかし、それが真実でないのなら、何も問題はない。こうして、実に有害な方法で議論が組み立てられた[*7]」

# 第12章

# トロイア戦争

【二〇一七年、トロント】

イスラエルを拠点とするブラックキューブは、その傲慢さと卑劣な手口から、いずれ思いもよらないところから反撃を受けても仕方がなかった。そして、反撃を繰り出したのは、トロント大学の付属機関**シチズンラボ**のサイバーセキュリティ専門家のグループだった。

二〇一一年に設立されたシチズンラボは、いわばデジタル時代のためのグローバル・ウィットネス型の監視役で、世界各国の政府が新テクノロジーを用いて市民や政敵をどのように監視するかについて調査していた。シチズンラボが最初に注目を集めたのは、中国政府がサイバースパイ活動によって、チベットの仏教徒たちを監視していることを明らかにしたレポートだった。中国の監視対象には、チベットの精神的指導者であるダライ・ラマも含まれていた。他には、メキシコ政府が政敵に行ったスパイ活動に関する調査もあった。

シチズンラボは任務の一環として、無防備なユーザーの携帯電話に感染させてその会話や電子メール、テキストメッセージ、所有者の位置状況まで監視できる高度なマルウェアを製造する、隠れた業界の追跡も行った。[*1] その闇の領域の中心的存在の一つが、ペガサスと呼ばれるスパイウェア・プログラムを製造するイスラエルの会社、**NSOグループ**だった。サウジアラビア政府はペガサスを用いて、政府を批判する者の携帯電話に感染させていた。その中には、イスタンブールのサウジアラビア総領事館で同国のエージェントに殺害され遺体を切断された、ジャーナリストで『ワシントン・ポスト』紙のコラムニストでもあったジャマル・カショギの友人たちも含まれていた。

ブラックキューブはまず、リサーチャーの**バール・アブドゥル・ラザク**にメールを送り、シチズンラボに接触を図ろうとした。[*2] あるときアブドゥル・ラザクのもとに、マドリッドに拠点を置くフレイム＝テックというテクノロジー企業幹部のゲイリー・ボウマンという男性からメールが送られてきた。フレイム＝テックが支援を考える難民関連の企画について、紛争を逃れてシリアからカナダに移住したアブドゥル・ラザクとぜひとも話をしたいと、ボウマンのメールには書かれていた。二人はトロントのホテルで会った。しばらくすると、ペガサスの製造元であるNSOに関するシチズンラボの調査について、ボウマンは質問を始めた。彼はまた、アブドゥル・ラザクのイスラエルに対する姿勢も知りたがった。「イスラエルの会社だから書くのか?」とボウマンは尋ねた。「きみはイスラエルが嫌いなのか?」

アブドゥル・ラザクはこの面会に恐怖を覚え、シチズンラボの同僚に注意を促した。それはブラックキューブの仕業ではないかと疑ったのが、同僚の**ジョン・スコット゠レイルトン**だった。スコット゠レイルトンは二〇一二年、二十九歳のときにシチズンラボの一員となった。赤みがかった髪に整えられた髭のスコット゠レイルトンは、ジャーナリストと話すのが好きで、AP通信社のサイバーセキュリティ担当記者のラファエル・サッターに連絡を取った。スコット゠レイルトンは、記者のサッターに、ボウマンとフレイム゠テックのことを話した。当時ロンドンを拠点としていたサッターは、大英図書館に行って、商工名鑑にそのビジネスマンと彼の会社が掲載されていないか探したが、見つからなかった。AP通信社の別の記者が、フレイム゠テックのオフィスがあるとされるマドリードの住所を訪ねた。同社のホームページには、その住所のビルの十七階に二万平方フィートを占めるオフィスがある、と記載されていた。しかし、そのビルで同社が活動していることを示すものは何もなく、フレイム゠テックが実在することを示すものさえなかった。

サッターがこのネタを記事にして発表しようとしていたとき、スコット゠レイルトンから、保留にしたほうがいいと言われた。ブラックキューブの工作員ではないかと疑われる、また別の人物が、ちょうどスコット゠レイルトンに接触してきたところだったのだ。その人物は**ミシェル・ランベール**と名乗り、彼が経営するパリのCPWコンサルティングという会社で募集している仕事について、話をしたいと言ってきた。彼の会社は、アフリカの顧客に農業技術に関するアドバイスを提供しており、スコット＝レイルトンの航空地図作成技術の研究を知り、興味を覚えたという。「あなたの研究を読みました。当社がそれをどう活かせるか、是非ご相談したい」とランベールから言われた。

スコット＝レイルトンは、これは胡散臭いと思った。彼はシチズンラボに入所するかなり前に、ダカールの貧民街の住民が気候変動によって頻発する洪水にどう適応しているのか調査するため、セネガルへ行った。空中観測で変化を追跡する方法が理想的だったが、博士号取得を目指していたスコット＝レイルトンには、衛星画像を購入する資金がなかったし、当時はドローンも非常に高価だった。そこである方法を思いついた。大きな凧に遠隔操作できるカメラをくくりつけ、空に揚げたのだ。その写真の仕上がり具合に非常に満足した彼は、それを個人のウェブサイトに掲載した。[*3]「凧にロボットカメラを載せて飛ばしている」と、写真に説明を添えた。

だが、それは十年近く前の研究で、ランベールが接触してきたときには、空中ドローンの価格は大幅に安くなり、もうあちこちで使われるようになっていた。ランベールからトロントで会いたいと言われたスコット＝レイルトンは、ニューヨークに引っ越す予定なので現地にアパートを探しに行くという作り話を伝えた。すると、ランベールはザ・ペニンシュラニューヨークで昼食をご馳走しようと言ってきた。マンハッタンでも指折りの高級ホテルだ。

スコット＝レイルトンはその申し出を受けた。彼は電話を切ると、AP通信の記者ラファエル・サッターに電話をかけた。

シチズンラボは設立当初から、政府主導のサイバースパイ活動に注目していた。しかし、やがてスコット＝レイルトンと同僚は、ハッキングやマルウェアの利用が盛んな別の分野に行き当たることになった——民間スパイ業界だ。

企業調査会社は、ハッキングは違法なのだから、自分たちは決して関与していないとしている。しかし、二〇〇七年の「希臘作戦（ヘレニック）」以来、この業界ではサイバー監視とデジタル監視の利用が大盛況となった。二〇一〇年、ロシアのアルミニウム産業の大物オレグ・デリパスカの仲間に雇われたイスラエルの私立調査員二人が、デリパスカの元ビジネス・パートナーで法的紛争に巻き込まれていた人物を盗聴したかどで、有罪となった。その一年後の二〇一一年には、ルパート・マードックの所有する『ニューズ・オブ・ザ・ワールド』のハッキング事件が発生した。同年、フランスのエネルギー企業のセキュリティ部門責任者に雇われた民間工作員が、活動家団体グリーンピースのメールに不正侵入して有罪判決を受けた。その後、カザフスタンが関わる鉱山会社ＥＮＲＣとその関連会社ＩＭＲの事件が起こり、二〇一五年には、私立調査員から報酬を受けてハッキングをした容疑で、ＦＢＩが大勢を逮捕した。

ハッキングやサイバースパイ活動が雇われスパイの間で一般的になったのは、政府情報機関や軍に従事している間に専門技術を習得した人たちが、民間の顧客にそうした技術を売るようになったからだ。加えて、情報機関や警察向けに開発された、かつては高価だった電子監視ツールが、安価で広く入手できるようになった。「IMSIキャッチャー」と呼ばれる盗聴器も、そうした機器の一つである。これは基本的に、携帯電話の電波塔を小型化したもので、工作員がターゲットと本物の電波塔との間に立つと、この装置を使って通話を傍受できる。また、対象者を監視するために、不正な携帯電話アプリも使用された。『ニューヨーカー』の記者だったローナン・ファローは、ハーヴェイ・ワインスタインに関する記事に取り組んでいるとき、携帯電話で天気予報のアラートを受信していたと、後日述べている。[*4]

また、ターゲットを監視するために、バウンティ・ハンター（訳注：保釈の保証人［bail bondsman］や保釈金立替業者［bail bond company］に雇われて、保釈中に逃亡した人を連れ戻して報酬を得る民間業者）が逃亡者を見つけるために使うシステムを無断利用する雇われ工作員もいた。大手携帯電話会社の数社は認可されたバウンティ・ハンターに、追跡対象者の場所を突き止められるように、顧客の携帯電話の位置情報のリアルタイムのデータを販売した。また、バウンティ・ハンターのほうでも、民間工作員から携帯電話追跡の注文を受けるというサイドビジネスを盛んに行っていた。ニュースサイトのマザーボードの記者が、自分の携帯電話の追跡を三百ドルで依頼し、その後の経緯を記事にまとめてこの商売を暴露した。[*5]

ジョン・スコット＝レイルトンが、民間工作員が行っているサイバースパイ行為を発見するまでの道のりは、二〇一七年にあるジャーナリストに届いた怪しいメールについて、シチズンラボに問い合わせがあったことから始まった。そのメールは、一見グーグルからのセキュリティ警告のように見えた。これは、ターゲットを信じ込ませてメールのパスワードを入力させ、ハッカーがその情報を用いてアカウントにアクセスするという、よく使われる手口だ。

スコット＝レイルトンと同僚のアダム・ハルクープがそのメールを調べたところ、ハッカーたちがインターネットのDIYプログラムで作成した短縮ハイパーリンク（URL）が含まれていることがわかった。カナダの金融機関でコンピューター・セキュリティの専門家として働いていたハルクープは、URLの短縮を解除し、全URLにターゲットとなった人物のメールアドレスが含まれていることを確認した。ハルクープとスコット＝レイルトンは、短縮リンクを作成するためにハッカーたちが使用したコードを発見した。二人はそれを起点として、そのハッカーたちが送信した他の数千のフィッシングメールを見つけた。ターゲットとなった人たちの所在地や職業は多岐にわたっていた――多数の国々のジャーナリスト、議員、弁護士、活動家、政治家なども含まれていた――ので、この攻撃の背後にいるのは、一国の政府ではないことは明白だった。むしろ、多くの個人顧客の依頼を受けて業務をこなす、雇われたハッキング会社の仕業だと思われた。

二〇一七年、ジョン・スコット＝レイルトンは、そのターゲットの一人と会うことになった。バージニア州で開かれた会議に参加したときに、別の参加者が自己紹介した。スコット＝レイルトンはその男性の名前に聞き覚えがあった。その理由がわかった――彼の名前は、ハッカーに狙われていた人たちのリストに入っていたからだ。

会議終了後、スコット＝レイルトンはすぐさまその男性に接触した。彼は、エクソン・モービルは化石燃料が気候変動を引き起こしていることを隠していると糾弾する、「エクソンは知っていた」という活動に参加する環境保護団体に関与していた。エクソン・モービル社はその主張を否定していた。スコット＝レイルトンはすぐに、この活動に参加していた活動家たちの中で、ハッカーと思われる人物からメールやフェイク動画、ドロップボックスのメッセージを受け取っていたという人たちを紹介された。すでにそのリンクをクリックして、気づかないうちにハッカーに自分のコンピューターへのアクセスを許してしまった活動家もいた。

スコット＝レイルトンとハルクープは、この雇われたハッキング事業がインドを拠点としているという確信があったが、それを証明し、誰がハッキングを命じ、それによって利益を得たのは誰なのかを突き止めるためには、別のスキルが必要だった。そこで彼は、環境保護活動家たちとともに、こうしたつながりを解明してくれそうな人たちと会った――米国司法省の検察官だ。

マンハッタンのザ・ペニンシュラニューヨークのレストランにミシェル・ランベールが姿を現したときには、ジョン・スコット＝レイルトンはすでにテーブルについていた。ブラックキューブの工作員ではないかと思われるランベールは、見た目は六十代で、茶色のスーツに白いシャツとネクタイという格好だった。ランベールもスコット＝レイルトンも、援護者を連れて来ていた。ハーヴェイ・ワインスタインを調査する記者を尾行するためにブラックキューブが使っていた地元の私立探偵二人が、ホテルに張り込んでいた。一方で、AP通信の記者ラファエル・サッター[*6]は、映像撮影者とともにレストランの一番奥のテーブルに座り、やはり同社のカメラマンがホテルのロビーをうろついていた。

その前の週に、スコット＝レイルトンとサッターは、ランベールと彼の会社CPWコンサルティングについて調べた。ゲイリー・ボウマンとフレイム＝テックのように、彼らはネットにしか存在せず、実在しないことがすぐに判明した。コンサルタントとされるこの人物は、リンクトインに五百人のコネクションがあるとプロフィールで表示されていたが、サッターは、彼や彼の会社が実際に記載されている商工名鑑を現実の世界で見つけることができなかった。スコット＝レイルトンのほうは、ブラックキューブのデジタル・プロデューサーがC

PWコンサルティングのウェブサイトを構築するさまを目の当たりにした。あるとき、CPWコンサルティングのリンクトインのページに、デジタルマッピングのスペシャリストを募集する広告が掲載された。その欠員募集は本物だった。ただ、CPWコンサルティングの仕事ではなかった。スコット＝レイルトンは、広告文をグーグルで検索し、イギリスの住宅関連当局のウェブサイトにその求人を発見した。ブラックキューブの誰かがその広告をコピーし、少々手を加えてCPWのページに貼り付けたと思われる。

スコット＝レイルトンは、この日のために別の準備を進めていた。自分の作り話に信憑性を持たせるために、ブルックリンで賃貸物件を探しているとネットに掲載し、実際に仲介業者と連絡を取り候補物件のリストを送ってもらった。また、急きょ小型ビデオカメラをネクタイの裏に装着し、ポケットに音声録音機を忍ばせた。

昼食の席の打ち合わせは、時間にして約一時間半ほどだった。ジョン・スコット＝レイルトンとミシェル・ランベールはフランス語で会話した。モロッコで育ったというそのコンサルタントは、仕事で定期的にアフリカへ行っていると説明した。スコット＝レイルトンはランベールに対して、無器用だという印象を受けた。彼は上着のポケットからインデックス・カードを取り出し、まるでプロンプトでも見るかのように、それを参照しながら話した。また、録音機能が付いているらしいペンを、スコット＝レイルトンのほうへ向けていた。

ランベールは、シチズンラボについて、どこから資金援助を受けているのか、どのようにターゲットを選んでいるのかなどの詳細を探った。スコット＝レイルトンは曖昧にしか答えなかったが、シチズンラボは、スパイウェアのペガサスを開発したNSOグループに非常に興味を持っていると伝えた。スコット＝レイルトンは話をしながら何度も携帯電話をチェックし、不動産仲介業者から物件情報が送られてきているとランベールに説明した。実際には、ラファエル・サッターとテキストメッセージを交換していた。

「アパートは見つかったのか？」とランベールは尋ねた。

「まだだ」。スコット＝レイルトンは答えた。「それに、詐欺師がたくさんいるしね」

「詐欺師？」。ランベールはその言葉に馴染みがないようだった。

「そう、詐欺師──フランス語で何と言うのかわからないな──ペテン師、とか」

二人ともデザートにクリーム・ブリュレを注文した。一方、サッターは気をもんでいた。彼とAP通信の映像撮影者は、ウェイターから注文を迫られながら、ワイン二杯と牡蠣六個で九十分もねばっていた。サッターが装着していた隠しマイクの電池がなくなってきたので、彼はスコット＝レイルトンに、もう行動に移す必要があるとテキストメッセージを送った。

スコット＝レイルトンの許可を得て、サッターは、コーヒーを飲んでグズグズしているランベールに近づいた。彼は、自分が記者であることを告げた。

「御社のことでお話があります」。サッターは言った。

「あなたと話す必要はない」。ランベールは答えた。

「そうですか、話したくなると思いますよ」とサッターは応じた。「わたしの同僚が今朝、あなたの会社を訪問したのですが、その同僚によれば、実に奇妙なことに、会社は存在しないと言うのです」

AP通信の記者たちがパリのCPWコンサルティングの住所とされる場所に行ってみると、そこはアパートだった。住民たちは誰もCPWコンサルティングの名前を聞いたことがなかった。AP通信の記者の一人がその建物の前に立って写真を撮った。彼女は、「こんにちは、ミシェル」と書かれた厚紙を持っていた。

ランベールは立ち上がり、サッターとカメラマンをわたわたと避けようとした。レストランの外へ出るドアを見つけると、そこから走り去った。ブラックキューブが雇った私立探偵の一人は、レストランのバーで待機していたので、テーブルのようすを見ることができなかった。そこへ、ランベールと連絡を取り合っていたもう一人の探偵から電話がかかってきた。

「一体どうなっているんだ。カメラを持っているのは誰だ」

電話を受けた探偵のイゴール・オストロフスキーが顔を上げると、ホテルのロビーに降りる階段に向かって走っていく人たちが目に入った。彼らを追って通りに出ると、そこに四人が立っていた。スコット＝レイルトン、サッター、そしてAP通信のスタッフ二人だ。彼はそのいずれも知らなかったが、携帯電話のカメラで四人の写真を撮り、仲間の探偵へ送った。それから、その写真のコピーを、知り合いになってから力を貸している、『ニューヨーカー』の記者、ローナン・ファローへ送った。

イゴール・オストロフスキーは、調査業界の序列では下っ端の部類に属していた。彼は三十代半ばで、背が低く、少し太り気味だった。大手企業情報会社が報酬が少ないという理由で手をつけないようなありふれた事件、たとえば離婚、保険の不正請求、労災補償請求、たまに行方不明者の捜索などで、生計を立てていた。オストロフスキーは大方の日々を、車の座席に座って張り込みをしたり、体に悪いものを食べたりして過ごしていた。

それ以外にも、オストロフスキーと、K2インテリジェンスやクロール社など有名な企業情報会社の身なりの良い工作員たちとを分けるものがあった。オストロフスキーには倫理観が備わっており、ハーヴェイ・ワインスタインの暴露記事をブラックキューブがもみ消そうとしたと知って、いきり立ったのだ。

オストロフスキーが最初にワインスタイン事件に関わったとき、それがどんな事件なのか知らなかったし、ブラックキューブについても聞いたことがなかった。そのときは、ニューヨークの別の私立探偵が彼を雇い、張り込みをさせていた。その私立探偵はオストロフスキーに、クライアントがイスラエルの会社であることをほのめかした。やがて、彼らは『ニューヨーク・タイムズ』の記者のジョディ・カンターとローナン・ファローを尾行することになった。
オストロフスキーがその理由を知るのは、ブラックキューブの手口を暴露した『ニューヨーカー』誌のファローの記事を読んだときだった。デイヴィッド・ボイーズ事務所の大物弁護士たちにとって、ブラックキューブの手口は問題がなかったようだが、オストロフスキーは愕然とした。彼は九歳のときに両親に連れられてウクライナからアメリカに移住し、新たな祖国の価値観を受け入れた。アメリカ以外を本拠地とする民間の情報会社が、報道の自由を覆そうとしていることに怒りを覚えたオストロフスキーは、ファローに連絡を取り、自分が関わるブラックキューブの仕事について彼に情報を提供するようになった。

AP通信がミシェル・ランベールの写真を掲載してから、彼の本名が明らかになるまでに時間はかからなかった。ザ・ペニンシュラニューヨークでの昼食の翌日、イスラエルのテレビ局と『ニューヨーク・タイムズ』紙は、彼がアーロン・アルモグ＝アスリンという、引退したイスラエルの治安当局職員であると発表した。さらに、彼がブラックキューブのチンピラ内閣の一員だということも明らかになった。ライバル企業を相手取ったカナダの訴訟で投資会社の代理人を務める弁護士によれば、アルモグ＝アスリンによく似た男が、この訴訟の情報を得ようとして近づいてきたという。その男はヴィクトル・ペトロフと名乗り、KWEコンサルティングという会社に勤めていると言ったが、その会社は実在しないことが判明した。

後に、オストロフスキーはザ・ペニンシュラニューヨークの件より前にも、ブラックキューブ関連の仕事でアルモグ＝アスリンに会ったことがあると語った。彼の名前は知らなかったが、いずれの場合も、ブラックキューブの工作員であるアルモグ＝アスリンがホテルやレストランにターゲットをおびき出して会っている最中に、オストロフスキーは彼の後方支援を務めていた。

オストロフスキーによれば、アルモグ＝アスリンの指示はいつも同じだった。彼の後ろに座り、ターゲットの顔写真を撮るのだ。ただし、アルモグ＝アスリンの特徴がばれないように撮らなくていけなかった。そして、その写真をブラックキューブから仕事を請け負っている仲間の私立調査員に送る。その後、カメラのメモリーカードの画像を削除するように指示された。彼にとって、この行動の意味するところは明白だった。「ターゲットを困らせたりその信頼性を傷つけたりするために、こうした写真を使うのだ」。オストロフスキーはそう語った。

ザ・ペニンシュラニューヨークでの事件後、オストロフスキーはブラックキューブに雇われた私立調査員から、同社が彼らにポリグラフ・テストを受けさせる意向だと聞いた。ブラックキューブは、ジョン・スコット＝レイルトンやラファエル・サッターにホテルでの作戦を密告したのが誰かを突き止めようとしていたのだ。オストロフスキーはテストを受けることを拒否した。彼にとっては、ブラックキューブと再び関わるくらいなら、保険金詐欺を捕まえるために凍てつく寒さの日に車中で張り込みをしているほうがましだった。

第13章

# ロックスター

【二〇一七年、コロラド州アスペン】

グレン・シンプソンが二〇一七年にアスペンの会議に到着したとき、記者たちは彼にわっと群がった。文書に関する初の公開インタビューをものにしようと、誰もが躍起になっていた。さらには、シンプソンがクリストファー・スティールとのミーティングを設定してくれることを期待する者もいた。「誰もがグレンと話したがった」。ABCニュースのプロデューサー、ロンダ・シュワルツは語る。「彼はまるでロックスターみたいだった」

シュワルツは、NBCニュースの特派員であるアンドレア・ミッチェルとレスター・ホルトが、シンプソンと夕食の約束を取り付けるところを目撃した。NBCニュースにスクープを取られるのではないかと心配になったシュワルツは、報道仲間のブライアン・ロスに電話して、どう対応したらいいか相談した。結局のところ、何もする必要はなかった。シンプソンには、インタビューを受けるに当たり基本ルールがあったようだ。フュージョンGPSがロシアの不動産会社プレベゾン・ホールディングスの依頼を受けてから一年が経過していたが、シンプソンのビル・ブラウダーに対する敵意は、まだ報われていないようだった。シュワルツは、「グレンを捕まえるには、まずブラウダーのガセネタを作らなくては」と言ったが、自分とロスはその件でシンプソンを取り上げるつもりはない、と付け加えた。

ヒラリー・クリントンが大統領選挙で敗北し、民主党からフュージョンGPSへの支払いは終了した。しかし、ドナルド・トランプとロシアの関係についてまだ調査を継続していたグレン・シンプソンとピーター・フリッチは、その資金源となる、うまみのある方法を新たに見つけ出した。フュージョンGPSは営利企業なので、公然と寄付を募ることはできなかった。そこで、彼らは次善の策を講じた。非営利財団の設立に協力し、トランプを嫌う人たちから数百万ドルの寄付を受け取り、その金を、フュージョンGPSとクリストファー・スティールに流したのだ。

**デモクラシー・インテグリティ・プロジェクト**と称するこの財団の使命は、世界各地の選挙へのロシアの介入に関する調査を支援することだった。シンプソンとフリッチは、知名度の高い記者を財団のトップに据えることで、超党派でジャーナリスティックな組織という体裁を整えようとした。しかし、それはうまくいかなかった。献金者の名前を伏せるために、非営利団体が支援者の名前を公表しないことを合法的に認める米国税法の規定に基づいて、デモクラシー・インテグリティ・プロジェクトは設立されていた。この規定を利用して、さまざまな政治団体が献金者の身元を隠しているが、ジャーナリストの多くはこうした団体を「ダークマネー」組織と呼び、忌み嫌っている。

だが、シンプソンはデモクラシー・インテグリティ・プロジェクトの責任者に、マスコミと民主党献金者の両方に人気のある人物をすぐに見つけ出した。かつて米上院情報委員会の一員だった**ダニエル・J・ジョーンズ**だ。彼は、二〇一四年にCIAが「テロとの戦い」で容疑者を尋問する際に拷問が行われたことを暴き、有名になった。

かつてFBIで分析官として勤務していたジョーンズは、今度は、上院特別情報委員会の主任調査官として、CIA取調官がグアンタナモ湾で取った手法に関する証拠を集めるなど、その任に当たっていた。諜報機関であるCIAは、その歴史の汚点の一つを公にしようとするジョーンズの取り組みに激しく抵抗したが、彼は決して屈しようとしなかった。彼とCIAとの闘いは、二〇一九年公開の映画 *The Report*（邦題『ザ・レポート』）の題材となり、俳優のアダム・ドライバーがジョーンズ役を演じた。映画が上映されると、真剣で、使命に駆られたジョーンズは、透明性の擁護者として称賛され、ある上映の終了時には、一本気ドキュメンタリー映画監督のマイケル・ムーアをはじめとする観客から、スタンディングオベーションを受けた。

二〇一七年初頭、シンプソンとジョーンズは、フュージョンGPSとクリストファー・スティールに時間と資金があれば、ドナルド・トランプの件をはっきりさせられると期待する、裕福な民主党献金者たちに資金提供してもらおうと、シリコンバレー、ハリウッド、ニューヨークへ行った。ニュースサイトのデイリー・コーラーや保守系刊行物の記事によると、財団への献金者には、億万長者の投資家ジョージ・ソロス、俳優で映画監督のロブ・ライナー、そして二〇二〇年の民主党大統領候補を目指したカリフォルニア州の実業家トム・スタイヤーと関連がある団体も含まれていた。

デモクラシー・インテグリティ・プロジェクトは、運営の初年度となる二〇一七年に、七百万ドルを超える資金を集めるという、驚くべき成果を上げた。[*1] そのおよそ半額に当たる三百三十万ドルは、フュージョンGPSとつながりのある有限責任会社へ手数料として支払われた。この金額は、ヒラリー・クリントン陣営から受け取った金額のほぼ三倍に相当した。クリストファー・スティールの関連企業は二十五万二千ドルを手に入れた。これは、二〇一六年の選挙期間中にこの企業がフュージョンGPSから受け取った金額の約二倍に当たる。財団が受け取った資金の一部は、イギリスにいるフュージョンGPSの請負人たちの手に渡った。同社はイギリスで、ブレグジットの支持者をロシア政府と結びつけようとするニュース記事を作成していた。ダニエル・ジョーンズはといえば、二〇一七年初年度の年俸は三十八万一千ドルだった。

デモクラシー・インテグリティ・プロジェクトの設立後ほどなくして、シンプソンは、カリフォルニア大学バークレー校で開催された、『60ミニッツ』の元プロデューサーのローウェル・バーグマンが主催する年次ジャーナリズム会議に、ジョーンズを連れて参加した。シンプソンはそこで、トランプ・ロシア疑惑関連の将来の窓口として、記者たちにジョーンズを紹介した。「彼はこの問題を違う次元に連れて行くだろう」と、シンプソンは記者の一人に告げた。

デモクラシー・インテグリティ・プロジェクトは、トランプ・ロシア疑惑について発表された記事を取り上げ、ニュース概要としてまとめたものを、ジャーナリストや議会職員に毎日送り、さらなる報道を世に出すために記者と協力した。ジョーンズは二〇一七年早々に、クリストファー・スティールおよびロシアのオリガルヒであるオレグ・デリパスカと親しいワシントンの弁護士やロビイストにメールを書いた。そのメールにはロイターの記事のリンクが貼られていた。それは、南フロリダにあるトランプ・ブランドのビルを調べてみると、全住戸のうち六十三戸がロシアのパスポートや住所を持つ個人によって購入されていることが判明した、と報じる記事だった。「我々のチームがこの調査を支援した」と、ジョーンズはメールで伝えた。

スティールの文書のおかげで、トランプ・ロシア疑惑のネタは売り手市場になっていた。二〇一七年初め、『ウォール・ストリート・ジャーナル』紙は、自称不動産ブローカーのセルゲイ・ミリアンが、文書の「最も危険をはらんだ部分」の重要な情報源になっていたと報じた。[＊2] その記事の中で、同紙のマーク・メアモント記者は「消息筋」の話として、「放尿テープ」およびトランプとモスクワとの関係についての情報を提供したのはミリアンだが、彼はスティールの情報源と話しているときに、雇われスパイと話をしているとは気づいていなかった、と書いている。

ABCニュースと『ワシントン・ポスト』紙も、ミリアンを文書の重要な情報源とする記事をさっそく発表した。「トランプはロシア当局と長年関係がある。対抗馬である民主党のヒラリー・クリントンにとって有害な情報を、そうしたロシア高官が現在トランプに提供している、とミリアンは同僚に語った」と『ワシントン・ポスト』紙は報じた。そして、その記事はミリアンを、スティールの文書の「ソースD」または「ソースE」であると、あるいは「直接または間接的に」「放尿テープ」について知っているとスティールが言っていた人物だと特定した。[＊3]

ジャーナリズムの観点からすると、『ウォール・ストリート・ジャーナル』紙のスクープはとりわけ興味深い。このスクープ記事は、ミリアンの果たした役割を裏づける人物として、匿名の人物一人しか挙げていない。新聞は通常、記者に二人の情報源を確保するよう求めるものだ。しかし、この記事とそれに続く記事の内容は、どうやらシンプソンとフリッチから寄せられたようだ。二人はこの文書を報道で取り上げてもらおうと躍起になっていた。フュージョンGPSのこの二人が、スティールの重要な情報源について、どのようにセルゲイ・ミリアンを情報源と特定したかについて、記者二人に話したという（ミリアンは自分が文書類の情報源であることを否定している）。

二〇一七年三月、FBI長官のジェームズ・コミーは議会の公聴会で、同局がトランプ陣営に対し防諜調査を行っていたことを明らかにした。同じ公聴会で、トランプ批判の急先鋒であるカリフォルニア州選出の民主党下院議員アダム・シフは、スティールのメモの中から、ロシア最大の石油会社の上層部がカーター・ペイジに対し、コンサルティング料として金銭的利害関係をちらつかせたと報告する箇所を読み上げた（ペイジはこの報告を否定している）。その直後にトランプはコミーを解任し、二〇一六年大統領選挙へのロシアの干渉を捜査する特別検察官として、**ロバート・モラー三世**が任命されるきっかけとなった。

一部のジャーナリストは、スティールによる批判的な主張を裏づける証拠を米当局が見つけたと報じた。「米当局は現在、共謀に関する限定的で具体的な、両当事者がともに関わったことがわかる証拠を持っている」[＊4]と、スティールやシンプソンと親しかった『ガーディアン』紙の記者ルーク・ハーディングは述べた。CNNの記者やコメンテーターも同様の主張をした。また、MSNBCのコメンテーターでもある、ニュースメディアのポリティコの記者ナターシャ・バートランドが、フュージョンGPSが盛んに掲げていた資料を常に取り上げるようになった、と指摘するジャーナリストもいた（バートランドはその指摘を否定している）。

だが、MSNBCの熱血司会者レイチェル・マドーがこの文書を取り上げることほど、グレン・シンプソンを満足させることはないように思われた。もしそうだとしたら、シンプソンは非常に満足していた。マドーはトランプ、ロシア、そして文書について常に取り上げ、簡潔すぎるきらいのあるコメントをしていた。

「今夜は、わたしたちが非常に長い間取り組んできたストーリーについて、特別レポートをお送りします」。マドーは、スティールの文書だけを取り上げた二〇一七年のある回[*5]の冒頭で、こう切り出した。「三十五ページに及ぶトランプとロシアに関する文書を、一歩引いて見ていきたいと思います。報道がどちら側を向いているかによって、この文書の疑惑は奇妙に聞こえたり、異常なほど的確に聞こえたりすると言えます」

フュージョンGPSは、トランプ・ロシア疑惑のネタを流してくれる報道機関に加えて、観客の幅も広げたいと考え、報道機関をワシントンのオフィスに招き、ブリーフィングを行った。シンプソンはまず、自分は世界の裏表まであらゆることを見てきたジャーナリストであり、『ウォール・ストリート・ジャーナル』での取材経験からロシア政府がいかにトランプを堕落させたかについて理解できると説明した。次に、フュージョンGPSが現在も追跡している人物で、ブリーフィングに参加しているジャーナリストたちが今こそ調査対象として考慮すべきだと、彼が考える人物を列挙した。そのリストには、ポール・マナフォート、カーター・ペイジ、セルゲイ・ミリアン、ルドルフ・ジュリアーニが含まれていた。参加していたある記者はシンプソンに、もし一人だけ選ぶとしたら誰に力を注ぐかと尋ねた。「きみ、それは日によって変わるもんだ」とシンプソンは答えた。

一部のジャーナリストは、すでに多くのメディアで報道されて、古くさくて新鮮味に欠けるようなトランプ関連ネタを、シンプソンが押しつけているという印象を受けた。あるミーティングの終了時に、フュージョンGPSの幹部がヴァイス・ニュースの編集者を引き止めて、ホットな新ネタになりそうなものを密かに売り込んだことがあった。

二〇一六年の大統領選挙の期間中、トランプが出演していたリアリティ番組『アプレンティス』を撮影していたときに、トランプが人種差別的発言をしてカットされたシーンが収録された秘密のテープがある、という噂が流れていた。そのテープが実際に表に出ることはなかったが、フュージョンGPSの幹部は、トランプがエレベーターの中で妻のメラニアを激しく殴るところを映したとされる、トランプに不利なビデオの噂を聞いたと言ってきた。彼はさらに、噂によれば、その場面が防犯カメラで撮影されており、メディア界の大物でトランプ支持者のルパート・マードックは、そのテープが決して表に出ないようにと、キャッチ・アンド・キル作戦の一環として、闇オークションで購入したといわれている、と付け加えた。

ヴァイス・ニュースの編集者は、それを聞いて立ち去った。ヴァイス・ニュースやニューヨーク・タイムズ、その他のメディアの記者たちは、それまでも噂のテープを探し回っていたが、結局は存在しないと結論づけていたのだ。


グレン・シンプソン、ピーター・フリッチ、クリストファー・スティールの三人は、注目と金とともに数々の反発にも見舞われていた。ドナルド・トランプと、政治やメディアの世界にいる彼の支持者たちは、シンプソンたちを破滅させようと必死だった。彼らはまた、ロシアが二〇一六年の選挙戦に介入しようとしたという米国情報機関の調査結果を否定する武器として、文書の正確さについての疑惑を利用しようとしていた。トランプはスティールのメモを「ゴミ」や「フェイクニュース」と呼び、FOXニュースのコメンテーターは、「戯言」で「ロシアの嘘」だとし、トランプ大統領の勝利の正当性を失わせようとする「**ディープステート**」による陰謀の産物だと述べた。

FOXニュースの人気司会者ショーン・ハニティーは、ある番組の冒頭で、シンプソンは、司法省職員ブルース・オーの妻に文書の入ったUSBメモリを渡したが、彼女はかつてフュージョンGPSで働いていたことが最近明らかになった、と視聴者に伝えた。「クリントンが金を支払って購入した偽ロシア文書の背後にいるフュージョンGPSという会社は、何と、最近降格させられた司法省職員の妻が、同社でトランプのオポジション・リサーチに従事していたことを認めています」。ハニティーは高々と言い放った。「これはもはや小説の中の出来事ではない、実話なんです」

共和党議員もまた、フュージョンGPSとクリストファー・スティールを猛烈に追及した。中でも過激な行動を取ったのは、カリフォルニア州選出のデヴィン・ヌネス下院議員だった。彼はロンドンに側近二人を派遣し、オービス・ビジネス・インテリジェンスのオフィスで、スティールを電撃訪問させようとした。アイオワ州選出の共和党上院議員チャールズ・グラスリーは、ビル・ブラウダーが一年前に提出した訴状に飛びついた。それは、グレン・シンプソン、プレベゾンのロシア人弁護士ナタリア・ヴェセルニツカヤ、その他の人々が、グローバル・マグニツキー法を弱体化させようとしながら、外国のロビイストとして登録しておらず、連邦法に違反したとして訴えたものだった。

ブラウダーの告発は成果が出なかったが、グレン・シンプソン、ピーター・フリッチ、トム・カタンー——やはり『ウォール・ストリート・ジャーナル』の元記者——という、フュージョンGPSの三人の工作員は、フュージョンGPSについて、そしてプレベゾン・ホールディングスのためにした仕事や文書について、議会で証言するよう召喚された。フリッチとカタンは憲法修正第五条の権利を行使し、証言しなかった。シンプソンはそれを行使しなかったので、一身に注目を集めることになった。

それは、彼の公の場へのデビューだった。彼とフュージョンGPSに関する記事が、『ニューヨーク・タイムズ』紙と『ニューヨーカー』誌に掲載された。[*6]『ウォール・ストリート・ジャーナル』紙のベテラン記者から高給取りの調査員へと転じた、五十三歳のシンプソン氏は、そのキャリアの中でも最大のネタにたどり着き、大統領職に暗い影を落とすロシア絡みのスキャンダルの中心に不意に躍り出た」と、『ニューヨーク・タイムズ』紙の記事は報じた。

シンプソンは議会で、最高に輝かしい光の中に自らを位置づける才能を発揮した。彼は議員の質問に対して、プレベゾン事件におけるフュージョンGPSの役割を軽視することで応じた。さらに、自分とビル・ブラウダーは、いくら自分が彼を貶めようとしたところで、根本的に政治的な血を分けた兄弟だと主張したのだ。「セルゲイ・マグニツキーは刑務所の中で、最悪の死に方ではないとしても、放置されて命を落としたのです」とシンプソンは語った。

シンプソンが議会に姿を現した頃、ナタリア・ヴェセルニツカヤとドナルド・トランプ・ジュニアのトランプ・タワーでの会合のニュースが流れたばかりだった。シンプソンがプレベゾンのために働いていたときに作成したメモを、ロシア人弁護士のヴェセルニツカヤが大統領候補者の息子に渡していたことも、記事で明かされていた。ある共和党職員は、議会証言の間、プレベゾンのためにした仕事について、シンプソンに圧力をかけ続けた。その議員から、クレムリンに利益をもたらそうとするヴェセルニツカヤたちに、手玉に取られていたと感じるか、と聞かれた。シンプソンは、起きてしまったことには満足していないが、自分にできたかもしれないことはあまりなかった、と答えた。「わたしは情報ビジネスをしているので、他人から調査を依頼された場合、それは相手の所有物になります。彼らがそれを別のことに使おうとしても、それはわたしの力が及ぶところではありません」

シンプソンとフリッチは、自説を展開する別の場をすぐに見つけた。それは、『ニューヨーク・タイムズ』紙の論説だった。二人が共同執筆したある論説では、自分たちをトランプ支持者による誹謗中傷作戦の犠牲者だと主張した。二度目は、フリッチ一人の署名が入った論説だった。それは、何時間も前に証言したにもかかわらず、共和党議員がシンプソンに、FOXニュースのカメラの前で「パープ・ウォーク」（訳注：警察が逮捕した容疑者を報道陣の前に連れ出し、撮影の機会を与えること）をさせて、憲法修正五条の権利を行使してそれ以上証言しないことにした後で彼が罪の意識を感じているという、誤った印象を与えたと、苦情を訴える内容だった。「我々には何も隠すことはない」とフリッチは主張した。「しかし、マッカーシー時代から拝借したプレイブックに基づいた、不正なゲームに引き込まれるつもりはない」

一方で、フュージョンGPSとオービス・ビジネス・インテリジェンスは、数々の訴訟を抱えるようになっていた。二〇一七年、アルファ銀行の創業者三人は、スティールが自分たちについて中傷的な情報を報告したとして、フュージョンGPSとオービス・ビジネス・インテリジェンスを訴えた。これとは別に、バズフィードとスティールの会社が、複数のインターネット・サービス・プロバイダーを所有するロシア人から訴えられた。その所有者は、ロシア政府によるヒラリー・クリントン陣営に対する秘密のサイバー攻撃に参加した人物であると、二〇一六年の選挙後にスティールが書いた最終メモで名指しされていたのだ。

バズフィードに対する訴訟は棄却された。[*7] そして、アルファ銀行関連の訴訟から身を守るために、不正行為を否定したフュージョンGPSとオービス・ビジネス・インテリジェンスは、二〇一三年にミット・ロムニーの献金者であるフランク・ヴァンダースルートがシンプソンを追及したときと同じ戦略を採用した。両社は、保護される資格があるとして反スラップ法に訴えて、オリガルヒの主張を退ける行動に出たのだ。オービス・ビジネス・インテリジェンスはアメリカで勝訴したが、フュージョンGPSはそれほど幸運ではなく、裁判官は同社に対する申し立てを続行することを認めた。とはいえ、スティールの会社も疑惑が晴れたわけではなかった。ロンドンでは依然として、アルファ銀行とつながりのあるオリガルヒとインターネットサービス会社所有者からの、文書に関連する申し立てに直面していた。

法的観点から言うと、フュージョンGPS、オービス・ビジネス・インテリジェンス、バズフィードに対する訴訟は、それぞれ異なっていた。三者は根本的には、クリストファー・スティールの文書に対する信頼性という共通項で結びついていた。文書が公開された直後は、スティールはマスコミを避けていた。しかし、自分の会社とフュージョンGPSに対する訴訟が進行するにしたがい、友好的と思われるジャーナリストと、直接あるいは仲介者を通じて、話をするようになった。グレン・シンプソンや彼の仲間たちが、スティールとの接触を希望する記者たちを承認する門番役を担っていた。その結果は予想がついた。ジャーナリストたちはエコーチェンバーに迷い込み、彼らが生み出したスティールの肖像画は、彼のキャリアや優れた調査能力、そして彼の動機を、輝かしく見栄え良く描いたものとなった。

スティールの聖域に入ることを許された一人が、『ニューヨーカー』誌の**ジェーン・メイヤー**だった。彼女はスティールにインタビューはしなかったが、彼のパートナーのクリストファー・バローズや、彼の友人たちに話を聞いた。メイヤーはアメリカで屈指の調査報道記者と見られていたが、それにはもっともな理由があった。彼女は調査報道に関しては、クラレンス・トーマスの最高裁判事指名をめぐる政治的内紛から、対テロ戦争、反体制運動の秘密資金に至るまで、多種多様なテーマを検証し、十分な情報を入手して執拗なまでに調べ上げた。だが、一部の記者からは、彼女が描くスティール像は彼女の最高の仕事ぶりとはいえない、と評された。スティールが民間工作員として暮らしている道徳的に曖昧な世界を指摘し、オレグ・デリパスカの弁護士が彼を雇っていたことを、彼女は報じた。しかし、スティールとオリガルヒの関係を、彼女はいつもほど熱心に調査しなかった。

トランプ・ロシア論争について早い段階でまとめられた二冊の本は、二〇一六年の選挙戦に影響を及ぼしたロシア政府の取り組みを掘り下げており、スティールのことを国民的ヒーローとなった私立探偵と位置づけている。そのうちの一冊は、*Russian Roulette*（『ロシアンルーレット』、未邦訳）[*8]というタイトルで、Yahoo!のマイケル・イシコフと『マザー・ジョーンズ』誌のデイヴィッド・コーンの共著だ。もう一冊は、*Collusion*（『共謀──トランプとロシアをつなぐ黒い人脈とカネ』、集英社、二〇一八年）[*9]というタイトルで、『ガーディアン』紙の記者ルーク・ハーディングが執筆した。この二冊とも、たとえば、サッカーのFIFAの贈収賄に対するFBIの調査で、彼がきわめて重要な役割を果たしたことなど、スティールの経歴のハイライトが紹介されている。ハーディングは著書で、「スティールは、FIFAの腐敗が世界的に広がっていることを明らかにした」「驚くべき陰謀だった」と書いている。イシコフとコーンも共著の中で、同じように述べている。「スティールの報告書は、数年に及んだ広範囲な捜査に拍車をかけ、ついには連邦検察がFIFA関係者を複数起訴するまでに至った」

確かにスティールは、FIFAに関する情報をFBIに伝えた。しかし、彼の貢献は、この二冊の説明とは異なることが明らかになった。司法省がスティールとFBIとのやり取りを調べたところ、彼が米国当局に提供した資料はどれも、FIFA幹部の起訴には使われていないことが判明した。彼の協力が役立たなかったというわけではない。スティールは基本的に、FIFAの記事を発表したイギリス人記者アンドリュー・ジェニングスとFBIをつないだ、仲介役だったのだ。

ジャーナリストにとって、スパイや民間工作員の経歴を調べることは決して容易ではない。彼らの活動はその性質上、伏せられているからだ。しかし、過熱気味のトランプ時代にクリストファー・スティールについて書く記者たちは、本来なら最重要視されるはずの根本的な質問を無視しているように見えた。つまり、CIAやMI6が知らないドナルド・トランプとロシアに関する情報を、スティールは一体どうやって知ったのか、ということだ。

二〇一六年には、スティールはもう何年も現場から遠ざかっていた。もう二十年もロシアを訪れていなかったし、七年前にMI6を辞めていた。スティールは、民間情報産業における他の元スパイと同様に、自分の過去やそれまでに得た知識、情報提供者の人脈をもとに、民間の顧客に自分を売り込んでいた。だが、スティールの情報源は、MI6時代から関係があった人々ではなく、彼が民間工作員になってから使い始めた、金を払って雇った情報提供者だった。

雇われスパイたちにはそれぞれ持論があるが、**ほぼすべてのスパイが口をそろえて言うのは、金で雇われた情報提供者との付き合いは、彼らのビジネスにおいて何より油断のならな**

**い部類に入る**、ということだろう。情報提供者の中には、工作員が聞きたいと思うことを話す者もいるし、善意の情報提供者であっても、それほど信頼できるわけではない。スティールは、グレン・シンプソンやピーター・フリッチをはじめ、彼が話をした人たちの誰に対しても、文書の主要な情報源、つまり「情報収集屋」は、クレムリンの奥深くにコネがある情報提供者だと主張していた。それは大変望ましいことだが、少し無理があるように思われる。政府の情報機関でさえ、「高価値」の情報提供者、つまりスパイ活動に密接に関わる信頼できる情報源を一人採用できれば、諜報活動は大成功だと見なすものだ。なぜかといえば、**そんなことはめったに起こらない**からだ。

バズフィードがその文書を掲載したとき、いくつかの報道機関はスパイ小説家に連絡を取り、スティールのメモについての見解を尋ねた。その一人が、イギリスの元政治家で、ナイジェル・ウェストというペンネームでスパイ小説を書いている、**ルパート・アラソン**だった。アラソンは、元MI6エージェントであるスティールが民間工作員としてのキャリアをスタートさせた後、彼と出会った。アラソンによれば、アメリカのスパイ小説家ハワード・ブラムが『ヴァニティ・フェア』にスティールのプロフィールを書くということで、ブラムとスティールを結びつけるために手を貸したという。

「彼はジェームズ・ボンドだ」[*10]。文書が公開されたとき、アラソンはNBCニュースにそう語った。「実際に、妻には彼をジェームズ・ボンドだと紹介したんだ」

ところが、共和党にコネのあるワシントンDCの法律家から文書の分析を依頼された後、スティールに対するアラソンの評価は変わることになった。このメモを綿密に調べたところ、アラソンは多くの問題点に気づいた。とくに、情報源のもたらす情報に対する、スティールの考え方が問題だった。スティールは匿名の情報源として十一人を挙げ、そのうち七人にアルファベットのコードネームを付けていた。アラソンの目には、スティールがコードネームを付けた情報源は、まるで多重人格障害を抱えたスパイに映ったのだ。アラソンの分析によれば、コードネーム「E」という情報源は、（1）ザ・リッツ・カールトンのスタッフと接触した人物、（2）クレムリンとウィキリークスとの関わりを知る人物、（3）ロシアが外交的にスパイ行為を利用していることを知る人物、としてそれぞれスティールの別々のメモに紹介されていた。

結局、スティールかその情報源が、情報を捏造しているという考えにアラソンは至った。「プライベートな会話に関して、ただ一人の〝信頼できる同胞〟の報告しかないのかもしれない」とアラソンは述べた。「その人物の信頼性を示すものは何もない」

アラソンの報告書が発表されると、オービス・ビジネス・インテリジェンスはこの報告書を「政治的な動機による」フィクションであると退け、アラソンはスティールの情報源を知らないとする声明を出した。しかし、やがて、スティール文書にまつわるもう一つの厄介な説が支持を得るようになった。スティールがトランプとクレムリンに関する情報を収集していることを知ったロシア情報機関の工作員が、スティールの情報源に偽情報を流し、それが文書に織り込まれている、というものだ。

早くからそう疑っていたのが、調査報道記者として経験豊富な、『ニューヨーク・タイムズ』紙の**スコット・シェーン**だった。同紙はフュージョンGPSを排除することに決めたとシンプソンに伝え、彼を激怒させたのはシェーンだった。もっとも、シンプソンとピーター・フリッチはすぐに同紙を許し、ワシントンDCいる同紙の記者たちに文書のコピーを渡した。

シェーンは、マイケル・コーエンがクレムリンの工作員とプラハで会ったという、スティール文書の主張を追跡することにした。コーエンのプラハ出張に関する疑惑は、文書のその他部分とは異なり非常に具体的だったので、シェーンは興味をそそられたのだ。レポートには、コーエンが会った時間、面会場所とされるロシアの文化団体の名称、コーエンが会ったとされるロシア人議員の名前などが記されていた。プラハのネタを追う記者の誰もがそう思っているように、この疑惑が真実ならばトランプ政権は短命に終わるだろうことを、シェーンも承知していた。

シェーンは、分厚い眼鏡をかけ、物腰が柔らかく慎重な性格だった。『ボルティモア・サン』紙の特派員としてしばらくモスクワに住んでいたこともあり、ロシア語を話せる。ロシアの情報機関のやり方をよく理解しており、コーエンの会合が行われたとされるクレムリンとつながりのある団体のこともよく知っていた。

その団体は、**ロッソトルドニチェストヴォ**（Rossotrudnichestvo）と呼ばれ、海外でのロシア文化行事や学生交換プログラムを後援していた。世界中にオフィスを構えており、往々にして政府大使館が担う役割と同様に、スパイが外国で活動をしやすいように、その身分を隠して所属する場所としても機能していた。二〇一三年、この団体のワシントン事務所代表は、スパイ容疑でFBIの捜査を受けた後、アメリカを出国した。

シェーンと『ニューヨーク・タイムズ』紙の同僚は、プラハ会合時にコーエンがどこにいたのか突き止めるため、考えられる限りのあらゆる手段を用いて探った。彼らはコーエンの子どもたちのソーシャルメディアのアカウントを調べ、父親が海外にいることに触れていないかどうか確認したが、そのような情報は得られなかった。そこでシェーンは、プラハにあるロッソトルドニチェストヴォの事務所に電話をかけ、ハッタリを使って情報を引き出せないか試してみた。驚いたことに、電話は事務所の代表に直接つながった。その代表は、コーエンも会合のことも何も知らないと答えた。「彼は、『誰がこの噂を流したかのかわからない』と言っていた」

シェーンに別の考えが浮かんだ。コーエンの密会に関する詳細や説明は完璧すぎるように思えた。ロシアの情報機関は、民間工作員の行動を細かく監視し、情報源と疑う人物を追跡していることを、彼は知っていた。ロシアの諜報員は、スティールがトランプについて嗅ぎまわっているという報告を受けて、オービス・ビジネス・インテリジェンスが利用している情報源を示す、デジタル地図を作成していたのではないかと、シェーンは考え始めた。そうすれば、クレムリンの諜報員はそのうちの何人かを盗聴し、スティールのネットワークに偽情報を流すだけでよかったはずだ。

シェーンはそれを証明することはできないので、自説を記事にしなかった。しかし、文書公開から約一年後、『ニューヨーク・タイムズ』紙の他の記者とともに、ワシントンDCの国際スパイ博物館で行われたパネルディスカッションに参加したときに、トランプとロシアの疑惑について話した。[*11]「熟考を促すためにクセ球を投げたいと思います」と前置きし、「文書が公開されてからというもの、この一年の間ずっと頭から離れなかったことがあります」と語った。

それから、コーエンのプラハでの会合に関する報道が、どのようにして文書の中に入り込んだのかと疑問を呈した。「では、それが真実でないとしたら、誰がそれを作り上げたのでしょうか？」「わたしの頭に浮かんだのは、これはクリントンの工作員などが仕組んだもののではない、ということでした。おそらくロシアの諜報機関によってでっち上げられたものでしょう。……クリストファー・スティールという元英国諜報員が、彼の仲間に電話をし、彼らがモスクワの仲間に電話してこの情報を得たことを考えると、FSB（ロシア連邦保安庁）は間違いなくその跡を追うことが可能で、彼らを特定の偽情報で汚染することが可能なのです」

シェーンはさらに、クレムリンの工作員が、偽情報作戦の矛先をヒラリー・クリントンに集中させる一方で、トランプ陣営に関するスキャンダルを仕込むことで、危険を分散させるために両賭けした可能性がある、と述べた。

同じパネルディスカッションに参加していた元CIAスパイ[*12]は、シェーンは想像をたくましくしすぎていると指摘した。「確かに、どんなことでもありえますし、その点ではあなたのおっしゃるとおりです」と彼女は言った。それから、この文書の信奉者たちがその後も再三繰り返すことになる決まり文句を言った。

「この文書がどれくらい事実と一致しているのかの確認については、時間が解決してくれるでしょう。でも、注意していただきたいのですが、内容のいずれかが間違いであると、これまで証明されていますか？　……されていないと思いますよ」

# 第14章
# エピソード1「二重スパイ」

【二〇一九年、ロンドン】

マーク・ホリングスワースの破滅がついに訪れたとき、そこには詩情ともいえるような趣きがあった。ホリングスワースは何十年もの間、ジャーナリストを装いながら、記者たちを欺き、民間スパイ会社から報酬を得ていた。しかし、長年記事にしてきた鉱山会社ＥＮＲＣに対して、彼が新たな役割を演じたことで、彼の最後の行動は満足のいくものになった。彼は会社を密告したのだ。

二〇一九年を迎えても、イギリスの重大不正監視局とカザフ・トリオとの闘いはまだ続いていた。政府の捜査官はＥＮＲＣに対する贈収賄疑惑の調査を続けており、同社のために働く大勢の弁護士や民間工作員たちは、調査の権威を失墜させて終わらせようと、焦土作戦を展開していた。彼らの基本的な主張は次のとおりだ。十年近く前に内部告発調査のために雇った外部の弁護士ニール・ジェラードが、その記録を不正に重大不正監視局に渡し、その後、政府関係者がジャーナリストなどに情報を漏らしたことから、英国政府の調査は最初から歪められていた。自分たちの立場を裏づける証拠を探そうとして、ENRCは過去にその調査に関わった多くの人々を訴えていた。

その標的の上位に位置するのは、やはりニール・ジェラードだった。ENRCは長年、ジェラードが無断で重大不正監視局に記録を渡したと主張し、彼の本当の目的は、同社を守ることではなく、評判を集めて自分の仕事を増やすことだったと主張してきた。ENRCのために働く民間諜報員は、何年にもわたって彼の醜聞をかき集めようとしてきたが、二〇一二年にようやくそのチャンスをつかんだかに見えた。匿名の人物からイギリス当局に送られてきた手紙に、酔ったジェラードが重大不正監視局の集まりで自らの事件解決能力を自慢した、と書かれていたのだ。

その手紙の内容が明らかになると、マーク・ホリングスワースは素早く行動を開始した。「何かわかることを、とくにジェラードの財政とカントリーハウスについて、何でもいいから送ってくれ」と彼はリサーチャーに書き送った。次に、請負人として働いていた二社の工作員に、ジェラードに関するレポートを送った。その内容はほぼ同じもので、一つは、まだK2インテリジェンスにいたチャーリー・カー宛てに、もう一つは、アラコ社の幹部宛てに送った。[*1] ホリングスワースは以前このアラコ社の仕事のために、アイルランドでジャーナリストを装ったとされている。

ホリングスワースはそのレポートに、「これは傲慢な人間が酔ったときに口にした自慢話かもしれないが、ジェラードは高額でも現金払いし、高級志向でもある。馬を何頭も所有し、最近ではアストンマーティンを現金十二万ポンドで購入した」と書いた。

二〇一二年に匿名で寄せられたジェラードの行状が事実だと裏づけられることはなかった。それから十年近くたっても、ENRCはこの弁護士を追いかけていた。ジェラードは、ENRCの代理人を務めていた際に不正を行ったという指摘を一切否定している。彼は二〇一九年にENRCが大手調査会社のデリジェンス社を雇ったことを告発した。デリジェンス社は、二〇〇〇年代半ばに、会計事務所のKPMGの社員をだましてスパイ行為をさせるという、ジェームズ・ボンドばりの手口に及んだこともあった。ジェラードによると、たとえばそうした手口の一つとして、デリジェンス社の工作員が、彼の自宅敷地内の樹木に、動きに敏感に反応する小型ビデオカメラを仕込み、敷地に入ってきた全車両を撮影しナンバープレートを記録するなどしていたという。

また、ジェラードは、休暇をカリブ海で過ごそうと妻とともにイギリスを出発したとき、デリジェンス社のスパイが尾行し、同じ便の数列後ろの席に座っていたと主張した。デリジェンス社の作戦が明るみに出たのは、その工作員がしくじったからだ。ジェラード夫妻が滞在していたカリブ海の島は私有地で、工作員は夫妻の親族であると名乗り、当局者を説得して島に上陸しようとした。ところが、ジェラード夫妻はミドルネームのほうが知られていたのに、工作員は二人をファーストネームで呼んだのだ。当局がデリジェンス社のスパイの一人のバッグを調べたところ、夜間撮影機能が搭載されたカメラなど、電子監視装置が詰め込まれていた。ENRCはブラックキューブも雇って彼をスパイしていたと、ジェラードは訴訟で主張した。ENRCは裁判で、デリジェンス社とブラックキューブがENRCのために行った調査活動はすべて合法であり、違法性はないと述べた。[*2]

ニール・ジェラードが訴訟を起こした頃と時を同じくして、民間の調査業界を扱うニュースレターのインテリジェンス・オンラインが、マーク・ホリングスワースに関する記事を掲載した。[*3] このサイトは、調査会社が新規顧客を発表し、工作員が新事業を発表する場を提供している。だが、ホリングスワースに関する記事はそうではなかった。その記事は、ホリングスワースのメール・アカウントが何者かにハッキングされて、彼が請負人として働いていたロンドンの調査会社が、彼の多数のメールと不吉なメッセージが含まれる手紙を受け取ったことを報じたものだった。

そのメッセージは英国当局に宛てたもので、添付された短い手紙は、民間スパイ業界を暴露する爆弾を投げ込もうとする者が書いたように読み取れた。それは、イギリスの「ブラックな」、つまり腐敗した弁護士や裁判官が、雇われ工作員を使って司法制度を堕落させていると警告するものだった。

メールの件名は「エピソード1：二重スパイ」で、sam@thetruthprovider.com というアカウントから送信されていた。[＊4] メールの本文には次のように書かれていた。

英国当局各位

あなた方の仕事は、腐敗した調査機関のために働く、次の二重スパイによって損なわれています。

アラコ
コントロールリスク
ダンゲイト
デリジェンス
フュージョンGPS
グッドガバナンスグループ
GPW
グレイホーク

インシデコ
クロール
K2
マルテッロリスク
オービス

この盗賊たちは、ブラックな弁護士と裁判官に雇われています。彼ら全員に対して正義を執行する必要があります。では、逮捕が首尾よくいくように祈っています。今後さらなる協力をするかどうかは、あなた方の行動を見てから決めます。

二〇一九年初めに、わたしは本書の取材のためにマーク・ホリングスワースとロンドンで初めて会った。彼はわたしに、グレン・シンプソンとクリストファー・スティールがあなたと話すことを拒んでいることは知っているが、ジャーナリストとして人生を過ごしてきた者として、あなたに手を差し伸べる義務があると思う、と言った。その当時、彼は一年前にガンで妻を失った悲しみから立ち直っていなかった。ホリングスワースはグレン・シンプソンと袂を分かっており、妻の死後はまったく連絡がないという。

後日、インテリジェンス・オンラインに、彼のメールのハッキングの記事が掲載されたとき、たいしたことじゃない、とホリングスワースはわたしに言った。以前も金融詐欺師にメールをハッキングされ、詐欺師が彼の友人をだまして送金させようとしたことがあったので、今回もその手の類のように思えたという。「素人じみている」と彼は言った。また、今回のハッキングがＥＮＲＣの件と何らかの関係があるとも思っていなかった。「みんなカザフの話には飽き飽きしているよ」

だが、マーク・ホリングスワースのメールにあった資料は、それについて非常に興味を抱いている者がいることを示唆していた。「エピソード１：二重スパイ」のメールに添付されたファイルは大容量で、二千二百二十五ページにも及ぶ資料が含まれていた。その大半はとくに価値がなく、政策報告書や訴訟、その他無関係な資料で、ホリングスワースがメールの添付ファイルとして送ったものだった。

しかし、ホリングスワースがグレン・シンプソン、クリストファー・スティール、アレックス・イヤーズリー、チャーリー・カー、リナト・アフメトシン、その他の民間工作員や記者と、過去に交わした多数の電子メールもあった。その多くは、ＥＮＲＣ、カザフ・トリオ、そして、やはりトリオが所有するインターナショナル・ミネラル・リソーシズに関係するものだった。

ハッキングされ調査会社に送られたメールには、ホリングスワースと、**フィリップ・ヴァン・ニーカーク**というワシントンDCの民間工作員との間で交わされたメッセージも含まれていた。それらのメールによると、カザフ・トリオの三人のオリガルヒは二〇一七年に仲違いし、ヴァン・ニーカークは、オリガルヒの一人が依頼したアメリカの法律事務所に雇われ、パートナーである他のオリガルヒ二人を調査していたことがわかった。さらに、ヴァン・ニーカークはホリングスワースを雇い、この件で協力することになった。

ホリングスワースはイギリスの『ロンドン・イブニング・スタンダード』紙に、重大不正監視局がトリオのメンバーの一人に対し、他の二人についての聞き取り調査を行ったとする記事を書いた。[*5]「来週のインテリジェンス・オンラインにもこれが掲載されるよう手配した」とホリングスワースはヴァン・ニーカークに知らせた。[*6]「それから、ブルームバーグの記者からも、この件について問い合わせがあった」

ヴァン・ニーカークは、任務の一環として、彼のクライアントに不利になるように働く民間工作員を特定する必要があった。ロシア出身のコンサルタント、リナト・アフメトシンはその標的となる工作員の一人だった。ヴァン・ニーカークが後に語ったところによると、アフメトシンに接近して、彼がこちらに寝返り、有料の情報提供者になる気があるかどうか確かめよう、とホリングスワースから提案されたという。自分はそんな提案をしていないと、ホリングスワースは反論したが、トリオに関する記事が『ロンドン・イブニング・スタンダード』紙に掲載された直後、彼はアフメトシンに接触した。「ご存じのように、情報の共有はいつでも歓迎します」とホリングスワースは書いた。[*7]「ここ数か月の間に、カザフ・トリオについて何か聞き及びではないか、新しい情報や資料をお持ちではないかと思ったのです」。アフメトシンは返事をしなかった。「マークはドブネズミだ」。アフメトシンはわたしにメールを見せて言った。

アフメトシンにメールを送信したのと同じ頃、ホリングスワースはパソコンの前に座り、ヴァン・ニーカークからの多様な任務を事細かに書き出したメモを作成した。しかし、これはヴァン・ニーカークのために書いたものではなかった。彼はそのメモの中で南アフリカ出身の工作員について言及し、その人物をイニシャルの「SA」で呼んでいた。トリオのメンバーと重大不正監視局が接触した件の情報源は、「SA」を雇ったアメリカ人弁護士だと結論づけた、とホリングスワースはメモに記した。

この法律事務所と「SA」は、トリオの中の一人のために働いていており、トリオの残り二人について否定的なニュース記事を仕掛けるようにと、「SA」から何度も急き立てられた、ともホリングスワースは書いた。また、リナト・アフメトシンを情報提供者にする方法について、「SA」が彼とともに戦略を練っていたことも書き込んだ。「リナトが協力するならば、クライアントは多額のコンサルタント料を支払う用意がある」とホリングスワースは記していた。

フィリップ・ヴァン・ニーカークがホリングスワースの裏切りを感知することはなかったし、ホリングスワースも、二年の間、ニーカークとの関係に何も変化がないかのように振舞っていた。二〇一八年、ホリングスワースはヴァン・ニーカークに、彼が請負人として働いている、別の雇われスパイを紹介した——クリストファー・スティールのことだ。その頃、スティールは文書で有名になり、ジャーナリストたちに対し、自分のトランプ・ロシア疑惑に関する文書は確実に、「七〇から九〇パーセント」正確だと自負していた。スティールのビジネス・パートナーで、彼よりも人好きのするクリストファー・バローズはある記者に、自分は五〇パーセントだ、と冗談を言った。「ただ、どれが五〇パーセントかはわからない」と皮肉っぽく言い添えた。

ヴァン・ニーカークがスティールに会ったとき、アルファ銀行を支配するオリガルヒがオービス・ビジネス・インテリジェンスを相手取ってロンドンで起こした訴訟が進行中で、スティールは攻撃材料を探していた。アメリカに亡命した元ロシア人諜報員で、現在は民間工作員として働いている人物をヴァン・ニーカークが知っていることを、ホリングスワースはスティールに伝えていた。

その元ロシア人スパイ、**ユーリ・シュヴェッツ**[*8]はかつてアルファ銀行を調査したことがあり、ヴァン・ニーカークはスティールから、シュヴェッツに連絡を取れるようにしてもらえないかと頼まれたという。この二人が話をしたのかどうか、ヴァン・ニーカークは知らなかったが、スティールが元ロシア人諜報員から温かな歓迎を受けたとは、考えにくいだろう。バズフィードがスティールの文書を掲載して間もなく、シュヴェッツはあるインタビューで、このレポートの信頼性は「ゼロ」だと述べた。

マーク・ホリングスワースの電子メール流出とちょうど同じ頃、ENRCが彼を訴えた。ホリングスワースが、「マジック」と呼ばれるコンピューター専門家のロバート・トレヴェリアンと共謀して、トレヴェリアンが同社から持ち出した機密記録を売ったと、ENRCは主張していた。これには、ホリングスワースとグレン・シンプソン、フィリップ・ヴァン・ニーカーク、その他工作員との間で交わされた電子メールの抜粋も含まれていた。

さらに、ENRCはシンプソンとヴァン・ニーカークに対して、ホリングスワースとのやり取りに関する情報の提供を求めて、別件でアメリカの裁判所に提訴した。そして、その訴訟で同社は意外な事実を明らかにした。[＊9] マーク・ホリングスワースとロバート・トレヴェリアン[＊10]は二人とも、ENRCのために密かに情報提供者として働いていたというのだ。同社がいつ彼らを雇ったかなど、その詳細は明らかにされていないが、提出書類には、毎月コンサルティング料が支払われていたことが記されていた。トレヴェリアンはまだ気に入られているようで、ENRCから訴えられていなかった。ホリングスワースについては、彼が契約に「違反」したとENRCは主張しているが、詳しいことは述べられていなかった。

いずれにしても、誰かがホリングスワースを裏切り、ジャーナリストとスパイの二足のわらじを終わらせることにしたのだ。フィリップ・ヴァン・ニーカークがホリングスワースに裏切られていたと気づいたのは、二〇一九年にENRCの提出書類を渡されたときだった。同社はヴァン・ニーカークに文書を求めるその書類の中で、『ロンドン・イブニング・スタンダード』に掲載されたトリオに関する記事の情報源はヴァン・ニーカークだとホリングスワースが名指ししたと主張した。ヴァン・ニーカークは、彼が情報源だという同社の主張を否定した。ヴァン・ニーカークは激怒し、ホリングスワースに電話をかけて真っ向から対決した。ホリングスワースは、ENRCのスパイが自分を罠にはめたと主張したという。「もう自分の手に負えなくなったと彼は言っていた」とヴァン・ニーカークは語った。

電子メールによると、そのスパイの一人は、モスクワを拠点とする**ドミトリー・ボジアノフ**[*11]という諜報員だった。インテリジェンス・オンラインの記事では、ボジアノフほど「畏怖の念を抱かせる人物は、企業情報産業にはそういない」とされ、けんかっ早くてなりふり構わず、主にオリガルヒのために働いていた、と書かれていた（その記事を掲載する際に、「彼を書くなら注意しろ」と警告されたそうだ）。

弁護士のニール・ジェラードを含めて、ENRCの敵対者を攻撃する記事を作成することなどを、ボジアノフはメールでホリングスワースに促していた。「非常に強い言葉と攻撃的な記事が必要だ」と、ボジアノフは二〇一八年のあるメッセージで伝えた。[*12]『とりわけジェラードと重大不正監視局の共謀』を含めて……」

振り返って見れば、ホリングスワースがENRCの情報提供者として働き始めたのは、おそらく彼が「SA」のメモを書いた二〇一七年末頃ではないかと、フィリップ・ヴァン・ニーカークは考えた。彼によれば、そのメモを見たとき、その中に真実はほとんどなく、ホリングスワースが新しい依頼主を喜ばせるために書いたように読み取れたという。ヴァン・ニーカークは、自分の職業に裏切りは付き物だとは承知していたが、ホリングスワースのような深刻な欺瞞は、経験したことがなかった。「二枚舌にすっかりしてやられた」と彼は言った。

ホリングスワースはENRCの訴えに対し、自分は不正行為に手を染めておらず、同社は自分の言動について虚偽の主張をしていると述べたと、裁判書類に記されている。ジャーナリストという立場で同社の文書を入手したのであり、「マジック」がどのように文書を入手したのかは知らないし、その記録を他人と共有することで利益を得たりしたことはない、とホリングスワースは主張した。

ガンで闘病していた妻の治療費のために、民間工作員として働かざるをえなかった、と彼から来たメールに書かれていた。そのような状況には同情せざるをえない。しかし、だからといって彼の行動が許されるわけではない、とホリングスワースにひどい目に遭わされた人たちは言った。グローバル・ウィットネスの調査員ダニエル・バリント＝クルティは、ハッキングされたホリングスワースのメールから、彼が、自分と共有した機密情報を別の雇われ工作員に渡していたことを知った。「ひどく下劣な行為だ」。バリント＝クルティは吐き捨てるように言った。

# 第15章 ピカピカ光るもの

【二〇一九年、ニューヨーク】

二〇一九年、トランプ・ロシア疑惑と文書に関する二冊の本が出版され、どちらも一時的に『ニューヨーク・タイムズ』紙のベストセラーとなった。トランプ政権時代に出版された多くの本がそうであったように、この二冊も政治的志向性の両極に位置していた。

二冊のうち、トランプが大好きな人たち向きの本は、*The Plot Against the President*（『大統領に対する陰謀』、未邦訳）[*1]だった。同書でヒーローとされているのは、カリフォルニア州選出の共和党下院議員、デヴィン・ヌネス下院議員である。ヌネスは、リベラル派からトランプのおべっか使いと見られているが、同書では、「新大統領を倒そうとするディープステートの陰謀」を勇敢に暴く、真実を追求するヒーローとして描かれている。

著者は元ジャーナリストで、現在は保守系シンクタンクで働く、リー・スミスだ。同書は、クリストファー・スティールがわずか数週間でトランプ陣営とクレムリンとの間の複雑な陰謀を明らかにしたことなどに、妥当な疑問を投げかけている。

だが、スミスは自身が描いた途方もない陰謀を売り込んでいた。謎めいた同盟関係の中で、スティールは文書の作成者ではなく、腹黒い政府高官の操り人形であり、彼らの作品を運んだ手先とされていた。「要するに、順番を間違えているのだ」と、スミスはあるインタビューで語った。「何を書いたらいいのかわかっている人たち、(国家安全保障を) 確保するためにどんな文書を書いたらいいのか心得ている人たちが起点なのだ。素晴らしい情報を見つけたクリストファー・スティールが不意に現れて、FBIに行くことになったのではない。その逆なのだ」

トランプを軽蔑する人たちには、グレン・シンプソンとピーター・フリッチの *Crime in Progress* (『進行中の犯罪』、未邦訳)[*2] が、好みにかなっていた。同書は、シンプソン、フリッチ、クリストファー・スティールを、民主主義を救う現代の三銃士に仕立て、彼らを美化した回顧録である。レイチェル・マドーは、「この種のテーマに関する本はすべて読んでいるが、これは本当にオススメだ」と断言した。この本は多くの読者を獲得した。シンプソンとフリッチは、各事件に関する説明を慎重に仕上げて発表した。スティールが文書の中で強調したテーマ——クレムリンがアメリカの大統領選挙に干渉しようとし、トランプを支持しているということ——は、外せなかった。アメリカの情報機関や法執行機関も同じ結論に達しており、クレムリンの工作員による民主党選挙陣営のコンピューターへのハッキングから、ロシアのトロール・ファームが仕掛けた偽ボットの攻撃まで、ロシアが干渉した証拠はいくらでもある、と主張した。

だが、本質的にスティールの文書を際立たせているのは、トランプ陣営のスタッフとクレムリンの工作員がトランプの支援で結託し、ウラジーミル・プーチンがトランプに関する脅迫材料を握っていたという、文書の中核をなす告発だった。これが、フュージョンGPSが選挙の前後の時期にジャーナリストたちに売り込んだストーリーである。シンプソンとフリッチの共著の核心部分でもあった。

ところが、この本が世に出るまでに、共謀を掲げた風船はしぼみ始めていた。二〇一九年春、ロバート・モラー三世は、大統領選挙中のロシアの企てについて待望の報告書を発表した。報告書は、ロシアが有権者に影響を与えてトランプの形勢を有利にしようとしたことは確かだが、犯罪行為に相当する共謀の証拠は見つからないとした。また、報告書はスティールの文書についてほとんど言及しなかった。モラーの報告書は、文書に含まれる重大容疑の一つ、つまり、マイケル・コーエンのプラハ出張と密会の容疑が、完全に間違いであることを明らかにした。

コーエンは多くの嘘をついた。

彼はやがて、二〇一六年の選挙運動期間中にモスクワのトランプ・タワー建設計画をめぐり、議会で偽証したことを認めた。ウラジーミル・プーチンに見せたトランプの従順な振る舞いについては、複雑な陰謀論よりも、次の事情が背景にあると考えたほうが合理的だろう。トランプは自分が大統領になるとは思っていなかったので、プーチンのご機嫌を取っていたのには別の理由があったのだ。ズバリ金儲けのためだ。

モラー報告書が公表された翌日、『ニューヨーク・タイムズ』紙は、文書の調査で発見されたこと——厳密にいえば、発見がなかったこと——によって、スティールと彼の報告書、情報源に対する精査は強化されるだろう、と報じた。「文書の中で最も衝撃的な主張のいくつかは虚偽であると思われ、他には証明が不可能なものもあった」と同紙は報じている。[*3]『ウォール・ストリート・ジャーナル』紙も、モラー報告書について同様の趣旨の記事を掲載した。[*4]モラー報告書は「文書の重要な主張を否定したも同然である」と、記事に書かれていた。[*5]

フュージョンGPSの弁護士は、具体的な主張よりも、ロシアの選挙介入という文書の全般的なテーマに重点を置いて、これに対応した。「ロシアはドナルド・トランプを当選させるために秘密工作を行っていた、そして……ロシアの工作の目的は、米国内に不和と分裂を招くことだった」と、ジョシュア・A・レヴィ弁護士は『ワシントン・ポスト』紙に語った。「我々の知る限り、スティールの文書の反証となるものは何もない」

グレン・シンプソンとピーター・フリッチも、自分たちの書籍を宣伝しながら、同じような論調を取った。「このような情報文書を見て、事実に対する全般的真実性がないと非難するのは、少々不公平な尺度だ」とフリッチは『ニューヨーク・マガジン』に語った。「文書の根幹をなす主張は、二〇一九年の終わりには定着しており、ほとんど異議を唱えようがない」

グレン・シンプソンとピーター・フリッチが *Crime in Progress* を販売促進している間、トランプ・ロシア論争に関わるもう一つの米国政府調査がまとめを迎えようとしていた。

司法省の**マイケル・ホロウィッツ**監察総監は以前、二点の疑問を検証するために、同省は調査を開始したと発表していた。一つ目は、FBI当局が二〇一六年にトランプ陣営の調査を開始する十分な根拠があったのかどうかについて、もう一つは、調査開始後にFBIが適切な手順に従っていたかどうかについてだった。二〇一九年一二月に発表された報告書の中で、ホロウィッツはFBIが防諜調査を開始したことを支持した。しかし、トランプ陣営の元顧問カーター・ペイジを監視する令状を取得するために、文書の資料を裁判官に提出するなどのFBIの取った手法については、厳しく批判した。

ホロウィッツの報告書が発表される数か月前、彼の事務所で働くスタッフがクリストファー・スティールにインタビューを行っていた。その数日後、ポリティコの記者ナターシャ・バートランドは、匿名の情報筋によると、インタビューはうまくいったようだと記事で伝えた。[*6]「インタビューは最初けんか腰になったが、捜査官は最終的にスティールの証言に信頼性があり、驚きさえ感じた、と情報筋は付け加えた」とした。「スティールとのインタビューは詳細に及び、捜査当局は彼が新たに重要な情報を提供するという印象を受けたことから、スティールの衝撃的な文書が、選挙運動を『スパイ』するためFBIによって不適切に使われたと主張する大統領の支持者の期待は、しぼむかもしれない」

これは、フュージョンGPSが世間に知らせたかったストーリーだったかもしれない。だが、ホロウィッツ報告書の調査結果は、スティールとその文書に大きな打撃を与えた。報告書から、二〇一六年一一月、FBIがスティールとの関係を断って間もない頃、司法省職員がロンドンへ赴き、MI6の元同僚からスティールについて詳細を聞き出していたことがわかった。当時、トランプ陣営に対するFBIの捜査はまだ内密だったが、FBI局員はスティールのメモに書かれた疑惑をどれだけ真剣にとらえたらいいのか的確に判断するため、スティールの信頼性を評価したいと考えた。「要するに、この報告書を入手した時点で、その内容について懸念を抱いたのだ」と、あるFBI幹部はロンドン出張中に、ホロウィッツの調査官に打ち明けた。一部の「内容があまりに衝撃的だったので、鵜呑みにはできなかった」

元同僚たちは、スティールが誠実で高潔な人柄だと保証した。ただし、肯定的なコメントだけではなかった。MI6関係者の中には、スティールは物事にとらわれやすく、役立つかどうか疑わしい標的を追いかけてウサギの穴に入り込む傾向がある、と指摘する者もいた。こうした特徴は、グレン・シンプソンと共通していると思われる。あるFBI関係者は、「否定的な点を挙げるとすれば、あるかどうかわからないリスクについて、よくよく判断することなく、ピカピカ光るものを追いかけるタイプの人間だということだった」と、後日語っていた。

さらに、ホロウィッツの報告書から、バズフィードがスティールの文書を掲載した直後、FBIが彼の「情報収集屋」を探し出し、話を聞いていたことが判明した。重要な情報源がどうか決してそんなことはしませんようにと工作員やジャーナリストが願うことを、スティールの重要な情報提供者はしていた――彼は、スティールとは異なる話を提供したのだ。

その情報収集屋は、ホロウィッツの報告書では名前が明らかにされていない。その人物は、バズフィードが公開したときに初めてスティールの文書を読み、その内容にショックを受けたと、二〇一七年初めにFBI捜査官に話した。自分が提供した情報の性質を、スティールは「誤って申し立てた」、あるいはその信頼性を「誇張していた」とも主張した。その情報のネタは、「単なる噂」、「口コミや伝聞」、「［彼が］友人とビールを飲みながらの会話」であることが多かったのだという。この男性はさらに、二〇一六年の選挙後、その文書が真実であることを裏づける証拠を探すように、スティールから依頼されたが、「何ひとつ」見つからなかった、と述べた。

ホロウィッツ報告書で自分がどのように描かれているか知り、スティールは激怒した。オービス・ビジネス・インテリジェンスは、報告書には「数多くの不正確な点と誤解を招く記述」があり、若干の変更が加えられているという声明を出した。しかし、この変更はささやかな勝利でしかなかった。彼らがドナルド・トランプについて捜査を開始したとき、クレムリンの諜報員がスティールの情報源を定めて追跡していた可能性を、ホロウィッツの報告書は示唆していたからだ。これは、『ニューヨーク・タイムズ』紙のスコット・シェーンが、スパイ博物館のパネルディスカッションで述べたシナリオだ。ロシアの諜報員は、オービス・ビジネス・インテリジェンスの活動を監視していた可能性が高く、マイケル・コーエンのプラハ出張に関するスティールの情報は、彼らが意図的に流した情報の可能性があると、報告書には書かれていた。

自分のメモはロシアの偽情報に汚染されていないと、スティールは頑として譲らなかった。だが、もしそうなら、それが正確ではないもう一つの理由は、さらにぞっとしないものだ。もしこれが偽情報ではないのなら、残された可能性は一つしかない。それは「クソ情報」だったのだ。

グレン・シンプソンとジョナサン・ワイナーの二人は、ホロウィッツ報告書の作成に関わる調査員の聞き取りを拒んだ。ワイナーは、スティールの国務省でのミーティングを設定した弁護士だ。シンプソンは、自分がコントロールできる形式で自説を披露することにした。パートナーのピーター・フリッチと共同で書籍を執筆することにしたのだ。ワイナーのほうは、何が何やらすっかりこんがらがってしまった。

二〇一六年の選挙の一か月前、長年クリントン家の工作員を務めたシドニー・ブルメンタールは、ドナルド・トランプのロシアでの性的悪ふざけとされる行為に関する二点のメモをワイナーに渡した。そのメモを書いたのは、一部のジャーナリストから、何をしでかすかわからないと見られている、自称私立調査員のコーディ・シアラーだった。シアラーのあるメモには、FSBの情報源と思われる人物から、諜報機関によって密かに二度撮影されたドナルド・トランプのセックスビデオがあると聞いた、と書かれていた。[*7]「このセックスビデオのコピーが、ブルガリア、イスラエル、そしてモスクワのFSBの政治関連部門の金庫室にあるはずだ、とその男は言った」とも書かれていた。シアラーは、情報源がそのビデオを見たとはっきり言っており、彼はトランプの行動を「非常に邪悪だ」と言っている、と語った。

ワイナーはシアラーのメモを捨てずに、クリストファー・スティールに渡し、スティールはそれをFBIに渡した。自身の行為が公になると、ワイナーは『ワシントン・ポスト』紙の論説で、シアラーのメモの内容が「米国政府の誰かに伝わる」ことになるとは思いもよらなかったと述べた。[*8]ワイナーはまた、バズフィードで文書が公開された後、スティールから、国務省に送ったオービス・ビジネス・インテリジェンスの報告書をすべて返却するか、報告書が公開されて情報源が特定されないように破棄することを求められたと、議会の調査団に話した。[*9] ワイナーは国務省のシステムから記録を消去しなかったが、「自分のパーソナルデバイス」からは、スティールとのやり取りをすべて削除したことを、証言で認めた。

二〇一九年を迎える頃には、この文書はニュースメディアでも厄介な問題と見なされるようになっていた。保守系サイトのデイリー・コーラーやフェデラリストなどは、以前からスティールの主張に対して懐疑的な論調だったが、かつては文書の内容を受け入れていた数人のジャーナリストも手を引くようになった。特筆すべきは、文書について最初に記事で取り上げた、Yahoo! の記者のマイケル・イシコフがその中に含まれていたことだ。イシコフとグレン・シンプソンの数十年にわたる友情は、二〇一八年に突然終わりを迎えた。イシコフはデイヴィッド・コーンと共同で執筆した *Russian Roulette* で、スティールの情報収集屋を「ロシアから西側に移住した人物でモスクワに頻繁に出張する」と表現して、シンプソンの話したことを言い換えて引用していたのだ。シンプソンは自分のコメントが友人の著書に載ったことを知り、その情報は「オフレコ」だと言ったはずだと激怒した。シンプソンはイシコフとの対話を拒み、ピーター・フリッチが罵り言葉だらけのメールをイシコフに送った。

イシコフはすぐに、次の一歩を踏み出したが、それはシンプソンやフリッチを喜ばせるものではなかった。二〇一八年末、彼は公然と文書に疑問を呈し始めたのだ。あるインタビューでは、「実際にスティール文書の詳細や具体的な疑惑に踏み込むと、それを裏づける証拠が見当たらない」と語った。「むしろ、衝撃的な疑惑のいくつかは今後証明されることはなく、虚偽の可能性が高いと考える十分な根拠がある」[*10]。モラーの報告書が発表されると、自身も含めて、ジャーナリストはスティールの主張をもっと注意深く調べるべきだったと、イシコフは発言した。「今にして思えば、どこから来た情報なのかわからない場合はとくに、わたしたちの誰もがもっと懐疑的にこの文書にアプローチすべきだったと言ってもいいだろう」と、別のインタビューで語った。「わたしが知る限りでは文書の内容の真偽は確認されていなかったが、確認されていると主張する人も中にはいて、非常に驚かされた」

こうしたコメントをしたことで、彼はかつて同じ道を歩んだ人たちと対立するようになった。イシコフは、二〇一七年にレイチェル・マドーのMSNBCの番組で、文書をテーマにした特別編が制作されたとき、ゲストの一人として番組に呼ばれた。二年後の二〇一九年、ちょうど自著が新たに出版されたばかりのマドーを、イシコフは自分のポッドキャストのゲストに招いた[*11]。

そのインタビューの中で、イシコフはマドーに、視聴者に対しスティール文書を過大評価したと思っているかどうか尋ねた。「あなたは証拠なるものを誇張して、トランプがすっかりプーチンの言いなりになっていると主張したり、ほのめかしたりしたことがあったと認めますか?」

その後、激論が交わされた。「わたしが主張したことの中で、これまでに反証されたものがある?」とマドーは問いただした。

「おや、あなたはスティール文書に大きな信頼を置いていましたよね」

イシコフがそう指摘すると、マドーは「そうだった?」と答えた。

「まあ、あなたはかなり話題にしていましたよ」

議論はさらに白熱した。「あたかもわたしがスティール文書そのものであるかのように、あなたはわたしを通してスティール文書を訴えようとしている。それは不快だし、不当だと思う」。マドーはさらに続けた。「スティール文書の正確さを訴えてきたわけではないし、それがわたしのロシア報道の基礎になっているというわけではない」


他のジャーナリストたちにとっては、マイケル・ホロウィッツ監察総監の報告書が転換点となった。『ワシントン・ポスト』紙のメディア批評家エリック・ウェンプルは、この報告書が文書の具体的な主張を否定したことから、メディアの文書に対する熱中ぶりについて一連のコラムを書くことになったという。[*12] そのシリーズの一環として、彼はジャーナリストやトーク番組のコメンテーターに連絡を取り、スティールおよびその文書の取り上げ方を後悔しているかどうかを確認した。

長年、ワシントンDCで政治ジャーナリストとして活躍してきたハワード・ファインマンは、後悔の念を口にした数少ない人物の一人だった。「ホロウィッツの報告書は、スティール文書に対する痛烈な批判である」とファインマンは述べた。「この文書の出現とそれが及ぼした影響全般を、我々全員への警告とすべきことは明白だ。**粗悪なオポジション・リサーチ＋熱心なFBI＝低級なジャーナリズム、法の支配の崩壊、市民の自由への脅威**である」

だが、ウェンプルが連絡したジャーナリストやコメンテーターのほとんどは、ウェンプルを無視するか、自分たちの報道を擁護した。『ニューヨーカー』誌のジェーン・メイヤーは、スティールはトランプ支持者にとって都合の良い「政治的ピニャータ」（訳注：ピニャータとは、メキシコなどの中南米の国で子どもの誕生日やクリスマスなどに高い場所に吊るし、叩き割って楽しむ）菓子やおもちゃなどを中に詰めた紙製のくす玉人形のこと。）になってしまったと、ウェンプルに言った。さらに、自分の記事は「反対論者の意見を注意深く引用している」と付け加えた。

ウェンプルは、ナターシャ・バートランドが行った文書に対する過熱した不正確な報道を取り上げ、彼女はこれをキャリアアップのチャンスにした、とコラム全体を使って論じた。「バートランドは、MSNBCの司会者たちからウィンクやうなずきを得て……何度もテレビに出演し、文書の信頼性を高めた」とした。「その過程で、彼女は自らの識者としての役割にテコ入れして、MSNBCのコメンテーターになった」

バートランドとポリティコの彼女の編集者は、彼女の報道を擁護する意見を彼に送った。

ウェンプルのコラムが掲載されると、バートランドはまた彼にメールを書いた。「エリック、いくらあなたでも、これは本当にひどい」と彼女は書いている。「わたしは、文書を利用することによってではなく、モラーに関連するさまざまな問題を熱心に報告することによって、msnbc（原文ママ）の仕事をしたのです。コラムはせいぜいリツイート三つというところです」

右派の刊行物やジャーナリストと並んで、左派のジャーナリストの中にも、以前からこの文書に懐疑的な者もいた。その一人で、かつて『ローリング・ストーン』誌の政治ライターだったマット・タイービは、スティール文書に対するメディアの対応を、かつて報道界で起こった惨事の再現だと指摘した。二〇〇〇年代初めに、『ニューヨーク・タイムズ』紙をはじめとするメディアが、サダム・フセインが大量破壊兵器（WMD）を保有しているというブッシュ政権の誤った主張を、こぞって支持したことがあった。

「WMDの件は、わたしたちが情報源に証拠を見せるようにと要求せず、政治家が自分たちの主張を〝裏づける〟ために報道機関を利用し、噂そのものではなく噂の軌跡を報道するとどうなるのかを示した」と、タイービはメディアの対応について指摘した。

「このようなことを放置しておくと、世間の人々はメディアを愚かだと見なし、やがて、わたしたちが書く内容が政治家を支持しても支持しなくても、どちらでも変わらなくなる。誰もわたしたちを信用しなくなるからだ。これが、本当にわたしたちが目指す業界の標準なのだろうか？　これについて認めるつもりはないのだろうか？」

　この問いかけに対する答えは、簡単にいえば「ノー」だった。もっとも、この場合は、政治はほんのわずかな役割しか果たしていなかった。

　メディア各社がスティール文書の件をどう扱うかについて、社内で事後検討するか公然と再構築することがなかった背景には、もう一つの理由があった。それは、**ジャーナリストと民間諜報員との間に培われた有害な関係を公表しなくてはならないからだ。**両者の結びつきは新しいものではなかった。ジュールス・クロールの時代から、**民間諜報員はネタを探す記者にタレコミをし、記者は、雇われスパイが記事に関与していることを隠してきた。**グレン・シンプソンとピーター・フリッチは単に記者を利用するのがうまかったのであり、それを認めようとするジャーナリストはいなかった。

　さらに悪いことに、一部の報道機関は、文書に関する記事の誤りを訂正しようとはしなかった。『マイアミ・ヘラルド』、『サクラメント・ビー』、『シャーロット・オブザーバー』などを発行する大手新聞チェーンのマクラッチーほど、マイケル・コーエンのプラハのネタを熱心に報道していた報道機関はなかった。二〇一八年、マクラッチーの二人の記者は、「二〇一六年の八月から九月初旬にかけて、コーエンがドイツ経由でチェコ共和国に入国したようだ」ということに気づいたロバート・モラーのスタッフが、文書の一部が事実であることを確認した、と報じた。[*13] この記者たちは、プラハの携帯電話塔がコーエンの携帯電話からのピングを登録した証拠を、外国情報機関が発見したと報じるフォローアップ記事を書き、[*14] 先の記事の信憑性を強化させた。

だが、モラーの報告書の発表後、この新聞チェーンは自分たちの誤りを認める代わりに、不本意ながら編集後記を発表した。「ロバート・S・モラー三世が司法長官に提出した報告書には、コーエン氏はプラハにいなかったと記されている。マクラッチーが報じたように、プラハまたはその近辺でコーエン氏の電話のピング値が確認されたという証拠を捜査当局が受け取ったかどうかについては、何も触れられていない」

『ニューヨーク・タイムズ』紙も、自紙の報道が疑問視されていることに気づいた。二〇一七年二月、同紙は「トランプ陣営側近、ロシア情報機関と接触を重ねる」という見出しの記事を掲載した。[*15] その一か月後、FBI長官のジェームズ・コミーは、記事は正確ではないと議会証言で異議を唱えたが、同紙はそれまでの立場を貫いた。

『ガーディアン』紙はといえば、一部のジャーナリストの間で、トランプ・ロシア疑惑を担当するスター記者、ルーク・ハーディングが大きな間違いを犯したと見られていることに、決して言及しなかった。二〇一八年、彼と二人の同僚はスクープを発表し、一瞬これがゲームチェンジャーになると思われた。彼らは、トランプ陣営の選挙対策本部長であるポール・マナフォートが、二〇一六年にウィキリークスの創設者ジュリアン・アサンジと密会していたと報じた。[*16] ウィキリークスは、ロシアのハッカーが入手した民主党の電子メールを公開していた。

これは、ことさら衝撃的だった。マジシャンでもなければ無理な話だったからだ。この会談が行われた当時、アサンジは逮捕を避けるためにロンドンのエクアドル大使館に避難していた。大使館もアサンジの部屋も防犯カメラで監視されており、マナフォートが到着すれば映像で確認できるはずだった。ハーディングと彼の同僚は、この会談は「捜査対象となる可能性が高く、ロバート・モラーが関心を寄せるかもしれない」と記事に書いた。自己宣伝の才能があったハーディングは、「複数の情報源と記録文書によると、マナフォートは二〇一三年、二〇一五年、そして二〇一五年の春に大使館を訪問している。最後の訪問は、彼がドナルド・トランプの選挙運動に参加した頃だった」とツイートした。

問題は、ハーディングの記事を裏づける証拠を、他の報道機関が確認できないことだった。訪問はどうやらなかったものと思われた。ジャーナリストたちは、この記事が掲載された経緯について『ガーディアン』の編集者に説明を求めたが、拒まれた。[*17] 数年後、同紙は、その理由を明らかにすることなく、依然として自分たちの報道を支持すると述べていた。

クリストファー・スティールの文書の信頼性はすぐに他方面から打撃を受けた。今度は、二〇一九年にドナルド・トランプに対する弾劾手続きの証人として注目を集めた、国家安全保障会議（NSC）のメンバーだったフィオナ・ヒルからの批判だった。ロシア問題の専門家であるヒルは、ロシア課報問題に関する政府のカウンターパートだったことから、スティールを何年も前から知っていると、議会で宣誓証言を行った。民間工作員になった後、彼は仕事を探して彼女にたびたび連絡してきたとも述べた。「彼は絶えずビジネスを活性化させようとしていました」

彼の文書に対し、ヒルはかなり低い評価を下した。その率直さから、真面目で一本気だと賞賛されるヒルは、スティールが「ウサギの穴」に入り込んだと考えており、クレムリンが情報源に偽情報を流した可能性があるとした。スティールがアメリカの政治運動へ関与すると決めたことに対しても、彼女は困惑を示していた。「彼は外国の元スパイです」と、英国育ちのヒルは言った。「それに、何といっても、外国籍です。このようなことをするために彼が雇われたのは、適切だったとは思えません」

# 第16章
# ナタリアとのディナー

【二〇一九年、モスクワ】

ナタリア・ヴェセルニツカヤは、二〇一七年にトランプ・タワーでの会合が報道され、テレビでインタビューを受けたときよりも、スリムになったように見えた。彼女はしばらくニューヨークを離れており、毎日〈エッサベーグル〉で朝食を買ったり〈ネロ〉で食事をしたりすることもなくなっていた。「二十キロも痩せたんです」とヴェセルニツカヤは言った。

モスクワの金融街にある、魚料理と寿司を出す〈バンブー〉というレストランで、わたしたちは夕食を取っていた。会食を設定したリナト・アフメトシンと、ヴェセルニツカヤの部下である通訳も同じテーブルに着いていた。わたしがモスクワへ行ったのは、ヴェセルニツカヤがニューヨークに戻って来ることはないだろうからだ。二〇一九年、米司法省は彼女を司法妨害で起訴したので、[*1] 米国本土に再び足を踏み入れた場合は逮捕されることになる。この容疑は、トランプ・タワーの会合や二〇一六年の大統領選挙とは何の関係もなかった。彼女は、不動産会社のプレベゾンに対する裁判に関連した法廷提出書類の情報を隠したとして、告発されたのだ。プレベゾンには、ビル・ブラウダーの投資ファンドから盗まれた資金を洗浄した疑いがかけられていた。

二〇一七年、司法省とプレベゾンは同社に対する告訴に関して和解した。[*2] その一環として、プレベゾンはいかなる不正行為も否定していたものの、五百九十万ドルの罰金を支払うことに同意した。これは、連邦検察が当初期待していた額よりもはるかに少なく、ヴェセルニツカヤからすれば、この終結は国際的な弁護士としての新たなキャリアの始まりのように思えた。

ところが、彼女は起訴された。

これはハッカーとマイクロソフトのせいだといってもいいだろう。プレベソンの件の終了後、誰かが彼女のコンピューターをハッキングしてファイルを取り出し、それが最終的に司法省の手に渡ることになった。司法当局によれば、その記録の中に、ヴェセルニツカヤがロシア検察当局と密かに協力し、プレベゾン事件で作成された法廷提出書類を準備したとの証拠を発見したという。クレムリン当局は、プレベゾンを調査した結果、不正行為はなかったと主張していた。

その証拠は、マイクロソフト・ワードの「変更履歴」機能に含まれていた。これは、原稿を作成する際に、修正や削除、追加などの変更が加えられた履歴を記録するという機能で、米司法省は、ヴェセルニツカヤがロシア政府の提出文書に変更を加えたことを確認したのだ。そのため、被告側弁護人としてクレムリン検察当局と調整していたことを開示しなかったという疑いで、彼女は起訴された。

だが、彼女はこの苦境にあまり動揺していないようだった。プレベゾンの一件で、米検察当局の要求を大幅に下回る金額で和解させ、彼らに屈辱を与えたから追及されたのだ、と彼女は言った。彼らの申し立てた内容はでっち上げで、いずれ却下されるだろう、とも言っていた。

夕食を取りながら、わたしたちはいろいろな話をした。ヴェセルニツカヤは、グレン・シンプソンに対してまだ好感を持っており、彼はプレベゾンのために重要な情報を集めてくれた有能な調査官だと考えていると言った。クリストファー・スティールについては軽蔑の念を抱いており、彼の文書は茶番だと考えていた。

「(もう何十年も)ロシア連邦に行ったことがなく、ロシア連邦に何のコネもなく、ロシア連邦に友人もいない、ロシアの政府機構や法律機構に、検察当局にすら友人がいないＭＩ６の元職員が、トランプとプーチンの間の五年にわたるつながりについて、たった二か月で調査を行う能力があると、あなたは本当に思っているのですか?」と、彼女は問いかけ、通訳が追いつくまで少し間を置いた。

「もしこの偽物を本物だと思うのなら、そう信じるだけの勇気が必要です。あらゆる特殊部隊、諜報部員、FBI、CIA、国家安全保障局に至るまで、すべてを完全に否定する勇気がいります。ソヴィエトに、その全機構に人材を送り込んでいる、こうした機関に属する人たちが、あの有能な人物が部屋から出ないで見つけ出したことを、決して見つけ出すことができなかったのですから」

彼女の評価は少し手厳しい気がしたが、言いたいことはわかった。彼女はこうも言っていた。スティールがそんなにやり手なら、なぜ彼とその張り巡らされた情報源は、自分たちの目と鼻の先で起こっていたこと、つまり彼女がトランプ・タワーでの会合に行ったことに気づかなかったのだろうか。「いわゆるスティール文書やトランプ文書は、わたしがドナルド・トランプ・ジュニアと会っている間に書かれたというのに」

ヴェセルニツカヤは、トランプ・タワーの会合で彼女が果たした役割が明らかになってから、メディアではロシアのスパイ呼ばわりをされ、つらい時期を過ごしたと打ち明けた。しかし、アメリカ人は最近、彼女に対して以前よりもはるかに好意的な見方をしてくれる、とも言った。それは彼女の新しいウェブサイトへの反応からわかるという。そのサイト名は、ロシア語で春を意味する「ヴェスナ」（Vensa）で、内容の大半は、今なお続く彼女の反ビル・ブラウダー活動だった。

「多くのフォロワーや読者、訪問者がいるんですよ。そこから、アメリカの一般の人々の反応がわかります。最初のうちは、わたしのことを魔女と呼んでいました」。彼女は説明を続けた。「でもその後、徐々にですが、証拠や文書、宣誓証言の記録をサイトに載せるようになりました。会ったこともない、字の読める普通のアメリカ人が、サイトを見てくれるのがわかりました。どんどん質問してくれて、ますます多くの人が同じ疑問を抱き始めました。『一体誰がどうして、比喩的にいえば、尻尾が犬を振るような状況にわたしたちを追い込むことができたのだろう？』と」

彼女のサイトをモスクワに来る前に確認したことは、そのとき言わなかった。あまりパッとしない印象を受けた。アナウンサーに扮した若者たちが、ブラウダーの嘘がいかにひどいか読み上げる短いビデオクリップが、サイトに埋め込まれていた。犯罪ドラマでよく見るような、マグニツキー事件と関係のある人たちの相関図のページがあり、サイトのアクセス数は数百件しかなかった。

「アメリカ人を最強にし最弱にしているのは、彼らがだまされやすいことです」とヴェセルニツカヤは言った。「国民全体が、簡単に何かを受け入れ、とんでもない嘘まで受け入れてしまうのです。これがあなたたちの最大の弱点です。最大の強みは、あなたたち国民が利用されたことを理解し、あなたたちの弱点があなたたちに不利になるように利用されたことを理解したとき、そのようなことをした人たちを抹殺することです」

ディナーの後、わたしはヴェセルニツカヤの幸運を祈り、彼女の法的問題が解決したら

〈ネロ〉でディナーをご馳走すると申し出た。それはすぐには実現しそうもなかった。上院議員超党派による報告書は[＊3]、彼女とロシア政府およびロシア諜報機関とのつながりが、これまで知られていたよりも「はるかに広範囲で懸念すべき」だと、二〇二〇年に結論づけたのだ。

リナト・アフメトシンとわたしはレストランを出て、タクシーを拾った。トランプ・タワーでの会合が発覚したことで、彼のキャリアは頓挫した。米連邦検察当局は、トランプ陣営とロシアの共謀の可能性を捜査する間、彼に尋問した。不正行為の嫌疑は晴れたが、その頃には、彼のそれまでの評判に傷が付いていた。

彼はまだいくつかの仕事を得ていた。カザフの元高官が彼に六万ドルを払い、彼が政治的攻撃の犠牲者であることをアメリカの弁護士に納得させようとした。しかし、アフメトシンによると、それまでの依頼人の中にはもう彼と関わりたくないという人もおり、昔から付き合いのある仲介者も電話を折り返してくれないという。記者たちから中傷され、ロシアのスパイであるかのように言われたと、彼は報道機関を非難した。「まるで、船から降りてきたばかりのクソ野郎か何かみたいに扱われた」

アフメトシンは、ヴェセルニツカヤと同じように、ビル・ブラウダーへの復讐心を胸にたぎらせていた。ブラウダーからロシアの諜報員と呼ばれて名誉を傷つけられたとして、アメリカの裁判所で彼を訴えたが、管轄を理由に却下され、アフメトシンは控訴していた。[*4] 一方、彼は自分の生き方を変えようと、名誉毀損防止組合を手本にして、ロシア系アメリカ人に対する偏見と闘うことを使命とする非営利財団を設立していた。

アフメトシンはモスクワに来てビジネスの促進を図ろうとしたが、あまり相手にされなかったと打ち明けた。ビジネスがうまくいかないということは、民間工作員としての彼の生活の一部であった諸々の贅沢を失わざるをえないということだ。たとえば、一流レストランでの豪華な食事、高価で珍しいワイン、ビジネスクラス以上の飛行機での移動など。彼はワシントンDCとモスクワ間の飛行機代を節約するために、TAPポルトガル航空の格安航空券を利用し、リスボンで飛行機を乗り換えなくてはならなかった。

ナタリア・ヴェセルニツカヤがロシア情報機関とつながりがあると判断した上院情報委員会の報告書は、アフメトシンにも同様のつながりがあると指摘していたが、彼はこれを否定している。「動物園で働いていて、たくさんのサルを知るようになったからといって、サルのために働いているとは言えない」

二〇二〇年そして新たな十年を迎える頃には、企業情報会社や民間スパイが関わる訴訟が立て続けに起こされるようになっていた。マーク・ホリングスワースらに対するENRCの申し立ても、弁護士のニール・ジェラードにスパイ行為をしたとされるENRCとデリジェンスに対するジェラードの申し立ても、少しずつ進んでいた。[*5] ハーヴェイ・ワインスタインの告発者の一人であるローズ・マッゴーワンは、共謀して彼女をだましたとして、ブラックキューブやデイヴィッド・ボイーズ法律事務所などを訴えていた。訴えられた者たちは、いずれも不正行為を否定した。

最初に裁判が開かれたのは、アルファ銀行の創業者たちが、ロンドンでオービス・ビジネス・インテリジェンスを相手に起こした訴訟である。これには、二〇一六年九月にクリストファー・スティールが書いた、「ロシア／アメリカ大統領選挙：クレムリン－アルファグループの協力」というタイトルの報告書が関係していた。報告書には、アルファ銀行の上層部とウラジーミル・プーチンが長年もたれ合いの関係にあったと書かれていた。「プーチンには政治的な便宜、アルファにはビジネス・法律的な便宜を中心として、双方向に重要な便宜が継続的に図られていた」。また、同銀行の創業者が一九九〇年代に、サンクトペテルブルク市副市長だったウラジーミル・プーチンに賄賂を贈るために、行員をその運び屋として使っていたとも記されていた。

グレン・シンプソンとスティールが記者や米国当局に売り込んだ「ピング」の話は、文書にはなかったので、訴訟では問題にされなかった。フュージョンGPSとオービス・ビジネス・インテリジェンスに対する訴訟が進行している間にも、シンプソンとスティールの仲間はこの話の売り込みを続けていた。その中心となったのは、上院特別情報委員会で主任調査官を務めたダニエル・ジョーンズであった。二〇一八年までに、ジョーンズが代表を務める「ダークマネー」団体、デモクラシー・インテグリティ・プロジェクトは、デイリー・コーラーなどの右派サイトや刊行物から厳しい目を向けられるようになっていた。その後間もなく、やはりジョーンズが代表を務めるアドバンス・デモクラシーという別の「ダークマネー」団体が設立された。アドバンス・デモクラシーが提出した納税申告書から、同団体への寄付は、フュージョンGPSとクリストファー・スティールの関連団体にも渡されていることがわかった。

ジョーンズは外部の専門家に「ピング」事件の調査を依頼し、『ニューヨーク・タイムズ』紙の記者と会い、この事件を再調査するように促した。『ニューヨーク・タイムズ』紙はそれを見送ったが、『ニューヨーカー』誌の記者デクスター・フィルキンスへの売り込みは成功した。フィルキンスは『ニューヨーク・タイムズ』紙の元記者で、特派員として戦地に赴いた経験があった。彼は、サイバー陰謀が疑われる複雑な物語に全力を尽くした。二〇一八年に長文の記事を発表し、アルファ銀行と一部の研究者が提出した「ピング」がランダムだという説明は意味をなさない、と主張した。[*6] しかし、何かがひどくおかしいとほのめかしながらも、フィルキンスはそれが何であるかは言えなかった。この記事が発表されて間もなく、ロバート・モラーは議会証言で、「ピング」の話の背後に何かあるとは思えないと発言した。「現時点でのわたしの考えは、それは真実ではないということだ」とモラーは述べた。

ロンドンでオービス・ビジネス・インテリジェンスを訴えるために、アルファ銀行の創業者たちは、反アスベスト活動家がロブ・ムーアとK2インテリジェンスを訴えたときに用いた、イギリスの個人情報保護法を利用した。過去十年にわたり、ヨーロッパでは、ユーザー情報を収集し販売する企業に対して、アメリカよりも厳しい姿勢で臨んでいた。その結果、イギリスなどでは、フェイスブックやグーグルなどのビッグデータ企業に対し、情報収集について人々に通知することを義務づける法律が制定された。

イギリスの企業調査会社には、調査を開始する前に、立ち入った手段を用いずに調査が可能かどうかを判断することが義務づけられた。この法律には多くの例外と抜け穴があった。たとえば、民間諜報員が訴訟や労働争議に用いる資料を収集する場合、ターゲットに通知する必要はなかった。それでも、この新しいルールは、雇われ工作員によって不当に狙われた人々に、補償を求める機会を提供することになった。

アルファ銀行関連の訴訟が始まった二〇二〇年三月、世間では異例の事態が生じていた。人を死に至らしめる恐れのある新型コロナウイルスが世界中に蔓延していたのだ。拡大するパンデミック対策として、アメリカとヨーロッパの一部でロックダウンが実施されたが、イギリスはそれよりも対応が遅れたため、オービス・ビジネス・インテリジェンスに対する訴訟は進められた。証言台に立ったクリストファー・スティールは、たちまち攻撃を受けた。アルファ銀行の創業者たちはプーチンへの贈賄を否定し、彼らの弁護士は、彼がアルファ銀行についてまとめた文書の不正確さや、ホロウィッツ報告から突きつけられた彼の仕事に対する批判を説明するように、スティールに迫った。

証言中のスティールは、一貫した態度を示しているように見えた――自分が正しくて、他の人が間違っているという態度だ。[*7] スティールが言うには、ホロウィッツの捜査官たちは、彼が話したことを誤って解釈していたのだ。アルファ銀行について話した国務省のキャスリーン・キャヴァレックのメモには、彼の発言が誤って記されていた。かつて接触した司法省職員のブルース・オーは、彼が話したことを誤解していた。

アルファ銀行についての情報はすべて、オービスに六年間も質の高い情報を提供してくれた信頼できる情報収集屋から得たものだと、スティールは主張した。彼の報告は信頼性が高いので、オービスは彼と契約して毎月三千ドルから五千ドルの報酬を支払っている。アルファ銀行創業者側の弁護士からその情報収集屋の身元に関して質問を受けると、スティールは彼の安全が懸念されるとして拒んだ。さらに、彼の居住国を明かすことさえ、ロシア情報機関が彼を特定する「ジグソーパズル」の一片を与えることになると言い張った。

だが、スティールにとって問題は、彼のアルファ銀行についての報告書に、事実誤認があったことだ。銀行創業者側の弁護士が指摘したように、プーチンに賄賂を届けたとされる運び屋は、その期間アルファ銀行に勤務していなかった。スティールは文書の内容を擁護したが、指摘された間違いを認めた。「情報源から与えられた事実が虚偽であることには同意しない」とし、「指摘された点の一つが誤りであることには同意する」と証言した。

スティールは証言を終えることができなかった。証人台に立って二日目に、妻が新型コロナウイルスに感染して、ファーナムの自宅近くの病院に運ばれたとの知らせが入った。彼は妻に付き添うために退廷し、そのまま裁判は終了した。

数か月後、この訴訟の担当裁判官が判決を下した。[*8] アルファ銀行創業者たちが裁判を起こす際に拠り所にしたデータ保護法に、オービス・ビジネス・インテリジェンスは違反していないという判決だった。ただし、スティールの文書の中で最も重大な主張である、アルファ銀行幹部がプーチンに賄賂を贈ったという主張について、スティールはその主張が真実かどうかを突き止めるために合理的な措置を講じなかったと判示した。

「情報源が、基礎となる事実について個人的知識を有しておらず、伝聞に頼ることしかないことを、スティール氏は知っていた」。裁判官はそう述べて、さらに続けた。「彼は、その情報がどのように下位の情報源にもたらされることになるのか、あるいはもたらされうるのかについて、説明することができなかった。この疑惑には明らかに、より注意深く、より探究的手法で、より精力的な確認が必要とされた」。裁判官はオービス・ビジネス・インテリジェンスに対し、メモに記されたアルファ銀行関連のオリガルヒ二人に、それぞれ約二万二千六百ドルというささやかな損害賠償を支払うように命じた。

二〇二〇年の夏、クリストファー・スティールとオービス・ビジネス・インテリジェンスはロンドンで二件目の裁判に臨んだが、さらに高いリスクにさらされた。争点となったのは、スティールが二〇一六年の選挙直後に書いた別の文書だった。

彼はその中で、複数のインターネット・サービス・プロバイダー会社のロシア人オーナーが、不正行為に使用されることを知りながら、クレムリンの工作員に自社を利用することを許可し、工作員たちは「ボットネット」を構築し、「ウイルスに感染させ、バグを仕掛け」、民主党から「データを盗む」ことになった、と述べている。

オーナーである実業家のアレクセイ・グバレフはこれを否定し、スティールとオービス・ビジネス・インテリジェンスを名誉毀損で訴え、イギリスで裁判を起こした。スティールの弁護は根本的に、二〇一六年の選挙が終了し、オービス・ビジネス・インテリジェンスとフュージョンGPSの契約が切れると、自分は文書のいかなる側面についても報道機関に話すことはなかった、という主張を拠り所にしていた。自分の文書が公になるとは予想だにしなかったし、バズフィードがそれを公開したこととは何の関係もないと主張した。

「わたしたちはもうフュージョンGPSと契約関係にはなかった」とし、「メディアと話す理由はなかった」と、スティールは証言した。[*9]

グバレフの弁護士は、二〇一六年末から二〇一七年初めにかけてスティールがマケイン上院議員の元側近であるデイヴィッド・クレイマーと交わしたテキストメッセージを指摘し、『ウォール・ストリート・ジャーナル』やABCニュースなどの記者からの、文書に関する質問に対して、クレイマーがスティールの仲介者として行動したことが窺い知れる、と主張した。スティールは、クレイマーが独断で行動したことだと主張した。スティールはさらに、彼の要請によりバズフィードのケン・ベンシンガー記者とCNNのカール・バーンスタイン記者に文書を見せたとする、以前クレイマーが行った宣誓証言に異議を唱えた。

スティールは、二〇一六年半ば、ベンシンガーがFIFAのスキャンダルに関する本のために資料を集め始めた頃に、彼と話すようになったことを認めていた。けれども、クリスマス頃にベンシンガーから送られてきた、トランプとロシアに触れた一通のメッセージを除けば、自分たちのやり取りはすべてFIFAに関するものだったと述べた。また、ベンシンガーから、ハリウッドの映画スタジオが、彼のFIFAに関する本をもとにした映画を是非とも製作したいと言ってきており、オービスがその一端を担えるかもしれない、と言われたという。「彼は本を執筆中だった。映画契約の可能性があり、我が社も利益を得られる、儲かるプロジェクトになるかもしれない、と言われた」。スティールはそう証言した。

「ベンシンガー氏とのメッセージは、FIFAに関するものだけだったと言うのですか?」。グバレフの弁護士はスティールに尋ねた。

「それがわたしたちの間のビジネスでした、つまりイエスです」とスティールは答えた。

テキストメッセージによると、ベンシンガーとスティールは当初、二〇一七年一月下旬に、FIFAの件について話し合うために会う予定だったようだ。しかし、急に一月三日に早まった。それはちょうど、ベンシンガーとバズフィードの他の記者たちが、文書の内容を確認しようとしていた頃だ。スティールはそれでも、ベンシンガーはFIFAの件が主な目的で来たと主張し、ベンシンガーの気分を害して映画の話をなくすようなことをしたくなかったので、予定日の繰り上げに同意したのだ、と言い張った。

「基本的にベンシンガー氏とは一定の距離を保とうとしていた。それは、わたしがトランプ・ロシア疑惑の捜査に関与しているかどうか、彼が調べようとするのではないか不安を抱いていたからでもある。また、彼から示されたビジネスの機会をなくしたくないとも思ったからだ」。スティールはそう証言した。

二〇二〇年末、この訴訟のイギリスの担当裁判官は、スティール側に有利な判決を下した。裁判官は、アレクセイ・グバレフと彼の会社に関するスティールの文書の内容が中傷的であったとしても、その文書が公開されることによって受けた経済的損害を、グバレフと彼の会社は示すことができなかったと判断したのだ。さらに、スティールが提出した証拠は、ニュースメディアとのやり取りに関する彼の説明を裏づけているとされた。

バズフィードの記者であるケン・ベンシンガーは、グバレフ訴訟での証言を要求されなかった。しかし、もし彼が証言していたら、クリストファー・スティールの言い分に対して疑問が浮上していたかもしれない。ベンシンガーによると、フュージョンGPSのスタッフのリトリートでグレン・シンプソンから文書について聞いた後、すぐに連絡を取ったので、スティールは二〇一六年一二月初旬には、ベンシンガーが文書に興味を持っていることを知っていた。最初に電話をかけたとき、スティールは文書に関する質問に対し、答えをはぐらかした。一月三日に会うのは、主に文書が目的であることを、スティールは認識していた、とベンシンガーは語った。

ベンシンガーはさらに、彼の本に関連する映画プロジェクトについても、スティールが証言の中で誤って説明したと指摘した。ハリウッドのスタジオが彼の本の企画書の映画化権のオプションを獲得したので、話題を集めようとして、ベンシンガーがその契約について他の人たちに話したという。だが、ベンシンガーは、スティールに金が入るとは言っていない。それどころか、二〇一六年末に電話をかけてきて、情報を売ることを持ちかけ、映画スタジオは自分をコンサルタントして雇いたいのではないかと提案したのはスティールだったと、ベンシンガーは付け加えた。

「彼は、ロシアの組織犯罪関係者がワールドカップのスタジアム建設にどう関わっていたかという情報を持っていて、それをさらに信頼できるものにするためにスポンサーが必要だと言った」。ベンシンガーはスティールに、ジャーナリストは民間スパイの世界の顧客と違って、情報に金を払わない、と伝えたという。それに、スティールはＦＩＦＡについてそれほど詳しくなかったと、ベンシンガーは後日語っていた。

第17章

# 情報収集屋

【二〇二〇年、ニューヨーク】

文書にまつわる複雑に絡み合ったストーリーの中で、最も秘密が守られていたのは、クリストファー・スティールの「情報収集屋」、つまり彼が信頼する、有償の情報提供者の正体だった。結局のところ、ジャーナリストがこの文書について書いた文言も、スティールのメモについてのコメントや意見も、スティールの文書について政治家が言明したことも、そのどれ一つをとってみても、すべてはスティールの情報収集屋とその能力に帰することになるのだ。

それなのに、その人物の名前や、出身地、仕事に求められる資質について知っている者は、ジャーナリストや論説委員、政治家の中に一人もいなかった。文書の内容を真実だと信じる者たちは、彼の主張を信条として受け入れていた。

文書を批判する者たちはその正体を明らかにしようと躍起になり、しばらくの間ネット上の小さな探偵団が、政府報告書などを手掛かりに、この情報収集屋の名前を突き止めようとしていた。そうした素人探偵の中で、ツイッターで偶然知り合った四人が、お互いの調査結果や分析能力を結合させるようになった。そのメンバーの一人のハンス・マーンケは実名でツイートしていた。他のメンバーはツイッターのユーザー名を使っていた。銀行員のウォーカー・ハンソンは、@Walkafyre。生物医学研究の大学院生のジミー・ネルソンは、@Fool_Nelsonだった。元鉱業業界幹部で気候変動に懐疑的なスティーヴン・マッキンタイアは、@ClimateAuditだった。

マッキンタイアは四人の中でただ一人、世間を騒がせた論争やニュースメディアと関わったことがあった。二〇〇九年の『ウォール・ストリート・ジャーナル』紙の記事で、彼は「地球温暖化の最も危険な背教者」と評されたのだ。思想的には、彼らのうちの何人かはドナルド・トランプの支持者で、トランプに対する「ディープステート」の陰謀論を熱狂的に信じていた。彼らは皆こうしたことに時間を忘れるほどのめり込んでいた。

以前からあったスティールの情報収集屋を特定しようとする動きは、司法省の監察総監であるマイケル・ホロウィッツが二〇一九年末に報告書を発表すると、一気に勢いを増した。その報告書には、トランプの元外交政策顧問であるカーター・ペイジへの監視を求める裁判資料でFBI当局が示したように、スティールの情報収集屋が「ロシア系」ではないことを示す手掛かりが含まれていた。

この探偵団は、スティールの情報収集屋はアメリカ在住で、諜報機関の元工作員である可能性があると感じていた。二〇二〇年初頭、彼らは候補者の名前を挙げたレポートを書き、インターネットで公開した。その人物は、スティールがアルファ銀行について話したがっていた元KGB諜報員、ユーリ・シュヴェッツだと名指ししたのだ。

この素人探偵たちが、二〇一八年にスティールがヴァン・ニーカークと会ったことを知っていれば、シュヴェッツをその対象者から外していただろう。しかし、彼らは、二〇〇六年にロンドンで起きた元KGBスパイのアレクサンドル・リトヴィネンコの悪名高い殺人事件に関連して、シュヴェッツとスティールが偶然出会った可能性が高いと考えたのだ。リトヴィネンコが死亡する前に、シュヴェッツとリトヴィネンコは民間工作員として一緒に仕事をしており、リトヴィネンコの殺人事件に対する公式審問で、シュヴェッツは証言していた。

報道記事では、リトヴィネンコ殺人事件でスティールがMI6の捜査を指揮したと書かれることが多かったが、彼が実際に果たした役割は不明だった。この事件に関する本を書いた著者の一人であるアラン・コーウェルは、スティールの名前を聞いたことがないと言った。リトヴィネンコの親友であるアレクサンダー・ゴールドファーブ博士も同じことを言い、リトヴィネンコの未亡人もやはりスティールのことは知らないと言っていた。

インターネット探偵団は調査中に、シュヴェッツをスティールの情報収集屋の候補から外す根拠となる情報を発見した。二〇一七年初め、バズフィードがスティールの文書をサイトに掲載した直後に、シュヴェッツはウクライナの無名の放送局のインタビューに答え、スティールの文書を激しく非難していたのだ。彼は、情報収集屋がクレムリン内部の複数の関係者と接触しているというスティールの主張は、一般的に考えて不合理に思われると指摘した。

しかし、陰謀論に傾倒しているインターネット探偵団は、シュヴェッツの言葉をそのまま信じることはできなかった。文書に対して彼が中傷的なコメントをするのは、彼から注意をそらすための「偽装」なのかもしれないとも考えた。「スティール文書に関するシュヴェッツの全体的な分析は、驚くほど正確だった——アメリカで最近加えられたいかなる論評よりもはるかに正確で、はるかに先見の明がある」と彼らは分析した。「火災現場の放火犯のように、彼は話している以上に文書について知っているのではないかと、考えざるをえない」

数か月後、二〇二〇年の米大統領選挙が近づく中で、再びこの推測ゲームが始まった。しかも、今回はその答えが見つかったのだ。

クリストファー・スティールの情報収集屋は、二〇一七年初頭にFBI捜査官の聞き取り調査を受けたとき、彼の名前は伏せるとFBIから言われていた。しかし、ドナルド・トランプに従順な司法長官ウィリアム・バーは、その記録を公開することにした。

FBIによるスティールの情報収集屋の聞き取りは、バズフィードが文書を掲載した直後の二〇一七年一月下旬に三日間にわたり行われ、五十七ページの記録が残されていた。多くの政府文書と同様に、この記録文書には、公開するには機密性が高すぎると当局が判断した単語や文章の一部を黒塗りにする、夥しい修正が含まれていた。その中には、スティールの情報収集屋の名前、彼が育った場所、通っていた大学など、その身元が判明するような情報も含まれていた。

この聞き取り調査の記録がインターネットに流れると、[*1] カーター・ペイジとセルゲイ・ミリアンはすぐに、スティールの情報収集屋はエド・バウムガートナーにちがいない、とツイートした。バウムガートナーは、フュージョンGPSの請負人で、ロシア語を話す工作員である。彼らの推測は誤りだったが、政治に関して辛辣なツイートをしていたバウムガートナーは、脅迫を受け、すぐにツイッターのアカウントを削除した。

かつてユーリ・シュヴェッツを誤って名指ししたインターネット探偵団は、FBIの記録を綿密に調べていた。@WalkaFyreというユーザー名でツイートしていたウォーカー・ハンソンは、黒塗りで隠された単語やフレーズを解明するために、ある方法を編み出した。まず、黒塗りされた箇所の長さを測定し、同じような長さの隠されていないテキストと比較する。これによって、隠されている文字数が大体わかる。

ただし、このときに考慮しなければならないのは、文書の作成に使われた書体、つまりフォントである。等幅フォントと呼ばれる書体では、各文字は同じ幅を占める。しか、タイムズ・ニュー・ローマンのような一般的な書体では、文字の大きさが著しく異なるので、黒塗りされた短い単語でも、四文字から六文字までの場合がある。

FBIの聞き取りは、クーリエという等幅フォントで記録されていたので、解読は容易だった。記録文書には、スティールの情報収集屋のフルネームとラストネームが含まれていたので、ハンソンと仲間たちはまずそこから取り掛かることにした。この人物の名前は、フルネームが十四文字、ラストネームが九文字と思われた。名字と名前の間にスペースが入るので、彼の名前は四文字ということになる。つまり、4（名前）＋1（スペース）＋9（名字）＝14（フルネーム）という計算だ。この聞き取り調査記録から、もう一つのことが窺い知れた。職歴の長さからすると、彼は比較的若い人物のように思われるので、ユーリ・シュヴェッツのような熟練した元工作員は対象者から外れるはずだ。さらに、この人物は、文字数が四つのロシアの都市で育ち、十文字のアメリカの大学院に進学していることが、聞き取り記録からわかった。

ネット探偵たちは、こうした調査に基づいて、ロシアの汚職を調査していたエネルギー産業の専門家、イリヤ・ザスラフスキーに目を付けた。ところが、彼らが手掛かりを追おうとしていたその矢先、何者かに先を越された。ifoundthepss.blogpost.com というサイト（FBIの記録では、この情報収集屋をスティールの Primary Sub-Source あるいはpssと呼んでいた）を立ち上げた匿名のブロガーが、誰も考えたこともも聞いたこともない人物がスティールの情報収集屋だと特定したのだ。その人物の名前は、**イゴール・ダンチェンコ**（Igor Danchenko）といい、名字と名前の間のスペースを入れると、4＋1＋9＝14の式に当てはまる。

Ifoundthepssのブログ主は当初、スティールの情報収集屋は、オービス・ビジネス・インテリジェンスの元アナリストで、同社を辞めて独立した若者の一人ではないかと考えていたという。この推測は外れたが、そのアナリストの一人をツイッターでフォローしている人物を調べ始めたところ、ダンチェンコに行き当たった。

ブロガーはその後、ダンチェンコのツイッターアカウントとリンクトインのプロフィールを検索し、いろいろと辻褄が合うことに気づいた。ダンチェンコは、スティールの情報収集屋がそこにいたであろう時期に、ロシアやロンドンで撮影された写真を投稿していた。彼はシベリアの鉱山地帯の都市ペルミ（Permなので四文字）で育ち、ルイビル大学大学院（Louisvilleなので十文字）に通っていた。また、ワシントンDCに住んでいた時期もあり、スティールの親友でもあるアメリカ人のストローブ・タルボットがかつて所長を務めていた、ブルッキングス研究所というシンクタンクに勤務していたこともあった。

スティール文書以前の彼のキャリアのハイライト――クリストファー・スティールが勲章モノだと見なしたキャリア――は、プーチンが自分の論文の一部を剽窃したとダンチェンコが気づいたことだ。Ifoundthepssのブログ主は、陰謀論ファンに思いがけない贈り物を提供した。ダンチェンコはブルッキングス研究所で、二〇一九年の議会の弾劾公聴会で文書について証言したロシア関連専門家のフィオナ・ヒルと働いていたのだ。

「従来のジャーナリズムは死んだ」とそのブロガーは書いた。「ネットで適切な人物を見つければ、主流メディアが伝える何時間も、何日も、何週間も、あるいは何年も前に、その人がストーリーを伝えてくれる。ストーリーがあなたのもとに届く頃には、主流メディアがそのときに追い求めている思惑やナラティブに合うように、フィルターがかけられ、作り直されている」

それは事実かもしれないし、ifoundthepss のブロガーが調査の天才ということなのかもしれない。あるいは、ダンチェンコを排除したいと考えるアメリカ政府内部の者が、ブロガーに手を貸していたのかもしれない。


イゴール・ダンチェンコは、ロブ・ムーアやマーク・ホリングスワースと同じタイプの工作員だった。つまり、特殊な技能――ダンチェンコの場合は言語――を備え、最後の手段として民間スパイビジネスへの道を見つけたタイプだ。ＦＢＩの聞き取り調査を受けたとき、[＊2]ダンチェンコは、ロシアで法律の学位を取得し、卒業後は鉱業業界で弁護士として働き、その後アメリカの大学院に進学することにしたと、自身の経歴について話した。ルイビル大学とジョージタウン大学で国際関係の修士号を取得した後、ブルッキングス研究所にジュニア・ポジションで採用された。だが、博士号を取得してないので、シンクタンクでのさらなる昇進が叶わず、二〇一〇年頃から民間の情報ビジネスに足を踏み入れるようになった。

ダンチェンコは主にアナリストとして、ロシアや東欧でビジネスを行う企業向けに「政治リスク」レポートを作成していた。レポートは、情報提供者から集めた情報ではなく、新聞記事や研究論文などの「オープンソース」をもとに作成していた。二〇一〇年に、ダンチェンコが勤めていた会社が倒産し、職探しに奔走していたところ、知人からクリストファー・スティールを紹介された。

ダンチェンコがFBIに話したところによると、当時オービス・ビジネス・インテリジェンスを立ち上げたばかりのスティールは、東欧のビジネスリスクに関するレポート作成という、実力を試す小さな仕事を彼にまず与えた。スティールは彼の仕事を「気に入り」、その後、ダンチェンコはオービス・ビジネス・インテリジェンスと契約を交わした。仕事は当初、一般的な分析調査だった。二〇一二年、ある実業家がロシアの組織犯罪とつながっているのかどうか情報を集めるため、スティールの指示でロシアへ行った。これが、報酬を受けて工作員として働いた最初の仕事となった。

元MI6の諜報員だったスティールは、安全のために情報源から聞き取ったことをメモに取らないように、緊急時以外はロシアからオービス・ビジネス・インテリジェンスに連絡しないようにと命じた。ダンチェンコは、同社の仕事で定期的にロシアへ出張するようになってからは、アメリカに戻る途中にロンドンでスティールと会い、得た情報を口頭で報告するようになったという。彼は、スティールがかつてスパイとして働いていたことを聞いていた。だが、「政府の仕事には関わらない」ようにしたかったので、それについては尋ねないことにした。そのとき、「では、その点ではあまり良い仕事をしていませんね」と、ダンチェンコの弁護士が当意即妙にコメントを放った。

ダンチェンコによると、二〇〇〇年代半ばのウクライナでのマナフォートの活動や、彼が関与した不正なビジネス取引など、ポール・マナフォートのスキャンダルをかき集めるようにスティールから頼まれたのは、二〇一六年三月のことだったという。当時三十代後半だったダンチェンコは、マナフォートがどんな人物なのか「まったく知らない」こと、スティールの依頼がアメリカ人に関するものだったことから、この任務に面食らったと、FBIに話した。三か月後の二〇一六年六月、ダンチェンコがオービス・ビジネス・インテリジェンスの依頼により、ビジネス関連の任務でロシアを訪ねたときに、スティールから、ドナルド・トランプやカーター・ペイジ、マイケル・コーエン、マイケル・フリンなどに関する、政治やビジネスでの良くない噂も探すように、と言われたという。

ダンチェンコはFBIに、文書のために集めた情報は、オービス・ビジネス・インテリジェンスでロシア関連の別の仕事をするうちにつながった、狭い人脈から得たものだと説明した。ダンチェンコの説明からは、その人脈の中に、クレムリンと密接なつながりがある人物がいるようには思えなかった。その多くは、ダンチェンコの幼なじみ、大学時代の友人、飲み仲間などだった。その中の一人は、ダンチェンコに政治的なゴシップを流したり、一緒にやらないかと金儲けのアイデアをよく持ちかけてきたりした。また、仕事柄ロシア政府高官と接触している友人は、耳に入った噂話を、飲み会の席でダンチェンコに教えてくれた。彼は「次官からこんなことを聞いた」とか「あの話題についてこんなことを小耳に挟んだ」と言っていた、とダンチェンコはＦＢＩに話した。

バズフィードが二〇一七年にスティール文書を公開した後、ジャーナリストたちの間では、グレン・シンプソンがトランプ・オーガニゼーションとの関係を主張する不動産ブローカーのセルゲイ・ミリアンを、報告書の中できわめて過激な主張のいくつかを知らぬ間に提供した人物として「情報源Ｄ」と特定した、と言われていた。三年後、クリストファー・スティールのドロップボックスの役割を果たしたと思われる、『ガーディアン』紙の記者ルーク・ハーディングは、まだその説を提唱していた。[*3]「スティールは、有用な情報源となりうるミリアンに対し、どうアプローチするかを考えた」と、ハーディングは二〇二〇年に出版された著書 *Shadow State*（『シャドウ・ステート』、未邦訳）に書いている。「直接アプローチしてもうまくいきそうになかったので、スティールは仲介者を送り込んだ。

ミリアンはこの人物と長々と差し向かいで話をし、信頼に足る、気が合う人物だと信じた。その会話の内容はスティールに伝えられた。文書の最も過激な内容の主な情報源は、ミリアンだったのだ。それは、二〇一三年一一月、トランプがモスクワのザ・リッツ・カールトンに滞在中、ロシアの売春婦と一緒にいるところを撮影されたというものだ」

だが、スティールの情報収集屋であるイゴール・ダンチェンコが、二〇一七年にFBIの聞き取り調査で話した内容は、まったく異なっていた。気が合う者同士の会話などではなかった。ダンチェンコは、不動産取引を口実にして、ミリアンと直接会おうと画策したが、うまくいかなかった。だから、ミリアンには会ったことがないし、直に話したこともないという。もしかすると一度だけ、電話で十分ほど手短に話したことがあったかもしれないが、ミリアンと思われる人物が名乗らず、身元がわかるようなことも言わなかったので、それが彼だったかどうかすらも確信が持てなかった。

ダンチェンコはFBIに対し、文書の中でとてつもなく過激な主張の真の情報源は、彼がそれ以前にオービス・ビジネス・インテリジェンスで手掛けた、数多くの仕事で重要な情報源となった女性だった、と語った。その女性は、ロシアで中学校に通っていた頃から知っている幼なじみで、彼女の情報には「一〇〇パーセント」の信頼を置いているという。

ダンチェンコのインタビューがネットに流れると、ネット探偵がその女性を見つけるまでに時間はかからなかった。彼女の名前は**オルガ・ガルキナ**といい、フェイスブックによると、長年ジャーナリストとして、また、諸政府機関や企業の広報担当者として働いてきたことがわかった。そのうちの一社は、オーナーがスティールとオービス・ビジネス・インテリジェンスを名誉毀損で訴えることになった、インターネット・サービス・プロバイダーだった。

ダンチェンコによると、マイケル・コーエンがプラハへ行ったとされるネタの唯一の情報源は、ガルキナであった。コーエンと「身元が確認できないその他三人」が、クレムリン側の代表者と会うためにプラハに飛んだという話を聞いたと、彼女から初めて聞いたのは、二〇一六年の夏だったという。当初、彼女はクレムリン側の代表者の身元は知らないと言っており、彼女が推測する限りで最もありそうなのは、「法務庁」または「法務局」の人間だと付け加えた。だが、ダンチェンコはそのような機関を聞いたことがなく、存在しない機関だと考えていた。

その後、ガルキナはプラハでの会談について別の話を提供した。そのとき聞いたのが、コーエンがプラハでロシアの文化団体ロッソトルドニチェストヴォの幹部と会っていたという話である。ダンチェンコはガルキナに、プラハ会談に参加したとされるその他アメリカ人の名前を知りたいと要求したが、彼女はその身元を突き止めることができなかった。FBIがダンチェンコに聞き取り調査を行ってから数か月後、FBI捜査官はガルキナを探し出して話を聞いた。驚くまでもないが、ガルキナは、ダンチェンコが彼女から聞いたとする内容を取り下げ、後日、自分は文書の情報源ではないと主張した。

「放尿テープ」については、トランプが「ウォータースポーツ」が好みで、ザ・リッツ・カールトンでその趣味に興じていたという「よく知られた」疑惑があると情報源の一人から聞いたと、ダンチェンコは説明した。ダンチェンコがホテルのマネージャーたちに話を聞くと、彼らは困惑し、そこでは「あらゆることが起こる」し、有名人については「彼らが何をしているのかは誰にもわからない」と言われた。ホテルのハウスキーパーの話では、ザ・リッツ・カールトンでは「何でもあり」だという。ただし、公式には「売春婦はお断り」ということになっている、ということだ。

しかし、この「放尿テープ」の話には、クリストファー・スティールのようなベテランのスパイにとっては最初から明白だったはずの、基本的な問題があった。脅迫が最も効果的なのは、それを知っている人が、つまり脅迫をする側とされる側が、ごく少数に限られる場合だ。ロシア政府はトランプの「放尿テープ」を持っているのかもしれないが、仮に持っていたとしても、それがロシア政府の中で話題になることは、ありそうになかった。

イゴール・ダンチェンコがＦＢＩに話をする際に、自分のことをできるだけ良く見せたいという気持ちがあったことは、ほぼ疑うまでもないだろう。[*4] また、彼の話と文書に含まれる情報との間に齟齬があっても、その矛盾を解決する方法はなかった。ダンチェンコは、情報提供者から集めた情報をスティールに説明する際に、「アナリストとしては、こう思う」などのフレーズを使ったり、「可能性ありか、ありそうなことか」などと資料を分類したりして、情報の質については常に慎重を期したと主張している。スティールの文書には、そのようなことを思わせる痕跡は微塵もなかった。それは、彼のダンチェンコに対する信頼を反映しているのかもしれない。また、自分の知識を誇張しようとする、民間諜報員の虚勢を反映しているのかもしれない。

かつてグレン・シンプソンにスティール文書は「クソ」だと思うと言った、企業専門の調査員でロンドンを拠点とするアンドリュー・ワーズワースは、スティールがイゴール・ダンチェンコを情報収集屋として雇っていたことを、最初は信じようとしなかった。ワーズワースは、ダンチェンコを何年も前から知っており、実に好人物だと思っているし、「政治的リスク」の報告書作成の仕事で彼を時折雇っていた。

だが、ダンチェンコにはクレムリン内部やその近辺に情報源がないことは明らかだったので、自分なら、ダンチェンコに機密情報の収集を任せることはなかっただろう、とも語った。「イゴールは本当に好人物なんだ、（クリストファー・）スティールが彼をスーパー情報源として示したなんて、当惑せざるをえない」とワーズワースは言った。

スティールは他の人々と同じように、ロシアがアメリカとヨーロッパに脅威を及ぼすと考えていた。しかし、そうした危険性にもかかわらず、彼はトランプ・ロシア疑惑の調査を単に自分がやるべき仕事の一つとして追及していたように思えた。ダンチェンコによると、スティールは情報提供者に会って、彼らが提供した内容を再確認することはなかったという。ロシアにいる情報源なら、それも理解できるだろう。しかし、ダンチェンコの重要な連絡員で、マイケル・コーエンの重大疑惑などを提供したオルガ・ガルキナはキプロスに住んでいた。FBIは彼女に会う労を惜しまなかったのに、スティールは会わなかったのだ。

数年後、スティール文書における自分の役割が世間に知れ渡ってから、イゴール・ダンチェンコはインタビューの中で、文書について相反する答えをしている。『ガーディアン』紙のルーク・ハーディングに対しては、「放尿テープ」の話を含め、クリストファー・スティールに渡した情報には自信があると語り、「確かな話だ」と主張した。[*5] ところが、同日の『ニューヨーク・タイムズ』紙に掲載されたインタビューでは、スティールのメモの主張について、依然として懐疑的だと述べている。[*6]

いずれにしても、ダンチェンコがこの文書で果たした役割は、いくつかの問題を浮き彫りにすることになった。その最たるものが、**雇われスパイによる仕事は陳腐である**、ということだ。民間スパイが繁盛するのは、彼らが見えないところで活動するからだ。それが、彼らがクライアントに売る「情報（インテリジェンス）」の質を隠し、精査されないままにしている。この秘密主義が、企業調査業界の「オズの魔法使い」的な性質を知るカギである。自分たちの仕事が公にならない限り、工作員は顧客に対して「戦略的な情報(インテリジェンス)」を売っていると主張することができるが、**彼らがやっていることは、大概は作り話をすることなのだ**。騒ぎが収まれば、民間スパイが手玉に取るのはターゲットだけではないことが明白になる。顧客も手玉に取られるのだ。

二〇二〇年、トランプ・ロシア疑惑を三年間調査してきた米上院情報特別委員会は、待望の報告書を発表した。[*7]トランプ時代の見せかけだけの調査活動とは違い、委員会の超党派がしっかり精査した調査結果は、**ロシアがトランプに有利に働くように二〇一六年の選挙運動に影響を与えようとした**ことを裏づけていた。報告書の中で、議員たちは文書についても取り上げ、クレムリンの干渉で主要な役割を果たした人物がいるが、その名前は見事なまでにクリストファー・スティールの文書のどこにも現れないと、わざわざ指摘した。その人物とは、スティールを民間工作員として五年間雇っていたオリガルヒの、オレグ・デリパスカだった。

トランプ・ロシア疑惑が噴出したとき、AP通信は二〇一七年、ポール・マナフォートがクレムリンの利益を促進するためのロビー活動を申し出て、十年前にデリパスカに千万ドルの提案書を送っていたと報じた。デリパスカはこの取引に署名しなかった。彼は、マナフォートに関する情報を議会の捜査官に提供すると申し出た。

米上院情報特別委員会は、デリパスカの協力は必要ないと判断した。スティールはデリパスカとの関係は文書の内容に影響を与えていないと、繰り返し主張した。しかし、上院委員会は報告書の中で、デリパスカが長年にわたってクレムリンの政治目標の推進に力を注いできたことを考えると、文書がデリパスカについて触れていないことは非常に不自然であると指摘した。「スティールは、文書の中でポール・マナフォートの名前におよそ二十回言及している。それは必ずウクライナでの彼の仕事との関連で、とくに当時のウクライナ大統領ヴィクトル・ヤヌコービッチのためにマナフォートが行った仕事との関連において言及されたものだ」とし、委員会の報告書はさらに続けた。「マナフォートと長年ビジネスで関係のあったデリパスカには、一度も言及されていない」

クリストファー・スティールとデリパスカとの関係は、二〇一七年に終止符が打たれたが、デリパスカとの関係をジャーナリストや議員に話していなかった雇われ工作員は、スティールだけではなかった。上院情報特別委員会は報告書の中で、グレン・シンプソンが委員会で証言した際に、デリパスカとの関係を話さなかったことを指摘した。結局のところ、シンプソンがトランプ・ロシア疑惑メモの作成をスティールに依頼する三か月前の二〇一六年三月に、フュージョンGPSがスティールを雇ったのは、ポール・マナフォートに関する情報を収集し、デリパスカがマナフォートに対して起こした訴訟を支援するためだったようだ。

二〇二〇年には、報道機関はこの文書に対する関心をほとんど失っていたが、フュージョンGPSはまだ文書がもたらす影響に対処していた。アルファ銀行のトップが同社を相手取ってアメリカで起こした訴訟が進行中だった。自分たちは何も悪いことはしていないと、フュージョンGPSは主張した。アルファ銀行側の弁護士は、グレン・シンプソン、ダニエル・ジョーンズ、そして「ピング」の話に関係する人たちの宣誓証言も求めていた。

グレン・シンプソンは最後にひと花咲かせた。彼は民間工作員としてのキャリアをスタートさせた当初から、自分の仕事を映像で記録したいと考えていた。二〇〇九年、彼はABCニュースのブライアン・ロスとロンダ・シュワルツに、自らの経験をもとにして作品を作るというアイデアを持ちかけたことがある。その十年後、フュージョンGPSは、ドキュメンタリー映画監督として知られるアレックス・ギブニーが経営する映画会社に、同様の提案を持ちかけた。

ギブニーの会社はそれを見送った。しかし、それから間もなく、アレックス・ギブニーと『60ミニッツ』の元プロデューサーであるローウェル・バーグマンが、ロシアの選挙干渉に関するドキュメンタリー映画の制作に乗り出した。[*8] シンプソンはギブニーに、文書の話を映画の中で是非とも伝えたい、万が一誰かが自分に危害を加えようとしても、テープに録画された映像が残るだろう、と話した。

二〇一七年三月、ドキュメンタリーの中ではカリフォルニアの「某所」と表現された場所で、ギブニーはシンプソンにインタビューした。画面に映るシンプソンは、まるで証人保護プログラムを受けている人のように見えた。「この話を誰かに話さないまま、自分の身に何か起こったらと……つまり……この話は決して世に知られることがないだろうと、不安を募らせるようになった」とシンプソンは語っている。

シンプソンとダニエル・ジョーンズは、すでにデモクラシー・インテグリティ・プロジェクトの資金調達に乗り出していたので、このときにはもう最大の恐怖を乗り越えていたのかもしれない。ドキュメンタリーの後半で、シンプソンはフュージョンGPSのオフィスで、ローウェル・バーグマンからインタビューを受けている。

「では、あなたはジャーナリストではないのですね？」。バーグマンが彼に尋ねた。

「わたしはジャーナリストではない」。シンプソンが答えた。

「あなたは金を積まれれば何でもやる仕事人ですよ」。バーグマンは言った。

シンプソンは顔に引きつった笑みを浮かべて答えた。「何とでも好きなように呼んでくれ……」

# あとがき

【二〇二〇年、マサチューセッツ州タイリンガム】

二〇一〇年、エイモン・ジャヴァーズは、*Broker, Trader, Lawyer, Spy*（『諜報ビジネス最前線』、録風出版、二〇一一年）という、企業調査業界についての本を出版した。その中でジャヴァーズは、このような企業の反抗的な活動を抑制する一つの方法として、金銭で雇われて議員に働きかけを行うロビイストに対して議会が要求する登録・開示の要件を、こうした企業にも課してはどうかと提案している。雇われ工作員が顧客名と任務内容を開示する「スパイ登録簿」のようなものを、証券取引委員会のような規制機関が作成できるのではないかというのだ。ジャヴァーズは、「スパイ会社は今こそ正体を現すときだ」と訴えた。

この提案の意図は良かった。問題は、彼の本が出版されてから本書が出版されるまでの十年の間に、企業情報機関の行動がさらに略奪的で乱暴になったということだ。うぬぼれが強くて道徳的に破綻した雇われスパイほど、報いを受けるにふさわしい職業はない。機会があれば彼らをできる限り訴えていくことが、その力を削ぐためには役立つかもしれない。だが、それは、そうした訴訟の原告が全力で闘うことを厭わず、金を取って逃げるのではなく、真実を明らかにしようとする場合に限られる。

法執行当局は、不正な民間諜報員とそのスポンサーを刑事告発することによって、それに手を貸すことができるだろう。シチズンラボがインドの「雇われハッカー」の活動を突き止めたことを受けて、連邦検察はイスラエル在住の私立調査員を逮捕し、ハッカーに仕事を委託していたとしてその人物を起訴した。[*1] だが、ハッキングの規模を考えると、このイスラエル人工作員が果たした役割は小さいと思われる。法執行当局が、ハッキングの受益者やその手配を幇助した弁護士や工作員を追及し、業界に本気でメッセージを送る用意があるかどうかは、明白でなかった。

結局のところ、金銭目当てで働くこうした人たちに対する最大の防御は、自己防衛なのかもしれない。企業調査業界は、テクノロジーに精通した二十一世紀のビジネスというイメージを打ち出しているが、本質的には、**わたしたちの誰もが標的になりうる信用詐欺**であることにやはり変わりはない。わたしがクリストファー・スティールを追跡するときに手伝ってくれた、年配のイギリス人私立探偵イアン・ウィザーズは、何十年もこのゲームを続けてきたため、そのやり方を熟知している。その彼の助言は、シチズンラボのリイバーセキュリティ専門家であるジョン・スコット＝レイルトンと同様に、「**カモになるな**」の一言に尽きる。「どんな詐欺にでも適用される黄金律は、知らない相手からの電話に対しては、決して情報を与えないこと」だと、イアンは言う。

さらに彼は、知らない人から電話がかかってきたら、彼らが連絡してきた理由と連絡先の電話番号を書いたメールを送るように相手に言うことも一つの手だと話していた。だが、その電話番号はダミーで別の電話に転送される恐れがあるので、グーグルで検索し、確認したほうがよいと、イアンは注意を促す。それに、見知らぬ人物の雇用先の会社が実在するかどうか、実在するならばいつ設立されたのかを調べられる、公共の安価なデータベースもいろいろある。ブラックキューブの工作員に声をかけられた人が、こうした手順を踏んでいれば、悲痛な思いをせずにすんだかもしれない。

また、ブラックキューブの工作員がハーヴェイ・ワインスタインの告発者に対して行ったように、工作員が本来の目的とは関係のない話題を用いてターゲットにアプローチし、警戒心を解こうとすることもある。「**罠にはまってはいけない**」とイアンは言う。

「そうした罠は非常に緩いんだ。誰かから意見を求められただけで、その人と関係を構築するきっかけが心の中に生じる」

民間諜報員の活動に影響を与えられる職業がある。それは、わたしの職業、つまりジャーナリズムだ。記者はよく、「事情通」とか「消息筋」といった曖昧な表現で、情報源となる人物の身元を隠すことがある。

先日、『ニューヨーク・タイムズ』紙などの主要な報道機関は方針を変更し、匿名の情報源について以前よりも詳細な説明をするように義務づけ、その人物に思惑があるかどうかを、読者が自分で判断できるようにした。報道機関がこのような変更を行ったのは、ジャーナリストなら誰もが同意するとされる美徳、すなわち透明性を促進するためだった。しかし、秘密主義と欺瞞で利益を得る民間スパイ産業にとって、透明性は忌むべきものである。

グレン・シンプソンとピーター・フリッチがスティール文書を宣伝していたとき、ジャーナリストが彼らと手を組みたければ、クリストファー・スティールだけではなく彼らの名前も伏せることに同意しなければならないとされた。この取り決めが契約の基本となったことにより、文書は何年にもわたり盛んに取り沙汰されることになった（『ニューヨーク・タイムズ』紙に在籍していたとき、わたしはグレン・シンプソンと何度か話をしたことがある。そのときの話に基づいて何か記事を書いた記憶はないし、バズフィードが発表するまで、わたしはこの文書について何も知らなかった）。

シンプソンとフリッチがジャーナリストと交わした契約で特筆すべきことは、そうした契約がこの業界では異例ではないということだ。喉から手が出るほどネタとトップ記事が欲しくてたまらないジャーナリストたちは、何十年もの間、自分たちとの関係を定めるルールを民間諜報員が決めることを許してきた。

　集めた情報を民間工作員がジャーナリストに持ち込むことは、何も悪いことではない。しかし、物事が誤った方向に進み、市民の判断をひどく惑わすのは、ジャーナリズムの一端における雇われ工作員の関与を、報道機関が隠したままにしておく場合である。

　物事に偏見を抱いていたり、クライアントに有利になるように情報を歪めたいと思ったりする人はいるものだ。だから、金をもらってそれをする人がいる。それなのに、報道機関は、自らのキャリアや身の危険を顧みずに声を上げる内部告発者に与えられるべき匿名性と保護と同程度の匿名性と保護を、そうした人たちに与えている。

　なぜジャーナリストがこのような駆け引きを続けるのか、その理由は定かではない。報道機関はおそらく、自分たちがルールを決めるようになったら、企業情報会社（あるいは法律や危機管理の業界でその手助けをしている仲間）から切り捨てられるのではないかと恐れているのだろう。それは小さな代償といえるだろう。あるクライアントのために記者にネタを提供する多くの民間工作員が、別のクライアントのために今度は記者をスパイするという実態を考えると、なおさらそういえる。

　記事に書かれた情報が、工作員が金をもらって探し出し仕込んだものに由来するのかどうかを、読者や視聴者には知る権利がある。この問題は、主流の報道機関に限ったことではない。二〇二〇年の大統領選挙でのドナルド・トランプ敗北後、その不正投票を訴える声など、あらゆる種類の戯言のゴミ捨て場として、保守系の刊行物やウェブサイトが日常的に利用されている。

確かに、わからないではない。わたしも何十年も記者生活を送ってきたし、やはりスクープが欲しくてたまらなかった。だが、もしジャーナリストが民間諜報員との秘密保持契約を破棄しないのなら、今回の文書のような大失態が繰り返されるのは、時間の問題だろう。

# 謝辞

書くことは孤独な作業である。だが、アイデアを本という形にして、この世に生み出すことは、孤独ではない。多くの人が才能と時間を惜しみなく提供してくれるからこそ、本ができあがるからだ。世界的なパンデミックという苦しみと恐怖の中で生まれた本には、とくにそう言えるだろう。

わたしのエージェントであるフェアリー・チェイスは、本書の企画書作成の段階から奮闘し、ハーパー・コリンズのジョナサン・ジャオという素晴らしい編集者を見つけてくれた。そして、ジョナサンのユーモアとこのプロジェクトに対する熱意が全員に引き継がれ、本書を出版することができた。フェアリーのロンドンの共同エージェントであるカスピアン・デニスは、セプター・ブックスのジュリエット・ブルックと連絡を取り、本書の英国版を出そうと尽力してくれた。ジュリエットは原稿に彼女ならではのアドバイスをくれ、おかげで素晴らしい成果が生まれた。大西洋の両側で著書が同時出版されるというのは、わたしにとって初めてのことであり、非常にワクワクしている。そのため、本書の出版でお世話になったハーパー・コリンズとセプター・ブックスの方々で、もし名前を挙げ忘れてしまった方がいたら、どうかお許し願いたいと思う。

ハーパー・コリンズのスタッフには感謝の念に堪えない。とくに、サラ・ホーゲンの惜しみない協力に感謝する。本書に素晴らしい装丁を施してくれたナンシー・シンガー、異彩を放つ表紙をデザインしてくれたリチャード・リョーネス、法的見地から原稿をチェックしてくれたキラン・キャシディ、マーケティングを担当してくれたベッカ・プットナム、本書に注目が集まるよう熱心に活動してくれたテレサ・ドゥーリーに、心からお礼を申し上げたい。

セプター・ブックスでは、進捗を常に管理してくれたイレーネ・ロールストン、マーケティングを手掛けてくれたヘレン・フラッド、宣伝とメディア対応のマリア・ガーブット＝ルセロ、英国法の微妙な違いを意識して読んでくれたカースティ・ハワース、そして本書の英国版の表紙をデザインしてくれたルイス・シズマジアに、心から感謝申し上げる。ルイスは、セプター・ブックスでは二〇二〇年に出版された、わたしの処女作である *Pain Killer*（『ペイン・キラー』三木直子訳、晶文社、二〇二三年）の表紙も手掛けてくれた。カバーの著者近影を撮影した『ニューヨーク・タイムズ』紙の元同僚で友人のピーター・イーヴィスは、イギリス出身でニューヨーク在住の熱烈なリバプール・ファンなので、大西洋を越えたこの仕事にぴったりだった。

ロブ・ムーアとK2インテリジェンスに関しては、当初『ニューヨーク・タイムズ』紙で記事を書いたが、ありがたいことに許可を得て、そのときのメモを本書に利用している。現代もののノンフィクションの書籍は、著者と話をしようとする人がいて初めて成立するものだ。わたしは多くの人から話を聞きたいと考えており、幸いにも、多くの人がわたしと話してくれた。本の中で名前を出してほしくないという人もいるので、そのような方々にもこの場を借りてお礼を申し上げたい。

次に、経験や見識、考えを共有し、サポートや手助けをしてくれた方々をアルファベット順に紹介したいと思う。ジル・エイブラムソン、リナト・アフメトシン、ルパート・アラソン、ローリー・カザン＝アレン、マリー・アラナ、ダニエル・バリント＝クルティ、マーティ・バロン、ディーン・バケット、ポール・バレット、リリ・ベイヤー、スーザン・ビーチー、リッチ・ベハー、キティ・ベネット、ケン・ベンシンガー、ローネン・バーグマン、ローウェル・バーグマン、デイヴィッド・ボイーズ、サイモン・バワーズ、ヴァル・ブロークスミット、ビル・ブラウダー、クレア・リューキャッスル・ブラウン、オリバー・バロウズ、アンブロース・キャリー、ジョン・キャリールー、バリー・キャッスルマン、ジュリー・コーエン、ローリー・コーエン、デイヴィッド・コーン、アラン・コーウェル、ショーン・クリスピン、アラン・カリソン、ケン・ディラニアン、デイヴィッド・エンリッチ、エレナ・エガワリー、ハワード・チュア＝イオアン、マット・フレーゲンハイマー、チャールズ・フランシス、ピエール・ガスティノー、ジェフ・ガース、サイモン・グッドリー、アレックス・ギブニー、アレクサンダー・ゴールドファーヴ、アダム・ゴールドマン、ジュリアナ・グローバー、パトリック・グレイ、ビル・グリュースキン、ブライアン・グルーリー、ウォルター・ハンソン、アンドリュー・ヒギンズ、マーク・ホーゼンボール、ジェフ・カッツ、アーパッド・クリサン、アンドリュー・クレイマー、ニコール・ホン、スコット・ホートン、アダム・ハルコップ、マイケル・イシコフ、エイモン・ジャヴァーズ、アンドリュー・ジェニングス、マーク・ランドラー、エイミー・ラシンスキー、エリック・リヒトラウ、ジェーン・メイヤー、マーク・マゼッティ、デイヴィッド・マクロウ、スティーヴン・マッキンタイア、ジム・ミンツ、ジョン・ミンツ、アレクサンダー・マーチェフ、ロブ・ムーア、ジョン・モスコー、コンラッド・マルケイ、スティーヴン・リー・マイヤーズ、ジミー・ネルソン、イゴール・オストロフスキー、ニック・ペック、ウィリアム・ピッグマン、デイヴィッド・プロット、マット・パーディ、ジョン・スコット＝レイルトン、マシュー・ローゼンバーグ、ブライアン・ロス、チャック・ロス、レベッカ・ルイズ、ラファエル・サッター、ダイアナ・シェモ、ロンダ・シュワルツ、スコット・シェーン、ケン・シルバースタイン、キャム・シンプソン、ベン・スミス、アビゲイル・フィールディング＝スミス、ジェイ・ソロモン、ポール・スタイガー、サイモン・テイラー、メーガン・トゥへイ、ジョシュ・ティランギール、フィリップ・ヴァン・ニーカーク、フランク・ヴァンダースルート、タピオ・バスキオ、ナタリア・ヴェセルニツカヤ、エリック・ウェンプル、フランツ・ワイルド、イアン・ウィザーズ、ジョン・ウィザーズ、アンドリュー・ワーズワース、ジム・ヤードリー。

多くの人々と同じように、わたしもここ一年は、パンデミックの影響で友人や近所の人たちとあまり会えなかった。しかし、ズームやメールでのちょっとした交流でも、元気づけられた。次の方々に感謝したい。マーティ・バロン、アリス・ブラック、スーザン・バーンフィールド、エリック・チンスキー、ルイーズ・クランデル、マリー・コステロ、ディック・アインホーン、ニール・ファーンリー、サム・グロバート、イヴ・ハーン、スティーヴ・ルバイン、マーク・リーブリング、シェリル・リーブリング、アンディ・マーティン、マーシャル・メッサー、ジム・ミンツ、ジャド・ムアワド、マイケル・モス、クロード・ミルマン、フィル・パーカー、クリスティン・パワーズ、ヒラリー・レドモン、エレン・ルーニー、レベッカ・ルイス、ベッキー・サレタン、ジーン・シェファー、エイミー・シンガー、デボラ・ステュアート、デイヴィッド・ユーデル。隣人のケニー・パワーズとローリー・ヨーウェルには、この一年助けられっぱなしだった。そして、マサチューセッツ州タイリンガムの新旧の友人たち。新型コロナの流行にもかかわらず、今年の夏もモントレーでは素晴らしいソフトボール大会を開催できた。

この一年は多くの人々にとって大変な年だった。多くの人が愛する者を失った。病気で苦しむ人もいる。それでも、わたしたちのために勇敢に任務をまっとうしてくれる人たちがいる。こうした犠牲を決して忘れないようにしたいと思う。

娘のリリーと妻のエレンと愛犬のチャーリーの存在と、彼らが与えてくれる愛情と寛大さがなかったら、わたしは何も成しえなかっただろう。本書の謝辞で、エレンについてどう書こうかと少し悩んだ。わたしがこれまで出版した本では、彼女が多くの時間を割いて原稿を読み込み、適切なアドバイスをし、優れた編集の手腕を発揮してくれた。そのせいもあって、妻は今回はあまり関わりたくないと言っていた。ところが、本書の完成間近になると、彼女はこの本を読んで素晴らしい提案をいくつも出してくれた。これが「わたしの著作のベスト・スリー」に入る本だとも言ってくれた（わたしはこれまで二冊しか出版していない）。彼女にはそういうユーモアのセンスがある。このような暗い時代にあって、笑わせてくれる配偶者がいるのはとても幸せなことだと思う。

# ソースについて

本書は、企業情報産業や報道機関、その他職業の方々に、二年にわたり百三十回を超える取材を行い、それをもとに執筆した。取材をした方々の多くは、名前を公表することに同意してくれたが、仕事仲間や顧客との関係悪化を懸念して、名前は伏せて、属性や所属の一部のみを紹介することに同意してくれた方々もいた。本書では、アメリカとイギリスの多数の裁判提出書類を利用した。本書に記載されているマーク・ホリングスワースの電子メールに関しては、ユーラシアン・ナチュラル・リソーシズ（ENRC）が作成した裁判提出書類から引用したものと、彼の電子メールから引用したものがある。ピーター・フリッチのメールは、読者が読みやすいように、勝手ながら大文字にした単語がある。

# 註一覧

## プロローグ：スティールを追え

1：秘密情報部。イギリスの情報機関の中で国外を対象としており、MI6の通称で広く知られている。
2：この新編集長はラディカ・ジョーンズ。
3：ハワード・ブラムが書いたスティールのプロフィールは、二〇〇七年四月刊の『ヴァニティ・フェア』誌に掲載された。
4：これは、AFP通信による二〇一九年五月一八日の「モンサント裁判でコンサルタントがジャーナリストを装う」という記事で報じられた。
5：ニール・ジェラード弁護士によるこの申し立ては、彼がデリジェンス社とENRCを相手取って二〇一九年に起こした訴訟に含まれる。
6：公的記録では、この事件に関与した調査会社は、一切の不正行為を否定しており、クレディ・スイスはニュースメディアがこの出来事を大げさに騒ぎ立てたと述べた。
7：ロバート・レヴィンソンについて書いた拙書 *Missing Man* は、二〇一六年にファラー・ストラウス＆ジルーから出版された。
8：本書の取材中にシンプソンに送った質問事項にも、回答はなかった。
9：本書の取材中にピーター・フリッチに書面で送った質問事項にも、回答はなかった。
10：ジャーナリストはニック・デイヴィスで、その著書は *Hack Attack*。
11：『60ミニッツ』でイアン・ウィザーズが登場した回は、一九八九年三月二六日に放送された。

12：ジェーン・メイヤーの記事「クリストファー・スティール、トランプ文書の背後にいる人物」は、二〇一八年三月一二日発行の『ニューヨーカー』誌に掲載された。

13：二〇二〇年一〇月一二日にオービス・ビジネス・インテリジェンスのアーサー・スネルから送られてきた電子メール。

## 第1章：レンタル・ジャーナリズム

1：ダナ・ミルバンクは、二〇一八年一月一二日付の『ワシントン・ポスト』紙に掲載された、「わたしはグレン・シンプソンを知っている。彼はヒラリー・クリントンのために汚れ仕事をやっているのではない」というタイトルのコラムで、シンプソンをそう呼んでいたと書いている。

2：この箇所は、二〇一八年一月八日付の『ニューヨーク・タイムズ』紙に掲載された、マット・フレゲンハイマーの記事「フュージョンGPS創設者、ロシア選挙捜査のために陰から引きずり出される」からの引用。

3：『ウォール・ストリート・ジャーナル』紙は、ダウ・ジョーンズ社が所有していた。

4：『ニューヨーク・タイムズ』紙の編集者、故デイヴィッド・カーは、二〇〇九年一二月一四日付の同紙のコラムで、『ウォール・ストリート・ジャーナル』紙の記者たちが示した懸念について論じた。

5：この記事は、「ロシアの大物たちはいかにして裕福になったか」という見出しで、二〇〇六年三月二八日付の同紙に掲載された。

6：グレン・シンプソンとメアリー・ジャコビーが、デリパスカについて取り上げた記事「ロビイスト、旧ソ連人のワシントンへの懇願を助ける」は、二〇〇七年四月一七日付の『ウォール・ストリート・ジャーナル』紙に掲載された。

7：グレン・シンプソンとメアリー・ジャコビーが、ポール・マナフォートについて取り上げた記事「マケインの顧問、ウクライナ政党の支援活動に関与」は、二〇〇八年五月一四日付の『ウォール・ストリート・ジャーナル』紙に掲載された。

8：このコンサルタントは、ジェームズ・H・ギッフェンである。彼はこの裁判で、自分はCIAの承認を得て行動していると主張した。カザフスタン大統領のヌルスルタン・ナザルバエフは、賄賂の受け取りを否定した。ギッフェンに対するほとんどの容疑は取り下げられ、彼は軽微な課税に関しては有罪を認めた。

9：二〇〇八年、シンプソンと彼の取材パートナーは、『ウォール・ストリート・ジャーナル』紙に、カザフスタン大統領のヌルスルタン・ナザルバエフ、彼の元娘婿のラハト・アリエフ、カザフスタンとつながりのあるワシントンDCのコンサルタント、アレクサンダー・マーチェフについて、一連の記事を書き始めた。たとえば、二〇〇八年五月一二日の「カザフスタン大統領の娘が、米国賄賂事件について監視される」（メアリー・ジャコビーとの共同執筆）、二〇〇八年七月二二日の「カザフスタンの汚職。亡命者が新情報を告発」、二〇〇八年七月二九日の「パール、クルドの石油計画に関与」、二〇〇八年九月二五日掲載の「石油業者が起訴延期に抗議」、二〇〇八年一〇月一〇日の「ロシアのデリパスカ、欧米の捜査に直面」などがある。

10：二〇一五年、アリエフはオーストリアの刑務所の監房で死亡した。首を吊って自殺したものと判定された。

11：同作戦の実行中に作成された中間報告書のうち、二〇〇七年九月、同年一〇月、同年一一月、二〇〇八年一月の日付のものを入手した。幾人かの企業調査員が調べたが、この報告書を作成した企業を特定することはできなかった。

12：「希臘（ヘレニック）作戦」の二〇〇七年一一月二日付の報告書。

13：ウィキリークスが公開した文書の中に、二〇〇九年一月一三日付のこの公電があった。当時の在カザフスタン米国大使は、リチャード・ホーグランドだった。

14：この国務省の文書は、ウィキリークスによって公開された。ベーカー・ホステトラー社は長年、社名にさまざまなスタイルを使用してきた。現在、同社はBakerHostetlerという社名表記を使用しており、本書では一貫してこれを用いている。

## 第2章：ラップダンス・アイランド

1：ロブ・ムーアのK2インテリジェンスでの仕事について、わたしが最初に書いた記事は、二〇一八年四月二七日付の『ニューヨーク・タイムズ』紙に掲載された、「あるスパイの物語——二重スパイになったと話すドッキリ番組の制作者」だった。

2：この番組の映像のごく一部が次のサイトに残っている。https://www.you tube.com/watch?v=ez5WYdGHoCw.

3：この記事は、一九七一年五月一一日付の『ガーディアン』紙に掲載された。

4：クロールからの勧誘について取り上げた「ジャングルの中のスパイ」という記事は、二〇一〇年八月二日発行の『アトランティック』誌に掲載された。〃

5：この逸話は、二〇〇九年一〇月一九日発行の『ニューヨーカー』誌に掲載された、ウィリアム・フィネガンがジュールズ・クロールのプロフィールをまとめた記事、「秘密の番人」より。

6：一九八八年一〇月九日付の『ロサンゼルス・タイムズ』紙に掲載された、ダグラス・フランツの記事「クロール——ウォール街のスーパー探偵」で、企業乗っ取り屋のT・ブーン・ピケンズについて言及がある。

7：ジュールス・クロールに関するこの表現は、一九八五年三月四日付の『ニューヨーク・タイムズ』紙に掲載された、フレッド・ブレイクリーの記事「ウォール街の私立探偵」より。

8：チャールズ・E・ボーレン・ジュニアというこの弁護士の発言は、前述した『ロサンゼルス・タイムズ』紙の記事「クロール——ウォール街のスーパー探偵」で紹介されている。

9：アトランティック・シティのカジノをめぐるジュールス・クロールとトランプの取引についての逸話は、一九九一年五月一三日発行の『ニューヨーク・マガジン』誌に掲載された、クリストファー・バイロンの記事「高潔なスパイ」より。

10：この食い違いは、クリストファー・バイロンの一九九一年の記事「高潔なスパイ」で指摘された。

11：ハクルートのグリーンピースへの潜入に関する記事は、二〇〇一年六月一七日付の『サンデー・タイムズ』紙（ロンドン）に掲載された。記事によると、ハクルートはコメントを避け、シェルとBPはハクルートが用いた戦略について知らないと述べているという。

12：グリーンピースに潜入した工作員の名前は、マンフレート・シュリッケンリーダー。

13：デリジェンスの違法行為の詳細は、二〇〇七年二月二六日発行の『ビジネスウィーク』誌に掲載された、エイモン・ジャヴァーズの記事「スパイと嘘とKPMG」に書かれている。本書の記述はそれを要約したものだ。

14：二〇〇七年二月二六日発行の『ビジネスウィーク』誌に掲載された、エイモン・ジャヴァーズの記事「スパイと嘘とKPMG」。

15：デリジェンスは、自分たちの活動はすべて合法だと主張した。同社は、KPMGと投資ファンドのIPOCインターナショナル・グロース・ファンド社の両方から提訴された。どの訴訟も、不正行為を認めることなく、和解または解決された。

16：この事件と一九九〇年代にクロールが直面したその他の問題は、一九九四年一一月一七日付の『ウォール・ストリート・ジャーナル』紙に掲載された、ウィリアム・M・カーリーの記事「クロールの生業――九〇年代、探偵業は厳しくなった」で取り上げられた。

17：報道によれば、チャーリー・カーを含むクロールの社員数名に対してブラジルで起こされた訴訟は、証拠不十分で二〇一二年に取り下げられた。

18：R・アレン・スタンフォードのためにクロール社が行った仕事については、二〇〇九年六月二二日に発表されたブライアン・バロウの記事「カリブ海の海賊」で詳しく述べられている。
19：クロール社の工作員に対するスタンフォードの指示は、マクラッチーの記者による二〇一二年一一月二九日の記事「いかさま師が元国務省職員を調査していたことが、記録から判明」で、初めて明らかにされた。その任務を引き受けたクロールの幹部は、元DEA捜査官のトム・キャッシュだった。
20：この団体は全米電気工事業者協会で、アレン・スタンフォードとの関係を公表しなかったとしてクロール社を訴えた。
21：二〇一〇年九月四日付の『ウォール・ストリート・ジャーナル』紙に掲載されたジェームズ・フリーマンによる記事「腐敗のあるところに、チャンスがある」の中で紹介された、ジュールス・クロールのコメント。
22：一九九七年のオガラ・ヘス&アイゼンハルト社との合併。
23：この保険会社は、マーシュ・アンド・マクレナン。
24：カーに対する告訴は、証拠不十分で取り下げられた。
25：このドキュメンタリーは、https:// vimeo/171175438 のサイトで視聴できる。

## 第3章：オポジション・リサーチ

1：本書の執筆中に、イヤーズリーに何度もコメントを求めたが、彼は応じなかった。
2：ウクライナの天然ガスパイプラインに関わるこの仲介会社の名前は、ロスウクルエネルゴという。
3：グレン・シンプソンがセミオン・モギレヴィッチについて書いた記事「米国、ロシアの天然ガス取引に関わる犯罪を探る」は、二〇〇六年一二月二六日に掲載された。
4：この広告の文言は、二〇一〇年六月七日付の『ガーディアン』紙に掲載された記事「奇天烈なクーデタ

――首長国乗っ取り計画に英国の弁護士」から引用した。
5：シンプソンがシェイク・ハリド・ビン・サクル・アル・カーシミーのためにロビー活動を行ったことは、二〇〇九年一一月四日付の『ザ・ヒル』紙に掲載された、ケヴィン・ボガーダスの記事「廃太子、ロビー活動に元記者を雇う」で明らかにされた。
6：シンプソンがロビイストとして登録した理由は、同上の『ザ・ヒル』紙の記事に書かれている。
7：Bill Browder, *Red Notice: A True Story of High Finance, Murder, and One Man's Fight for Justice*, Simon & Schuster,2015.（ビル・ブラウダー著『国際指名手配――私はプーチンに追われている』山田美明／笹森みわこ／石垣賀子訳、集英社、二〇一五年）
8：二〇〇四年一二月一六日に、ショーン・クリスピンがサイモン・メネルへ送信した電子メール。
9：ビル・クリントン陣営が民間工作員を利用していたとする、マイケル・イシコフの記事「クリントン陣営、候補者の私生活に関する疑惑をそらすために活動」は、一九九二年七月二六日付の『ワシントン・ポスト』紙に掲載された。
10：Larry Sabato and Glenn Simpson, Dirty Little Secrets: *The Persistence of Corruption in American Politics*. Times Books/Random House,1996.
11：レンズナーは長い闘病の末、二〇二〇年四月に他界した。
12：この会社は、メラルーカ社。
13：二〇一二年二月六日発行の『マザー・ジョーンズ』誌に掲載された、ステファニー・メンシマーが、フランク・ヴァンダースルートについて書いた記事「ピラミッド型企業がミット・ロムニーに一〇〇万ドルを献金」。
14：二〇一二年五月一〇日付の『ウォール・ストリート・ジャーナル』紙に掲載された、キンバリー・ストラッセルが、フランク・ヴァンダースルートとフュージョンGPSについて書いたコラム「大統領候補の良からぬ噂を探して」。

## 第4章：ロンドン情報取引所

1：Mark Hollingsworth and Stewart Lansley, *Londongrad: From Russia With Cash; The Inside Story of the Oligarchs*. Fourth Estate, 2010.

2：本書執筆のための取材中、ENRCとその外部のメディア関係者は、問い合わせや書面による質問には応じなかった。

3：トリオを構成した三人のオリガルヒは、パトフ・ショディエフ、アレクサンドル・マシュケヴィッチ、アリジャン・イブラギモフ。

4：ロバート・トレヴェリアンは多くの企業に関わっていた。これは、Luxianという会社のサイトで紹介されていた彼の略歴。

5：ENRCは、多くの訴訟でそう主張した。

6：ENRCは、ロンドンでマーク・ホリングスワースを相手取って起こした二〇一九年の訴訟で、そう主張した。

7：この会社はナルデッロ&カンパニー。

8：ENRCの株式は、二〇一三年にロンドン証券取引所での上場が廃止された。

9：二〇一一年七月二八日に、マーク・ホリングスワースがグレン・シンプソンへ送信した電子メール。

10：二〇一一年一一月三〇日に、グレン・シンプソンがマーク・ホリングスワースへ送信した電子メール。

11：二〇一二年一月二九日に、マーク・ホリングスワースがグレン・シンプソンへ送信した電子メール。

12：このエピソードは、二〇一七年九月一日付の『フィナンシャル・タイムズ』紙に掲載された、カトリーナ・メイソンの記事「トランプ・タワーでのあの悪名高い会合に出たロシアのロビイスト、リナト・アフメトシン」より。

13：この調査員は、ダニエル・バリント＝クルティ。

14：彼にコメントを求めるメッセージを何度も送ったが、回答はなかった。

15：グローバルソースによるリナト・アフメトシンの調査について、本書でわたしが説明している内容は、二〇一四年にIMRが彼に対して起こした、いわゆる一七八二条の手続きに関連して作成された裁判所提出書類を拠り所にしている。一七八二条は連邦法の一部で、米国外での訴訟当事者が、米国内の人物に証拠開示手続きを求めることを可能にする規定である。

16：二〇一四年三月二〇日の、グローバルソースのアキス・ファナティスの宣誓供述書。

17：二〇一四年三月二一日の、グローバルソースのラファエル・ラハヴの宣誓供述書。

18：二〇一四年三月二六日の、IMR顧問のタデウシュ・ジャモルケヴィッチの宣誓供述書。

19：二〇一五年五月一八日に提出されたリナト・アフメトシンの証言録取。

## 第5章：バッド・ブラッド

1：『ウォール・ストリート・ジャーナル』紙のスエイン・ファアンとマイロ・ゲイリンはIGIの文書について、一九九六年二月一日の記事で、「個人攻撃に及ぶ——ブラウン・アンド・ウィリアムソンは、批判した幹部を攻撃する五〇〇ページの文書をまとめる」と報じた。

2：この発言は、『ヴァニティ・フェア』誌一九九八年九月号に掲載された、ジュディ・バクラックがテリー・レンズナーの人物像を紹介した「大統領の探偵」という記事より。

3：コーク兄弟の広報担当者はメイヤーの記事に異議を唱え、「著しく不正確」な内容と見なしていると『ニューヨーク・タイムズ』紙に語った。

4：*Jane Mayer, Dark Money: The Hidden History of the Billionaires Behind the Rise of the Radical Right.*

Doubleday, 2016.（ジェイン・メイヤー『ダーク・マネー――巧妙に洗脳される米国民』伏見威蕃訳、東洋経済新報社、二〇一七年）

5：二〇一三年一二月六日付の『ロサンゼルス・タイムズ』紙に掲載された、オクシデンタル大学の報告の方針に関し、ジェイソン・フェルチがまとめた記事「大学に申し立てられた性的暴行疑惑は、大学の報告数よりも多い」。

6：この『ロサンゼルス・タイムズ』紙の元記者は、ラルフ・フランモリーノ。

7：フェルチは、二〇一四年三月一六日に『ニューヨーク・タイムズ』紙に掲載されたラヴィ・ソマイヤの記事「ロサンゼルス・タイムズ、大学問題の記者を解雇する」の中で、そう語った。本書執筆のために何度かメールでフェルチにコメントを求めたが、回答はなかった。

8：ジェイソン・フェルチの記事に関する訂正と編集後記は、二〇一四年三月一四日に掲載された。

9：その後、連邦検察はダーウィック・アソシエイツの取締役をマネーロンダリングで起訴することになり、同社の最高経営責任者は、この原稿を書いている時点でまだ刑事捜査を受けている。

10：これまでのところ、ダーウィック・アソシエイツは不正を犯したとして訴えられてはいない。この原稿を執筆している時点では、共同設立者の一人は不正行為を否定しており、二〇一九年の『マイアミ・ヘラルド』紙の記事によると、その人物は依然として監視下に置かれている。

11：ホセ・デ・コルドバにコメントを求めるメールを送ったが、回答はなかった。

12：二〇一五年五月三日に、ピーター・フリッチがジョン・キャリールーへ送信した電子メール。

13：二〇一五年五月三日に、ジョン・キャリールーがピーター・フリッチへ送信した電子メール。

14：John Carreyrou, *Bad Blood: Secrets and Lies in a Silicon Valley Startup*, Alfred A.Knopf, 2018.（ジョン・キャリールー『BAD BLOOD シリコンバレー最大の捏造スキャンダル全真相』関美和／櫻井祐子訳、集英社、二〇二一年）

15：二〇一五年五月八日に、ピーター・フリッチがジョン・キャリールーへ送信した電子メール。
16：二〇一五年五月八日に、ジョン・キャリールーがピーター・フリッチへ送信した電子メール。
17：二〇一五年五月一一日に、ピーター・フリッチがジョン・キャリールーへ送信した電子メール。
18：二〇一五年五月八日に、ピーター・フリッチがジョン・キャリールーへ送信した電子メール。
19：二〇一五年六月四日に、ピーター・フリッチがジョン・キャリールーへ送信した電子メール。
20：二〇一五年六月四日に、ジョン・キャリールーがピーター・フリッチへ送信した電子メール。
21：二〇一五年八月二日に、ピーター・フリッチがラッセル・カローロへ送信した電子メール。
22：ホームズとパートナーのラメシュ・バルワニは、その後、詐欺罪で起訴された。二人とも無罪を主張し、本書執筆時点で、彼らの裁判は二〇二一年三月に予定されている。
23：その記事は、ジャック・ギラムとショーン・ボバーグによる「レンタル・ジャーナリズム――トランプ文書の背後にある秘密めいた会社の内幕」で、二〇一七年一二月一一日に掲載された。

## 第6章：ウクライナの明日

1：『ウヴダ』（Uvda）というテレビ番組。
2：二〇一九年、ブラックキューブは、このエピソードが同社の名誉を傷つけたとして、『ウヴダ』と、同番組のロンドンの主任特派員を訴えた。その主張を堅持しながらも、イギリスの名誉毀損法の要件である金銭的損害を証明できないとして、ブラックキューブは二〇二〇年に訴訟を取り下げた。
3：ワインスタイン事件について書くに当たり、この出来事と民間工作員の役割を描いた、二〇一九年刊行の次の二冊を参考にした。一冊は、『ニューヨーカー』誌のローナン・ファローの著作で、もう一冊は『ニューヨーク・タイムズ紙』の記者二人の著作だ。Ronan Farrow, *Catch and Kill: Lies, Spies, and a Conspiracy to Protect Predators*, Little, Brown and company, 2019.（ローナン・ファロー『キャッチ・アンド・キル』関美和訳、文藝春秋、二〇二二年）*Jodi Kantor and Megan Twohey, She Said: Breaking the Sexual Harassment Story That Helped Ignite a Movement*, Penguin Press, 2019.（ジョディ・カンター／ミーガン・トゥーイー『その名を暴け』古屋美登里訳、新潮社、二〇二二年）

4：ブラックキューブが配布した内部資料。

5：二〇一九年六月一八日付の『ウォール・ストリート・ジャーナル』紙に掲載された、ブラッドリー・ホープとジャッキー・マクニッシュの記事「ブラックキューブ――民間モサドのドジなスパイたち」で引用された、ブラックキューブ顧問の発言。

6：この開発業者は、ヴィンセントとロバートのチェンギス兄弟によって設立された。

7：https://www.justice.gov/opa/pr/six-defendants-indi cted-alleged-conspiracy-bribe-government-officials-india-mine-titanium.

8：ブラックキューブのハンガリーでの活動については、二〇一八年七月一六日のポリティコに掲載された、リリ・ベイヤーの記事「イスラエルの諜報会社がハンガリーの選挙運動中にNGOを標的にする」で取り上げられた。

9：二〇一九年一一月三〇日付の『デイリー・メイル』紙で取り上げられた、ステラ・ペン・ペチャナックのコメント。

10：セス・フリードマンのコメントは、二〇二〇年一月一三日にBBCで放送された。

11：ファローの記事「ハーヴェイ・ワインスタインのスパイ軍団」は、二〇一七年一一月六日発行の『ニューヨーカー』誌に掲載された。

## 第7章：六番テーブル

1：プレベゾン・ホールディングスはキプロスを拠点としている。

2：この場面は、https://www.youtube.com/watch?v=ryVavTF6hR0で視聴できる。
3：二〇一五年一二月三一日発行の『ニュー・パブリック』誌に掲載された、ジェイソン・モトラグの記事。
4：この金額は、二〇一七年一一月二一日にニュースサイトのデイリー・コーラーに掲載された、チャック・ロスの記事「フュージョンGPSの銀行取引記録に、ロシア関連の報酬がある」で提示されている。
5：二〇一七年一二月二一日に掲載された、ステファニー・ベイカーとイリーナ・レズニクによる記事「モラーはロシアの資金に支援された米国財団を捜査している」。
6：アンドレイ・ネクラソフのこの発言は、二〇一八年六月一〇日発行の『フォーリン・ポリシー』誌に掲載されたヘンリー・ジョンソンの記事より。
7：二〇一六年一〇月、ジョン・モスコーはプレベゾンの代理人を務めることを禁じられた。

## 第8章：グレントラージュ

1：このカンファレンスは、ダブル・エクスポージャー映画祭と呼ばれ、100レポーターズというジャーナリズム団体が主催していた。
2：ジャッキー・カームスは、二〇一七年八月二五日付の『ニューヨーク・タイムズ』紙に、「家族計画連盟のビデオの改竄が、分析の結果判明する」という、中絶反対派のビデオについての記事を書いた。
3：ポール・シンガーと彼のハゲタカ投資の手口については、二〇一八年八月二〇日発行の『ニューヨーカー』誌で、シーラ・コールハッカーの記事「ポール・シンガー、破滅をもたらす投資家」で解説されている。
4：この請求の詳細については、カローロが管理するスプレッドシートに記されている。
5：そのファンドとは、グラマシー・ファンズ・マネジメントのことだが、同社の広報担当者は、これに関するコメントを控えた。

6：二〇一七年一二月一〇日付の『ワシントン・タイムズ』紙のローワン・スカボローの記事「フュージョンGPSは中傷活動の一環として、クリントンの小児性愛仲間であるエプスタインとトランプを結びつけようとした」の中で、シルバースタインの発言が紹介されている。
7：マイケル・イシコフの「トランプ、マフィア絡みの後ろ暗い過去を持つギャンブラーとの関係を問われる」という記事が、二〇一六年三月七日にYahoo!に掲載された。
8：ジェフ・グロコットは、一九九六年の『モスクワ・タイムズ』紙の記事「トランプ、モスクワの新スカイラインに賭ける」の中で、トランプの野望について書いた。
9：二〇一三年八月に、マーク・ホリングスワースがクリストファー・スティールへ送信した電子メール。
10：ブライアン・ケイヴ法律事務所のポール・ハウザー弁護士。
11：オレグ・デリパスカは、ポール・マナフォートに対する訴訟を取り下げた。
12：二〇一八年九月一日付の『ニューヨーク・タイムズ』紙の記事「エージェントがオリガルヒを翻意させようとする。その影響はトランプに波及」で、ブルース・オーがオレグ・デリパスカを起用しようとしたことが取り上げられた。
13：この面会については、二〇一八年九月一日付の『ニューヨーク・タイムズ』紙に掲載された、ケネス・ヴォーゲルとマシュー・ローゼンバーグの記事「エージェントがオリガルヒを翻意させようとする。その影響はトランプに波及」で取り上げられた。

## 第9章：放尿テープ

1：ジオバニスにコメントを求める電子メールを何度か送ったが、彼からの回答はなかった。
2：パレッタにコメントを求める電子メールを何度か送ったが、彼からの回答はなかった。
3：スティールの情報収集屋であるイゴール・ダンチェンコは、二〇一七年一月にFBIにそう話した。

4：ベルトンがセルゲイ・ミリアンについて書いた記事「トランプを売り込む謎の移民」は、二〇一六年一一月一日付の『フィナンシャル・タイムズ』紙に掲載された。
5：『ニューヨーク・タイムズ』紙のデイヴィッド・エンリッチは、二〇二〇年の著書*Dark Towers: Deutsche Bank, Donald Trump, and an Epic Trail of Destruction*, HarperCollins で、ベルトン、シンプソン、ブルックシュミットのやり取りを紹介している。
6：スティールのこの発言は、二〇一八年二月六日付の『ワシントン・ポスト』紙で、トム・ハンバーガーとロザリンド・S・ヘルダーマンの記事「ヒーローか雇われスパイか？　元英国スパイがどうやってロシア捜査の火種になったのか」の中で紹介された。
7：イシコフがカーター・ペイジについて書いた記事「米情報当局がトランプ顧問とクレムリンの関係を調査」は、二〇一六年九月二三日に掲載された。
8：このワイナーとスティールの関係については、上院情報特別委員会の報告書から引用した。
9：二〇〇六年一〇月一八日に、クリストファー・スティールがブルース・オーへ送信した電子メール。
10：司法省は二〇一九年に、ブルース・オーが二〇一六年に書いた、文書に関連するメモを公開した。
11：この記事は、二〇一六年一〇月三一日に『マザー・ジョーンズ』誌のウェブサイトに掲載された。
12：これは、マイク・ゲイタが二〇一九年に議会証言でした発言だが、その際、彼の名前は明らかにされなかった。しかし、彼が、証人としてスティールとの関係について説明した内容から、その証人がゲイタであることは明らかだった。
13：ホロウィッツ報告書が発表された後、二〇一九年一二月のオービス・ビジネス・インテリジェンスのプレスリリースで、スティールはそう指摘しており、報告書のいくつかの点を批判した。とくに、彼とイギリス政府との関係から、個人としてFBIの情報源になることには同意できなかったと述べた。
14：アルファ銀行の創業者は、ミハイル・フリードマン、ゲルマン・ハン、ピョートル・アーヴェンの三人。

15：その詳細については、マイケル・イシコフとデイヴィッド・コーンの共著*Russian Roulette*に記されている。

16：「ドナルド・トランプのメールサーバーとロシアを結びつける話の問題点」というその記事は、二〇一六年一一月一日に掲載された。

17：これは、エリック・リヒトブラウとスティーブン・リー・マイヤーズによる、「FBIの捜査は、ドナルド・トランプとロシアの間に明確な結びつきはないと見る」という記事で、二〇一六年一〇月三一日に掲載された。

18：カーター・ペイジは不正行為で告訴されることはなかった。ポール・マナフォートは税金詐欺で有罪判決を受けた。マイケル・フリンはロシア大使との会話についてFBI捜査官に嘘をついたことを認めたが、後日この告白を撤回した。ジョージ・パパドプロスはFBIに対して虚偽の供述をしたことを認めた。二〇二〇年、ドナルド・トランプはマナフォート、フリン、パパドプロスの三人に恩赦を与えた。

## 第10章：発覚、エピソード1

1：本書の執筆時点で、イタリアの検察はシェルとエニの関係者を起訴する方向で進めている。両社とも不正行為を否定している。

2：クスト・グループの広報担当者は、K2インテリジェンスを雇った事実はないと述べた。

3：サイモン・テイラーが二〇一四年にスコール社会起業家賞を受賞したときの発言。https://www.youtube.com/watch?v=5n5RNNNCGMs.

4：Ben MacIntyre, *Agent Zigzag: A True Story of Nazi Espionage, Love, and Betrayal*, Bloomsbury,2007.（ベン・マッキンタイアー『ナチが愛した二重スパイ——英国諜報員「ジグザグ」の戦争』高儀進訳、白水社、二〇〇九年）

5：二〇一四年八月五日に、サイモン・テイラーがロブ・ムーアへ送信した電子メール。
6：二〇一四年八月一一日に、ロブ・ムーアがサイモン・テイラーへ送信した電子メール。
7：わたしが『ニューヨーク・タイムズ』紙に寄せた記事では、ロブ・ムーアの潜入活動が反アスベスト活動家を危険にさらす恐れがあるのだから、彼の正体をいつ暴露するのか決めるのはロブ・ムーアではない、というサイモン・テイラーのコメントを紹介した。「彼は神のように振る舞う立場にはない」とテイラーは語った。
8：この記者はジム・モリス。
9：ニュースサイトのニューマチルダは、マイケル・ギラードがロブ・ムーアおよびK2インテリジェンスについて書いた三本の記事を、それぞれ二〇一七年三月五日、二〇一七年四月二三日、二〇一八年四月二九日に掲載した。
10：二〇一七年一月二九日付の『サンデー・タイムズ』紙（ロンドン）に掲載された、マイケル・ギラードとジョン・アンゴード＝トーマスによる記事。
11：C&Fパートナーズという会社。
12：二〇一七年七月一〇日に、マーク・ホリングスワースがフィリップ・ヴァン・ニーカークへ送信した電子メール。
13：二〇一六年七月一六日に掲載された、ピーター・ムルタの記事「デニス・オブライエン、文書、そして下院にやって来たスパイ」。
14：『アイリッシュ・タイムズ』紙は、マーク・ホリングスワースは同紙の記事にコメントすることを拒んだと報じた。
15：クレア・リューキャッスル・ブラウンは、サラワク・レポートというブログを運営している。
16：そうした試みについては、二〇一七年六月一五日に司法省がヴァイスロイ・ホテル・グループに対し没収を求めて起こした訴訟の一部である提出書類の中で言及されている。K2インテリジェンスの広報担当者は、同社とジョー・ローまたは彼の代理人との関係についての問い合わせに応じなかった。
17：二〇一六年七月一三日に、マーク・ホリングスワースがクレア・リューキャッスル・ブラウンへ送信した電子メール。
18：ブラッドリー・ホープとジェニー・ストラスバーグによる、「ソフトバンクのラジーブ・ミスラ、社内のライバルに対し妨害工作」という記事が、二〇二〇年二月二六日に掲載された。ラジーブ・ミスラはそのような工作の依頼はしていないと主張した。
19：この事務所は、モサック・フォンセカ法律事務所。
20：二〇一七年二月二一日に、マーク・ホリングスワースがサイモン・グッドリーへ送信した電子メール。
21：二〇一三年四月一八日に、マーク・ホリングスワースがグレン・シンプソンへ送信した電子メール。
22：二〇一七年三月二一日に、マーク・ホリングスワースがサイモン・バウワーズへ送信した電子メール。
23：二〇一七年七月一六日に、マーク・ホリングスワースがリチャード・ハインズへ送信した電子メール。
24：二〇一六年六月二二日に、マーク・ホリングスワースがアレクサンダー・イヤーズリーへ送信したメール。
25：二〇一六年四月二九日に、マーク・ホリングスワースがクリストファー・スティールへ送信した電子メール。

## 第11章：発覚、エピソード2

1：妻の名前は、ネリー・オー。
2：二〇一六年一二月一〇日の日付けのブルース・オーの手書きメモ。
3：二〇一七年一二月一三日、グバレフ対バズフィードにおけるデイヴィッド・クレイマーの証言。
4：ケン・ベンシンガーがFIFAのスキャンダルを題材にまとめた著作。Ken Bensinger, *Red Card: How*

the U.S. Blew the Whistle on the World's Biggest Sports Scandal, Simon & Schuster,2018.（ケン・ベンシンガー『レッドカード――汚職のワールドカップ』北田絵里子／手嶋由美子／国弘喜美代訳、早川書房、二〇一八年）

5：二〇二〇年、アルファ銀行の役員がロンドンで起こした訴訟で証言した際に、スティールはそのことを明かした。彼は自分の行為とそのタイミングについては説明しなかった。

6：ボブ・ウッドワードが、二〇一九年四月二一日に、FOXニュースのクリス・ウォレスに述べたコメント。

7：ピーター・ストロックが、二〇二〇年九月四日に『アトランティック』誌のインタビューで述べたコメント。

## 第12章：トロイア戦争

1：スパイウェアの製造元であるNSOは、このプログラムは合法的利用に限るべきだと主張している。

2：AP通信のラファエル・サターは、二〇一九年一月二五日の記事「工作員が、カショギ事件のカギとなる詳細を報告したトロントのサイバーセキュリティ監視団体を標的に」で、この一連のエピソードを詳しく紹介した。

3：この空中写真は、https://www.johnscottrailton.com/kite-aerial-photography-kit/ のサイトで見ることができる。

4：ローナン・ファローは著書 *Catch and Kill* で、このアラートについて書いている。

5：ジョゼフ・コックスが書いた、二〇一九年一月八日の「三〇〇ドルで雇ったバウンティ・ハンターが、携帯電話の居所を突き止める」という記事。

6：サッターは、二〇一九年一月二六日の「工作員、サイバーセキュリティ監視団体を標的に」という記事で、シチズンラボのジョン・スコット＝レイルトン、およびミシェル・ランベールとのやり取りについて書いた。

## 第13章：ロックスター

1：この金額は、同団体の二〇一八年の提出資料九九〇より。
2：二〇一七年一月二四日に掲載された、マーク・メアモントによる「トランプ文書の重大な主張は、ロシア系アメリカ人ビジネスグループのトップから」というセルゲイ・ミリアンに関する記事。
3：二〇一七年三月二九日に『ワシントン・ポスト』紙に掲載された、ロザリンド・S・ヘルダーマンとトム・ハンバーガーによる「〝ソースD〟とは？　トランプ - ロシア文書の最も卑猥な疑惑の背後にいると言われる男」という記事。
4：このコメントは、二〇一七年四月一三日付の『ガーディアン』紙に掲載された、ルーク・ハーディングらによる記事「イギリスのスパイ、トランプ陣営とロシアとのつながりを最初に見抜く」に書かれている。
5：レイチェル・マドーの番組のこの回は、二〇一七年一二月二九日に放送された。
6：二〇一八年一月一〇日発行の『ニューヨーカー』誌に掲載された、ジョン・キャシディがシンプソンについて書いた記事「トランプ - ロシア文書を委託した人物が語る」。二〇一八年一月八日付の『ニューヨーク・タイムズ』紙に掲載された、マット・フレゲンハイマーがシンプソンについて書いた記事「フュージョンGPS創業者、ロシアの選挙介入捜査のために舞台裏から引っ張り出される」。
7：バズフィードに対する訴訟は、この文書が政府文書であるので、公表しても差し支えないという裁判官の判断に基づき、棄却された。
8：Michael Isikoff and David Corn, *Russian Roulette; The Inside Story of Putin's War on America and the Election of Donald Trump*, Twelve,2018.
9：Luke Harding, *Collusion; Secret Meetings, Dirty Money,and How Russia Helped Donald Trump Win*,

Vintage,2017.（ルーク・ハーディング『共謀――トランプとロシアをつなぐ黒い人脈とカネ』高取芳彦／米津篤八／井上大剛訳、集英社、二〇一八年）

10：ルパート・アラソンのコメントは、NBCニュースの「トランプ文書を作成したクリストファー・スティールは、実在するジェームズ・ボンド」という報道で紹介された。

11：このパネルディスカッションは https://www.c-span.org/video/?c4708289/user-clip-scott-shane-nyt で視聴できる。

12：元CIA職員のジョナ・ヒースタンド・メンデス。

## 第14章：エピソード1「二重スパイ」

1：二〇一三年二月二三日に、マーク・ホリングスワースがニコス・アシマコプロスへ送信した電子メール。

2：本書執筆時点では、ニール・ジェラードがENRCとデリジェンスに対して起こした訴訟は継続中である（ブラックキューブはこの訴訟の被告ではない）。

3：二〇一九年七月一〇日に掲載された、マーク・ホリングスワースのメールのハッキングに関する「ロンドンのビジネス・インテリジェンス・コミュニティ、差し迫った情報漏洩に備える」という記事。

4：メールが送信された日付けは、二〇一九年八月四日。

5：二〇一七年九月一五日に掲載された、マーク・ホリングスワースによる「SFOはカザフ採掘の捜査を強化」という記事。

6：二〇一七年九月一五日に、マーク・ホリングスワースがフィリップ・ヴァン・ニーカークへ送信した電子メール。

7：二〇一七年一二月一八日に、マーク・ホリングスワースがリナト・アフメトシンへ送信した電子メール。

8：ユーリ・シュヴェッツにコメントを求めるメールを送ったが、回答はなかった。

9：ＥＮＲＣがマーク・ホリングスワースとロバート・トレヴェリアンを雇っていたことは、ＥＮＲＣの弁護士であるジャスティン・マイケルソンが二〇一九年一二月五日付の文書で明らかにした。
10：ロバート・トレヴェリアンにコメントを求めるメールを送ったが、回答はなかった。
11：ドミトリー・ボジアノフにコメントを求めるメールを送ったが、回答はなかった。
12：二〇一八年二月七日に、ドミトリー・ボジアノフがマーク・ホリングスワースへ送信した電子メール。

## 第15章：ピカピカ光るもの

1：Lee Smith, *The Plot Against the President; The True Story of How Congressman Devin Nunes Uncovered the Biggest Political Scandal in U.S. History*, Center Street, 2019.
2：Glenn Simpson and Peter Fritsch, *Crime in Progress; Inside the Steele Dossier and the Fusion GPS Investigation of Donald Trump*, Random House,2019.
3：二〇一九年四月一九日に『ニューヨーク・タイムズ』紙に掲載された、スコット・シェーン、アダム・ゴールドマン、マシュー・ローゼンバーグによる「モラー報告書、スティール文書に対する精査を再開させる可能性」という記事。
4：文書の正確性に関するピーター・フリッチのコメントは、二〇一九年一一月二二日発行の『ニューヨーク・マガジン』誌で、ジェームズ・Ｄ・ウォルシュが報じた「フュージョンＧＰＳが放尿テープのためにろうそくを灯す」という記事で言及された。
5：二〇一九年四月一九日付の『ウォール・ストリート・ジャーナル』紙に掲載された、アラン・カリソンとダスティン・ボルツによる記事「モラー報告書、スティール文書の多くを退ける」。
6：二〇一九年七月九日にポリティコに掲載された、ナターシャ・バートランドの記事「トランプ文書作成者スティール、十六時間にわたる司法省の尋問を受ける」。

7：この日付けのないメモは、コーディ・シアラーがジャーナリストへ送ったもの。
8：「デヴィン・ヌネスがわたしを調査している。ここに真実がある」という見出しの彼の論説は、二〇一八年二月八日に掲載された
9：彼の証言は、上院情報特別委員会の報告書に収録されている。
10：マイケル・イシコフは、二〇一八年一二月五日に、ジョン・ジーグラーのポッドキャスト「フリー・スピーチ・ブロードキャスティング」で、こうしたコメントを残した。
11：レイチェル・マドーは、二〇一九年一二月三一日に、マイケル・イシコフのポッドキャスト「不正行為」に出演した。
12：エリック・ウェンプルは、二〇一九年一二月一三日から二〇二〇年八月一九日の間に、スティール文書に関するメディア報道について一四本のコラムを書いた。
13：二〇一八年四月一三日に掲載された、グレッグ・ゴードンとピーター・ストーンによる記事「情報源――モラーはコーエンの二〇一六年プラハ訪問の証拠をつかみ、文書の一部を確認」。
14：グレッグ・ゴードンとピーター・ストーンによる、コーエンのプラハ訪問に関するもう一つの記事「携帯電話の信号から、ロシアとの会合があったとされる前後にコーエンがプラハ近郊にいたことが判明」は、二〇一九年一二月二七日に掲載された。
15：二〇一七年二月一四日に掲載された、マイケル・S・シュミット、マーク・マゼッティ、マット・アプッツォによる記事（その後、トランプの側近の一人であるポール・マナフォートが、コンスタンチン・キリムニックというロシア人工作員と疑われる人物と密接に協力していたという証拠が出てきた）。
16：二〇一八年一一月二七日付の『ガーディアン』紙に掲載された、ルーク・ハーディングとダン・コリンスによる、「マナフォートがアサンジとエクアドル大使館で秘密会談、と情報筋が語る」という記事。
17：『ガーディアン』紙による唯一の変更は、アサンジとマナフォートの双方が会談が行われた事実を否定し

たことを、記事に盛り込んだことだ。同紙の広報担当者は、引き続きこの記事を「支持する」と、わたし宛の電子メールで述べた。

### 第16章：ナタリアとのディナー

1：連邦検察は二〇一九年一月八日にヴェセルニツカヤの起訴を発表した。https:// www.justice.gov/usao-sdny/pr/russian-attorney-natalya-veselnitskaya-charged-obstruction-justice-connection-civil.

2：二〇一七年五月一二日に、和解が発表された。https://www.justice.gov/usao-sdny /pr/acting-manhattan-us-attorney-announces-59-million-settlement-civil-money-laundering-and.

3：上院情報特別委員会の報告書のこと。

4：二〇二〇年末、連邦裁判所は彼の控訴を認め、再審のために第一審裁判所に差し戻した。

5：本書執筆時点では、マーク・ホリングスワースや重大不正監視局などに対するENRCの訴訟は継続中である。いずれの訴訟の被告も、いかなる不正行為も否定している。

6：二〇一八年一〇月八日に『ニューヨーカー』誌に掲載された、デクスター・フィルキンスによる「ロシアの銀行とトランプ選挙運動との間につながりがあったのか?」という記事。

7：スティールは二〇二〇年三月一七日に、アルファ銀行関連の訴訟で証言した。

8：この判決は、二〇二〇年八月七日に言い渡された。https://www.casemine.com/judgement/uk/5f06a0562c94e070322b31e6.

9：スティールは二〇二〇年七月二三日に、グバレフの起こした訴訟で証言した。

### 第17章：情報収集屋

1：イゴール・ダンチェンコの聞き取り記録は、二〇二〇年七月一七日に司法省によって公開された。

2：イゴール・ダンチェンコは、二〇一七年一月下旬に三日間にわたり聞き取り調査に応じた。
3：ルーク・ハーディングにこの不一致についてコメントを求めるメールを送ったが、回答はなかった。
4：ダンチェンコの弁護士であるマーク・シャメルに、文書による質問事項を送ったが、回答はなかった。
5：二〇二〇年一〇月二一日付の『ガーディアン』紙に掲載された、イゴール・ダンチェンコのインタビュー記事「ロシア人スパイだというトランプによる見当外れの主張によって、危険にさらされる」。
6：二〇二〇年一〇月二一日付の『ニューヨーク・タイムズ』紙に掲載された、ダンチェンコのインタビュー記事「悪名高いトランプ・テープの噂を報告したアナリスト、汚名返上を望む」。
7：二〇二〇年八月一八日、上院特別情報委員会の報告書第5巻が発行された。
8：アレックス・ギブニー監督のドキュメンタリーは、『混沌のエージェント』というタイトルの二部作。

## あとがき

1：本書執筆時点では、この調査員に対する起訴はまだ保留にされている。

**【著者について】**

**バリー・マイヤー** Barry Meier

1949年生まれ、ニューヨーク在住の作家・報道記者。元ニューヨーク・タイムズのレポーター。2017年のピューリッツァー賞：国際報道部門を受賞したタイムズのチームのメンバーであり、また、権威あるジョージ・ポーク賞の調査報道およびその他の専門的栄誉を2回受賞。1989年にタイムズに入社する前は、ウォール・ストリート・ジャーナルとニューヨーク・ニューズデイに勤務していた。主な著書にNetflixにて連続ドラマ化された『Pain killer』（邦訳『ペイン・キラー』晶文社刊）、『Missing Man』など多数。

**【訳者について】**

**庭田よう子** にわた・ようこ

翻訳家。訳書に、カッツ『AIと白人至上主義：人工知能をめぐるイデオロギー』（左右社）、ホー『信頼の経済学：人類の繁栄を支えるメカニズム』（慶応義塾大学出版会）、ロス『スタンフォード大学dスクール：人生をデザインする目標達成の習慣』（講談社）、ストーム『イスラム過激派二重スパイ』（亜紀書房）、ゲーノ『避けられたかもしれない戦争』（東洋経済新報社）、リー『SS将校のアームチェア』、ハリントン『ウエルス・マネジャー　富裕層の金庫番：世界トップ1%の資産防衛』（以上みすず書房）ほか多数。

---

**民間諜報員（プライベート・スパイ）**
**——世界を動かす〝スパイ・ビジネス〟の秘密**

2023年8月10日　初版

著者　バリー・マイヤー
訳者　庭田よう子
発行者　株式会社晶文社
東京都千代田区神田神保町一-一一　〒一〇一-〇〇五一
電話　〇三-三五一八-四九四〇（代表）・四九四二（編集）
URL　https://www.shobunsha.co.jp
印刷・製本　中央精版印刷株式会社


ISBN978-4-7949-7375-7　Printed in Japan

好評発売中!

**ペイン・キラー** バリー・マイヤー 著　三木直子 訳

【Netflix にて連続ドラマ化決定！ 2023 年 8 月公開予定】公衆衛生史上最悪ともいえる大惨事は、いかにして「広められた」のか？　全米を巻き込み、大統領による国家緊急事態が宣言された「処方薬」によるドラッグ汚染<オピオイド>危機。依存性薬物に侵されたアメリカの実情に肉薄し、製薬会社の闇を暴くノンフィクション。

**CBDのすべて** アイリーン・コニェツニー／ローレン・ウィルソン 著　三木直子 訳

市場規模 230 億ドルに拡大が予想される CBD [ カンナビジオール ] とは何か。オイル、ドリンク、チョコレートからスキンケアまで。大麻先進国アメリカや欧州で大ブームの CBD を正確で包括的な情報から解説。実際の医療現場で患者に寄り添ってきた看護師が、その経験を踏まえ、医療大麻における CBD の歴史と作用機序についての科学的な解説から、実際の製品の選び方、使い方までを詳説する、CBD 入門。【大好評、6 刷】

**不安神経症・パニック障害が昨日より少し良くなる本** ポール・デイヴィッド 著　三木直子 訳

不安神経症に 10 年間苦しみ、さまざまな治療を試みるもうまくいかず、最終的に自分なりの解決法を見出し症状を克服した著者が見つけた「回復への唯一の方法」とは。「不安」とは、戦わなければ怖くない！【好評重版】

**こころを旅する数学** ダヴィッド・ベシス 著　野村真依子 訳

たくさんの生徒が苦手意識をもち、大人になってもコンプレックスが消えない数学。得意なひとと苦手なひと、極端に分かれてしまうのはなぜだろう。数学は「学ぶ」ものではなく「やる」もの。スプーンの持ち方や自転車のこぎ方のように、正しい方法を教えてもらい、使うことで自分の身体の一部になる。【書評掲載多数、大好評 3 刷】

**顔のない遭難者たち** クリスティーナ・カッターネオ 著　栗畑俊秀 訳　岩瀬博太郎 監修

数字としてまとめられる身元不明の遺体、「顔のない遭難者たち」の背後にも、それぞれの名前と物語がある。遺された人が死と向き合うため尽力し続ける人々の法医学ノンフィクション。ガリレオ文学賞受賞作。

**つけびの村** 高橋ユキ

2013 年の夏、わずか 12 人が暮らす山口県の集落で、一夜にして 5 人の村人が殺害された。犯人の家に貼られた川柳は〈戦慄の犯行予告〉として世間を騒がせたが……。気鋭のライターが事件の真相解明に挑んだ新世代〈調査ノンフィクション〉。【3 万部突破！】

**急に具合が悪くなる** 宮野真生子＋磯野真穂

がんの転移を経験しながら生き抜く哲学者と、臨床現場の調査を積み重ねた人類学者が、死と生、別れと出会い、そして出会いを新たな始まりに変えることを巡り、20 年の学問キャリアと互いの人生を賭けて交わした 20 通の往復書簡。勇気の物語へ。【大好評、11 刷】